Inhalt

Fortsetzung siehe nächste Seite

Abiturprüfung 2007

Abiturprüfung 2008

Abiturprüfung 2009

Abiturprüfung 2010

Abiturprüfung 2011

Abiturprüfung 2012

Jeweils zu Beginn des neuen Schuljahres erscheinen die
neuen Ausgaben der Abiturprüfungsaufgaben mit Lösungen.

Autor:

Werner Lingg

ISBN 978-3-8490-0170-4

10. ergänzte Auflage
www.stark-verlag.de

ABITUR

Prüfungsaufgaben
mit Lösungen

2013

Anne
Schirmauer

Biologie

Gymnasium
Baden-Württemberg

2004–2012

STARK

Stichwortverzeichnis

Thematisches Verzeichnis

Themengebiet/ Jahrgang	2004	2005	2006	2007	2008	2009	2010	2011	2012
Zytologie	IV	III	I	IV	I, II, III	I, III	IV	I, IV	III
Proteine/Enzyme	IV	III	I, IV	I, III	II, III	I, III, IV	I, III, IV	I	I
Immunbiologie	III	I, II		IV	II, IV	II	III	II, IV	II
Nervenphysiologie/ Sinnesphysiologie	I	II, IV	II	II	I	III	I, IV	II	II
Molekulargenetik/ Gentechnik	III, IV	I	II, IV	I, III, IV	I, II	I, II, IV	I, III	III, IV	I III IV
Evolution	II	IV	III	II	IV	II	II, IV	III	III
Humanevolution	II								

Hinweise und Tipps für die Abitur-Prüfung im Fach Biologie

1 Inhaltliche Grundlagen der Abiturprüfung

Ab dem Abitur 2013 gelten für alle Schülerinnen und Schüler die Bildungsstandards des G8. Im Folgenden sind die vom Kultusministerium festgelegten verbindlichen Schwerpunktthemen aufgeführt. Sie finden diese Inhalte auch im Internet unter http://www.bildung-staerkt-menschen.de/service/downloads/Bildungsstandards/Gym/Gym_Bio_bs.pdf.

Lehrplaneinheit 1: Von der Zelle zum Organ
Zelle und Stoffwechsel
- Zellorganellen
- Biomembran: Struktur und Funktion, Kompartimentierung, Stofftransport, Osmose
- Interpretation elektronenmikroskopischer Bilder
- Zelle als offenes System: Stoffaustausch, Energiefluss
- Energetische Koppelung, ATP als Energieüberträger

Moleküle des Lebens und Grundlagen der Vererbung
- DNA – Struktur und Funktion
- Experiment: Isolierung von DNA
- Proteine – Struktur und Funktion, Proteinbiosynthese, Biosyntheseketten, Genwirkketten, Regulation der Genaktivität
- Enzyme – Struktur und Funktion, Regulation der Enzymaktivität; Experimente zur Abhängigkeit der Enzymaktivität

Lehrplaneinheit 2: Aufnahme, Weitergabe und Verarbeitung von Information
- Bau der Nervenzelle
- Informationsübertragung an Nervenzellen: Ruhepotenzial, Aktionspotenzial, Synapse
- Sinneszelle: Vom Reiz zur Erregung
- Erregende und hemmende Synapsen, Verrechnung
- Leistungen des ZNS: Sehwahrnehmung, Sprache
- Humorale und zelluläre Immunantwort
- Störungen der Immunantwort: HIV, Ethik der Organtransplantationen

Lehrplaneinheit 3: Evolution (und Ökosysteme)
- Exkursion: Erkundung eines Ökosystems und Ordnung der Artenvielfalt
- Systematische Ordnungskriterien und Nomenklatur
- Morphologische Betrachtungen rezenter und fossiler Formen
- Molekularbiologische Verfahren zur Klärung von Verwandtschaftsbeziehungen
- Evolutionstheorien von Lamarck und Darwin
- Entstehung der Vielfalt: Synthetische Evolutionstheorie
- Bedeutung der sexuellen Fortpflanzung
- Evolution des Menschen: biologisch und kulturell

Lehrplaneinheit 4: Angewandte Biologie

- Gentechnik: Isolierung, Vervielfältigung und Transfer von Genen, Selektion transgener Zellen
- Experimente zur Molekularbiologie
- Prinzip der Gendiagnostik und der Gentherapie
- Bedeutung der Gentechnik in Forschung, Medizin und Landwirtschaft
- Reproduktionsbiologie: Klonen, in-vitro-Fertilisation, geschlechtliche und ungeschlechtliche Fortpflanzung
- Zelldifferenzierung, embryonale und adulte Stammzellen
- Ethische Fragen der angewandten Biologie

Im Bildungsplan (im Internet unter: http://www.bildung-staerkt-menschen.de/service/downloads/Bildungsstandards/Gym/Gym_Bio_bs.pdf) werden **grundlegende Prinzipien** zur Analyse und Erklärung biologischer Phänomene aufgezählt, die sich durch alle Lehrplan-Einheiten als „roter Faden" ziehen. Die wichtigsten sind:

- Das **Struktur-Funktions-Prinzip**: Zusammenhang zwischen dem Bau eines Moleküls, Organells, Organs, Organismus und dessen Funktion *(z. B. Bau des Mitochondriums, Kompartimentierung der Zelle, spezielle Ausstattung einer Drüsenzelle, Bau eines Neurons …)*
- Das **Schlüssel-Schloss-Prinzip**: Erzielung einer spezifischen Wirkung bei ganz bestimmten Adressaten *(z. B. Transmitter-Membranrezeptor, Antigen-Antikörper, Codon-Anticodon, Enzym-Substrat, Virus-Membran, …)*
- Das **Energie-Prinzip:** Jeder Lebensvorgang ist von Energieumwandlungen begleitet. Energie bedürftige Vorgänge müssen mit Energie liefernden Vorgängen gekoppelt werden *(z. B. Zellatmung liefert ATP als Energieüberträger; ATP als Energiequelle für aktiven Transport, Aufbau und Erhaltung von Membranpotenzialen, Muskelbewegung, Synthese wichtiger Bio-Moleküle wie Rhodopsin, Acetylcholin, Peptidketten, DNA, …).*
- Das **Regulationsprinzip:** Alle Lebensvorgänge müssen sich an wechselnde Umwelt-Bedingungen anpassen können. Voraussetzung ist die Fähigkeit zur Regulation *(z. B. Regulation der Empfindlichkeit einer Sinneszelle, Regulation der Enzymaktivität, Regulation der Genaktivität, Regulation der Immunaktivität, negative Rückkopplung, hemmende Synapsen, …).*
- Das **Kommunikationsprinzip:** Aufnahme, Verarbeitung und Speicherung von Informationen ermöglicht Kommunikation innerhalb und zwischen den Lebewesen.

2 Hinweise zur schriftlichen Prüfung

2.1 Ablauf der schriftlichen Prüfung

Zur Prüfung werden Ihnen vier Aufgaben (I, II, III, IV) vorgelegt. Von diesen müssen Sie **drei** Aufgaben auswählen und bearbeiten. Jede Aufgabe ergibt bei vollständiger Lösung 20 Verrechnungspunkte. Als Hilfsmittel sind Taschenrechner und der Duden zugelassen. Die Bearbeitungszeit beträgt einschließlich Auswahlzeit 270 Minuten.

2.2 Prüfungsthemen

Die Aufgaben in der Prüfung können sich auch alle Lehrplaneinheiten von 12.1 bis 13.2 **ohne** Wahlthemen und ohne Lehrplaneinheit 5 beziehen. Die Zahl der Themen, die im schriftlichen Abitur geprüft werden, ist dadurch verringert, dass die Wahlthemen (z. B. Hormone) nicht zum Prüfungsstoff gehören. Das bedeutet aber nicht, dass keine Fragen z. B. zur Hormonwirkung im Zusammenhang mit Membranrezeptoren oder Stoffwechsel-

steuerung gestellt werden können. In diesen Fällen muss aber **im Vortext der Frage** die hormonspezifische Information zur Verfügung gestellt werden.
Großer Wert wird neben fachlichem Wissen und der Beherrschung der Fachsprache also auf die Fähigkeit gelegt, allgemeine Prinzipien in einem neuen Problem wiederzuerkennen.

2.3 Kompetenzen

Wie bereits erwähnt, soll neben der Beherrschung fachlicher Inhalte auch überprüft werden, ob Sie Strukturen und Inhalte bisher unbekannter biologischen Sachverhalte erfassen können, diese mit dem eigenen Wissen verknüpfen und schließlich zu angemessenen Lösungen kommen können. Die unbekannten Inhalte werden Ihnen als Materialien (z. B. in Form von Einführungstexten, Versuchsbeschreibungen, Diagrammen, Tabellen oder Skizzen) zur Prüfungsaufgabe vorgelegt.
Diese Fähigkeiten, die über die Wiedergabe des reinen, angelernten Wissens hinausgehen, werden als **Qualifikationen** oder **Kompetenzen** bezeichnet. Kompetenzen, die von Ihnen in der Prüfung erwartet werden, sind:

Textverständnis:
Aus einem wissenschaftlichen Text die wesentlichen Informationen entnehmen und sie entweder zusammenfassen oder sie in einem Schema darstellen.

Fähigkeit zur Problemlösung:
- Versuchsdaten auswerten und Versuchsabläufe und -ergebnisse in Diagramme/Grafiken umsetzen
- eigene Experimente planen, um Hypothesen zu überprüfen
- Originaltexte auswerten

Beantwortung themenübergreifender Fragestellungen:
In jedem Aufgabenblock sind mehrere Lehrplanthemen eingearbeitet (anders als in den meist themenbezogenen Kursklausuren!). Eine Aufgabe beginnt z. B. mit Fragen zur Immunreaktion. Im Zusammenhang mit Antikörpern könnte sowohl in Richtung Proteinbiosynthese als auch in Richtung Proteinaufbau weiter gefragt werden.

Biologische Allgemeinbildung:
Wissensstandards aus der Mittelstufe, die zur Allgemeinbildung zählen, werden vorausgesetzt.
Beispiele: Entwicklung der Amphibien, Entwicklung der Insekten, Baupläne der Wirbeltiere bzw. Insekten, Grundbegriffe aus der Ökologie, die wichtigsten pflanzlichen Organe, die wichtigsten menschlichen Organe (Verdauungsorgane, Atmungsorgane und Blutkreislauf des Menschen).

2.4 Fragetechnik/Operatoren

Häufig sind Schüler unsicher, wie ausführlich sie eine Frage beantworten sollen. Der Zeitdruck wird groß, wenn Sie seitenweise Text produzieren, der nicht verlangt war. Es ist deshalb wichtig, dass Sie bereits an der **Fragetechnik** erkennen, ob z. B. eine reine Aufzählung ohne Begründung verlangt wird oder eine ausführlich Begründung. Die Fragetechnik lässt sich je nach Schwierigkeitsgrad in drei Kategorien einteilen: Reproduktionsfragen (Anforderungsbereich I), Reorganisationsfragen (Anforderungsbereich II) und Transferfragen (Anforderungsbereich III).
Das Verhältnis der drei Anforderungsbereiche I : II : III sollte sich im Abitur im Verhältnis 30 % : 50 % : 20 % bewegen.

Erkennbar sind die Fragetypen dabei anhand der Arbeitsanweisungen, der sogenannten **Operatoren,** die der Fragestellung vorangehen. Die folgende Aufzählung von möglichen Fragetechniken soll Ihnen helfen, den Fragetyp richtig einzuordnen.

Reproduktionsfragen (AFB I):

Hierbei handelt es sich um Lernfragen ohne weitere Begründung und Erläuterung. Sie sollen

- Fachbegriffe nennen oder aufzählen;
- bekannte Zusammenhänge, Fakten, Abläufe oder Vorgänge darstellen, zusammenfassen oder aufzählen;
- Aufbau oder Funktion bekannter biologischer Objekte, Organe etc. beschriften oder wiedergeben;
- bekannte Schemata, Diagramme oder Experimente wiedergeben.

Fragetechnik/Operator	**Erwartung**	**Beispiel**
Benennen Sie…	Eigenschaften und Bestandteile biologischer Objekte bzw. Vorgänge genau angeben	2004, II 1.1 2008, III 4.1 2011, I 1.1
Beschreiben Sie …	Strukturen, Sachverhalte oder Zusammenhänge strukturiert und fachsprachlich richtig mit eigenen Worten wiedergeben	2006, II 1.1 2007, I 1.2 2011, IV 2
Beschriften Sie …	Fachbegriffe zu ausgewiesenen Strukturen zuordnen	2008, II 1.1
Definieren Sie …	Eindeutige Bestimmung eines Begriffs durch Nennung des Oberbegriffs und Angabe der wesentlichen Merkmale	2008, I 3.1 2010, II 3.1
Nennen Sie …	Elemente, Sachverhalte, Begriffe, Daten ohne Erläuterungen aufzählen	2007, I 1.1 2009, III 1.2
Formulieren Sie …, Geben Sie wieder …	bekannte Inhalte wiederholen bzw. zusammenfassen	2005, I 4 2012, I 2.2
Skizzieren Sie …, Zeichnen Sie … Erstellen Sie eine schematische Zeichnung.	eine möglichst exakte grafische Darstellung beobachtbarer oder gegebener Strukturen anfertigen	2004, I 1.2 2006, I 2.1 2009, I 1.2 2011, IV 1.1 2012, IV 5.1
Stellen Sie dar …	Sachverhalte, Zusammenhänge, Methoden etc. strukturiert und ggf. fachsprachlich wiedergeben	2006, IV 1.2 2009, I 2.1 2011, III 3.1

Reorganisationsfragen (AFB II):

Ein grundsätzlich bekannter Sachverhalt soll an einem neuen Beispiel erläutert werden. Dies kann bedeuten:

- Beschriftung eines homologen Organs
- Ablauf eines biologischen Vorgangs an einem anderen Fallbeispiel in korrekter Fachsprache erklären
- Auswertung von Daten, Grafiken an anderen Fallbeispielen

Fragetechnik/Operator	**Erwartung**	**Beispiel**
Erklären Sie für diesen Fall …	einen Sachverhalt auf Regeln und Gesetzmäßigkeiten zurückführen und ihn nachvollziehbar machen	2006, III 1.3 2010, II 5

Erläutern Sie den Ablauf …, Erläutern Sie die Wirkung …	einen Sachverhalt veranschaulichend darstellen und durch zusätzliche Informationen verständlich machen	2006, II 1.2 2007, III 2 2009, III 2 2011, I 2.1
Ermitteln Sie…	einen Zusammenhang oder eine Lösung finden und das Ergebnis formulieren	2011, IV 4.1
Leiten Sie ab…	auf der Grundlage wesentlicher Merkmale sachgerechte Schlüsse ziehen	
Ordnen Sie …	Fakten, Begriffe, Systeme zueinander in Beziehung setzen, Zusammenhänge hergestellt und nach bestimmten Gesichtspunkten bewertet.	2006, II 2.1 2009, II 1.1 2010, IV 1
Stellen Sie diesen Fall grafisch dar …, Erstellen Sie ein Diagramm …	bislang unbekannte Sachverhalte, Strukturen oder Ergebnisse auf das Wesentliche reduziert übersichtlich grafisch darstellen	2007, I 3.1 2010, I 2 2011, I 3.2
Vergleichen Sie …	Gemeinsamkeiten, Ähnlichkeiten und Unterschiede ermitteln	2005, I 5 2007, II 2.1
Werten Sie aus…	Daten, Einzelergebnisse usw. in einen Zusammenhang stellen und ggf. zu einer Gesamtaussage zusammenführen	

Transferfragen (AFB III):

„Denkfragen“ mit dem höchsten Anspruch an die eigene kreative Denkleistung. Von Ihnen wird erwartet:

- Anwendung einer Gesetzmäßigkeit zur Lösung eines neuen Problems
- Ursachen und Bedingungen für bestimmte Abläufe erkennen und verständlich darstellen
- Anwendung einer biologischen Versuchstechnik in einem neuen Zusammenhang
- Wiedererkennen einer Gesetzmäßigkeit in neuem Zusammenhang
- Erkennung wesentlicher Gemeinsamkeiten/Unterschiede
- Vorhersagen/Schlussfolgerungen mit Begründung
- Bildung von Hypothesen, Planung von Experimenten
- Analyse und Strukturierung eines anspruchsvollen Originaltextes
- Umsetzen von Tabellen und Grafiken in die Fachsprache

Fragetechnik/Operator	**Erwartung**	**Beispiel**
Analysieren Sie …, Stellen Sie einen Zusammenhang her …	wichtige Bestandteile oder Eigenschaften auf eine bestimmte Fragestellung hin herausarbeiten	2010, IV 2.4
Begründen Sie …	Sachverhalte auf Regeln und Gesetzmäßigkeiten bzw. kausale Beziehungen von Ursachen und Wirkung zurückführen	2006, IV 5.1 2007, I 2.2 2009, III 3.2
Bewerten Sie …	die Bedeutsamkeit von Dingen, Prozessen, Aussagen, Handlungen für den Menschen aus konkret historischer Sicht bzw. entsprechenden Bewertungskriterien nachweisen	

Beurteilen Sie …	zu einem Sachverhalt ein selbstständiges Urteil unter Verwendung von Fachwissen und -methoden formulieren und begründen	2005, I 2 2010, III 1.2
Deuten Sie …, Interpretieren Sie …	fachspezifische Zusammenhänge in Hinblick auf eine gegebene Fragestellung begründet darstellen	2008, I 1.2
Diskutieren Sie …, Erörtern Sie …	Argumente und Beispiel zu einer Aussage oder These einander gegenüberstellen und abwägen. Eigene Gedanken zu einer Problemstellung entwickeln und zu einem begründeten Urteil kommen.	2006, III 2.2 2004, IV 5.3 2007, III 5.2
Entwickeln Sie eine Hypothese …	begründete Vermutung auf der Grundlage von Beobachtungen, Untersuchungen, Experimenten oder Aussagen formulieren	2004, I 2.2 2010, I 4 2012 IV 4.2
Entwickeln Sie anhand des Textes ein Schema …, Fassen Sie den Text zusammen …	Das Wesentliche in konzentrierter Form in einer Skizze oder einem Text herausstellen	2004, I 3 2006, I 1 2010, III 3 2012 I 1.2
Nehmen Sie Stellung zu…	zu einem Sachverhalt, der an sich nicht eindeutig ist, nach kritischer Prüfung und sorgfältiger Abwägung ein begründetes Urteil abgeben	2008, IV 4

Weitere Fragetechniken des AFB III können sein:
Entwerfen Sie ein Experiment …, Ergänzen Sie die Grafik für den Fall …, Unter welchen Bedingungen …,

3 Tipps zum Ablauf der schriftlichen Prüfung

3.1 Auswahlzeit

Die Auswahl der drei Aufgabenblöcke, in denen Sie voraussichtlich die meisten Punkte erreichen können, ist von größter Wichtigkeit. Ein späterer Wechsel, weil sich erst bei genauerer Betrachtung eine wichtige Teilfrage als zu schwierig herausstellt, ist sehr zeitraubend. Nehmen Sie sich daher die Zeit, jede Aufgabe genau durchzulesen. Lassen Sie sich nicht abschrecken von langen Vortexten, von völlig unbekannten Skizzen und Tabellen und nie gehörten Krankheits- und Tiernamen. Achten Sie auf die oben erklärten Fraugetechniken bzw. Operatoren. Einen Kurvenverlauf zu „beschreiben" ist viel leichter als ihn zu „erklären".
Suchen Sie nach Reproduktionsfragen und Reorganisationsfragen, die Sie sicher beherrschen. Addieren Sie die nach Ihrer Einschätzung erreichbaren Verrechnungspunkte für jeden Aufgabenblock und vergleichen Sie die erreichte Punktezahl. Meist ist dann schon klar, welche Aufgabe abgewählt wird. Testen Sie dieses Verfahren für einen beliebigen Abiturjahrgang in diesem Buch. Sie werden feststellen, dass Sie selten auf mehr als ein Drittel der erreichbaren Punktezahl kommen! Dies ist natürlich beabsichtigt, da reines Faktenwissen nicht für eine gute Note ausreichen soll. Deshalb ist es ratsam, sich durch schwierige Texte oder Skizzen nicht gleich von einer Aufgabe abschrecken zu lassen.
Investieren Sie die Zeit für ein intensives Studium der Vortexte. Sie liefern wichtige Hinweise für die komplexeren Fragen, deren Beantwortbarkeit Sie nun besser abschätzen können sollten. Wenn dafür eine halbe Stunde vergeht, ist diese Mühe nicht umsonst! Sie haben sich viele Stichworte notiert und wichtige Textpassagen markiert, die Ihnen bei der nun folgenden Detailarbeit nützlich sind.

3.2 Bearbeitung der gewählten Aufgaben

Reinschrift, Konzept, Aufgabenblatt, Rechtschreibung

Bewertet wird nur, was in der Reinschrift steht! Alle Notizen, die Sie auf dem Aufgabenblatt oder dem Konzeptpapier (eigene Schmierzettel sind nicht erlaubt!) hinterlassen, werden zwar eingesammelt, aber nicht gewertet. So wird vermieden, dass man nicht weiß, welche Antwort gelten soll: die richtige im Konzept oder die falsche in der Reinschrift. Nur bei offensichtlichen Übertragungsfehlern in die Reinschrift wird der Entwurf gewertet. Dies gilt auch für den Fall, dass jemand aus Zeitgründen den letzten Teil der Antwort nur auf dem Konzept hat. Die meisten Schüler benützen deshalb die Konzeptblätter (grüne Farbe) nur als Schmierzettel und schreiben gleich in die Reinschrift. Dies führt jedoch manchmal auch dazu, dass die Reinschrift wie ein Schmierzettel aussieht! Deshalb dürfen bei schweren Mängeln in der sprachlichen Form (Rechtschreibung und Grammatik) und/oder der Darstellungsform bis zu 2 Notenpunkte (das sind bis zu 8 Verrechnungspunkte!) abgezogen werden. Machen Sie also eine Stichwortliste, eine grobe Gliederung oder Skizzenentwürfe erst einmal im Konzept.

Fachsprache, Skizzen

Achten Sie darauf, dass Sie alle Fachbegriffe in Ihre Antworten einbauen, die zur vollständigen Beantwortung einer Aufgabenstellung notwendig sind. Kurze Definitionen der Fachbegriffe unterstreichen Ihre Fachkompetenz. Häufig kann man Formulierungshilfen aus den Vortexten übernehmen. Anatomische und schematische Skizzen müssen in der Regel mindestens eine halbe Seite groß sein! „Miniskizzen" mit unklarer Beschriftung und mehrfach mit Kugelschreiber oder Filzstift korrigierte Strukturen führen zu massiven Punktabzügen. Also: Tinte/Tintenkiller und für Skizzen Bleistift, Radiergummi, und Lineal benutzen!

Zeitmanagement, Vollständigkeit

Planen Sie grob mit 60 Minuten pro Aufgabenblock (ohne Auswahlzeit). Dann bleibt auch genügend Zeit für eine abschließende Kontrolle der Vollständigkeit und der Rechtschreibung.
Nicht selten werden zurückgestellte Teilaufgaben vergessen. Deshalb auch der Hinweis auf dem Deckblatt: Für jede Aufgabe (I, II, III oder IV) beginnt man einen neuen vierseitigen Papierbogen und markiert ihn deutlich mit der Aufgabennummer. Damit entfällt die Suche nach Teilaufgaben, die als Nachtrag irgendwo zwischen anderen Aufgabenblöcken versteckt sind. Auf diesem Bogen kann man jederzeit eine Transfer-Frage nachtragen, die man erst bearbeiten will, wenn die leichteren Aufgaben erledigt sind. Haken Sie deshalb alle erledigten Teilfragen auf dem Aufgabenblatt deutlich sichtbar ab!

4 Die mündliche Prüfung

4.1 Die Präsentationsprüfung

Das fünfte mündliche Prüfungsfach ist eine **Präsentationsprüfung**. Bei der Auswahl des Prüfungsfaches müssen Sie aber darauf achten, dass Sie mit Ihren fünf Prüfungsfächern alle drei Aufgabenfelder abdecken.
Spätestens zwei Wochen vor der Prüfung legen Sie im Einvernehmen mit dem Fachlehrer vier Themen im Rahmen des Biologie-Lehrplans schriftlich vor. Der Leiter des Fachausschusses wählt eines dieser Themen als Prüfungsfach aus. Eine Woche vor der mündlichen Prüfung wird Ihnen das Thema mitgeteilt.

Die Präsentationsprüfung gliedert sich in zwei 10-minütige Abschnitte:
- **Präsentationsteil:** Der Schüler hält ein geschlossenes Referat mit geeignetem Medieneinsatz (Folien, Computer, Tafel, Experimente, Modelle …).
- **Prüfungsgespräch:** Die Prüfungskommission stellt Fragen zu Form und Inhalt des Vortrags.

Die Präsentationsprüfung kann durch eine besondere Lernleistung ersetzt werden (Seminarkurs, „Jugend forscht"-Arbeit).

4.2 Zusätzliche mündliche Prüfung

Zusätzlich kann man sich freiwillig zu mündlichen Prüfungen in den schriftlichen Prüfungsfächern melden, falls man seine Noten verbessern will.
Auch der Prüfungsvorsitzende könnte eine zusätzliche mündliche Prüfung anordnen.
Diese Prüfung dauert 20 Minuten. Die Prüfungsaufgaben werden vom Fachlehrer aus den Lehrplanthemen von 12.1 bis 13.2 erstellt. Die Fragen werden schriftlich vorgelegt und Sie können sich 20 Minuten unter Aufsicht vorbereiten.

Vorbereitungszeit:

Die Fragen, die Sie in einem möglichst eigenständigen Vortrag beantworten sollen, könnten wie unten abgebildet aussehen. In der Vorbereitungszeit sollten Sie sich überlegen, wie Sie Ihre Antworten am besten gliedern. Schreiben Sie sich stichwortartig den Lösungsweg auf. Die Skizze soll Ihnen am Anfang helfen, die Tafel als Medium in Ihren Vortrag einzubeziehen. Falls Sie eine Frage nicht verstehen, dann können Sie die Reihenfolge der Fragen auch ändern. Sie könnten also auch mit der Frage 3 beginnen, wenn Sie das der Prüfungskommission entsprechend begründen.

	Abiturprüfung 2006	**Biologie Profilfach**
Name:	**Prüfungzeit:**	**Vorbereitungszeit:**

1.a) Skizzieren und erläutern Sie den Bau der Biomembran.

b) Nennen Sie 3 Funktionen von Biomembranen und erklären Sie, wie diese Funktionen durch die spezielle Struktur der Biomembran gewährleistet werden.

c) Wie kommt es zu der typischen dunkel-hell-dunkel-Struktur in elektronenmikroskopischen Abbildungen?

2.a) Welche Eigenschaften benötigt die Membran eines Neurons um die Entstehung und Erhaltung eines Ruhepotenzials zu ermöglichen?

b) Welche Vorgänge finden an der Membran während eines Aktionspotenzials statt?

3. Auf welche Merkmale hin würden Sie ein Skelett (einschließlich Schädel) untersuchen, um entscheiden zu können, ob es sich um das Fossil eines Menschen oder um das eines Menschenaffen handelt?

In der Prüfung:

Nach der Begrüßung lesen Sie am Besten erst mal Ihre Prüfungsfragen vor, um Prüfer, Prüfungsvorsitzenden und Protokollanten auf Ihr Thema einzustimmen. Danach dürfen Sie Ihren Vortrag beginnen, indem Sie sich an die Abfolge der Fragen und Ihre eigene Gliederung halten. In der Regel werden sie in diesem ersten Prüfungsteil nicht unterbrochen. Sprechen Sie deutlich und engagiert. Halten Sie Blickkontakt mit den Prüfern und sprechen Sie möglichst frei. Nutzen Sie, wenn immer möglich die Tafel als Hilfe zur Veranschaulichung.
Aber: Tafelskizzen bitte sauber und deutlich mit Beschriftung. Keine langen Phasen der „Stille" während des Zeichnens, sondern erklärende Kommentare. Keine Panik, wenn Sie für eine Zwischenfrage oder Ergänzung unterbrochen werden.

Im letzten Teil der Prüfung wird in der Regel noch ein anderer Themenkomplex angesprochen. Hier sollen Sie zeigen, dass Sie auch andere Lehrplanthemen beherrschen und sich schnell auf unvorbereitete Fragen einstellen können.

5 Hinweise zur Benutzung dieses Buches

Dieses Buch enthält neben einem ausführlichen **Stichwortverzeichnis** auch ein **Thematisches Verzeichnis**, das Ihnen zusätzlich zur Abiturvorbereitung auch die gezielte Vorbereitung auf themenbezogene Kursklausuren ermöglicht.
Im Vorspann finden Sie Informationen zu den **für die Abiturprüfung 2013 relevanten Inhalten**. Außerdem enthält der Band **Hinweise** zum Ablauf der schriftlichen und mündlichen Abitur-Prüfung und **Tipps** zur Bearbeitung von Abituraufgaben.
Der Hauptteil umfasst die zentral gestellten schriftlichen **Abitur-Prüfungen der Jahrgänge 2004 bis 2012**. Die von Ihnen in der Prüfung erwartete **Aufgabenlösung** in möglichst knapper Fachsprache steht in Normalschrift. Ergänzende, alternative oder vertiefende Antworten sind ebenso wie Tipps zum Lösungsansatz *kursiv* gedruckt.
Sollten nach Erscheinen dieses Bandes noch wichtige Änderungen in der Abitur-Prüfung 2013 vom Kultusministerium Baden-Württemberg bekannt gegeben werden, finden Sie aktuelle Informationen dazu im Internet unter
www.stark-verlag.de/info.asp?zentrale-pruefung-aktuell.

Profil-/Neigungsfach Biologie (Baden-Württemberg): Abituraufgaben 2004
Aufgabe I: Sinneszelle, Nerven, Enzyme

„Was ist das süße Geheimnis köstlicher Pralinen? Die gelungene Komposition verschiedener Empfindungen im Mund. Süßer Zucker weckt Appetit, bittere Schokolade liefert einen pikanten Gegensatz."

In Abbildung 1 ist eine Geschmacksknospe schematisch dargestellt.

Geschmackssinneszellen stehen in Kontakt mit Nervenzellen, deren Fortsätze sich in der Geschmacksknospe verzweigen. Dort, wo die Sinneszellen mit der Mundhöhle in Verbindung stehen, ist ihre Oberfläche durch Mikrovilli stark vergrößert.

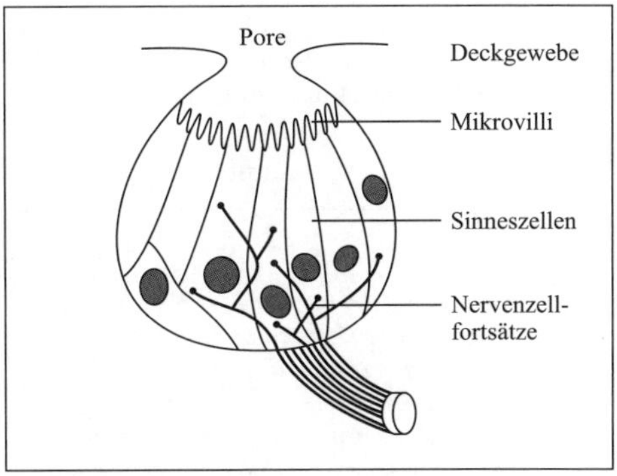

Abb. 1: Geschmacksknospe

1.1 Oberflächenvergrößerung ist ein häufig auftretendes Prinzip in unserem Körper. Welchen Vorteil bietet diese Oberflächenvergrößerung bei einer solchen Sinneszelle? Geben Sie ein weiteres Beispiel für Oberflächenvergrößerung in unserem Körper an.

1.2 Zeichnen Sie das Schema einer Nervenzelle (Größe ca. ½ Seite). Beschriften Sie Ihre Zeichnung. (4 VP)

In Abbildung 2 sind die Vorgänge in einer Geschmackssinneszelle vor und während des Kontakts mit einem Zuckermolekül schematisch dargestellt.

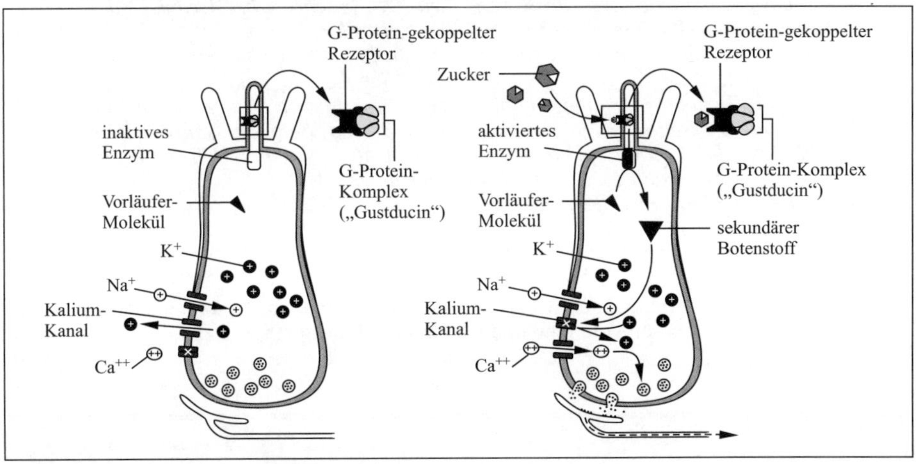

Abb. 2: Vorgänge in einer Geschmackssinneszelle

2.1 Beschreiben Sie mithilfe der Abbildung 2 die Vorgänge vom Kontakt der Geschmackssinneszelle mit Zucker bis zur Erregung der nachgeschalteten Nervenzelle. (5 VP)

2.2 Entwickeln Sie eine Hypothese, mit der die Öffnung der Calciumkanäle erklärt werden könnte. (3 VP)

2.3 Enzymaktivierungen beruhen häufig auf der Interaktion von Enzymen mit anderen Molekülen. Erläutern Sie anhand von Skizzen, wie ein Enzym durch ein weiteres Molekül in eine aktive Form überführt werden könnte. (3 VP)

Folgender Text stammt aus der Kundenzeitschrift einer Lebensmittelkette:

Naschen Sie richtig!

Gehören Sie auch zu den Menschen, die es schaffen, innerhalb von zehn Minuten eine Tafel Schokolade zu verdrücken?
Spätestens im November überkommt viele Menschen das unglaubliche Verlangen nach Süßem. Woher kommt das?
Was uns fehlt, ist das Licht. Licht und Süßes haben ähnliche Auswirkungen auf unser Gemütsleben: Sonnenschein verhindert den Abbau von Serotonin im Gehirn, während Süßes den Aufbau fördert.
Serotonin ist ein Botenstoff[1], der für Glücksgefühle sorgt. Jeder Mensch will sich intuitiv gut fühlen und so ist es umso verständlicher, dass wir gerade um die Weihnachtszeit gerne nach süßen Plätzchen und Schokolade greifen.
Mit dem Phänomen Serotonin haben sich viele Forscher lange Zeit beschäftigt. Dieser Stoff wird nicht, wie man vermuten könnte, aus Zucker gebaut, sondern aus dem Eiweißstoff[2] Tryptophan.
Diesen Stoff finden wir beispielsweise in Käse, Fleisch und Eiern. Tryptophan ist im Vergleich zu anderen Eiweißstoffen sehr wenig in der Nahrung enthalten.
Essen wir jedoch Süßes, stellt der Körper vermehrt Verdauungssäfte[3] zur Verfügung, die den Zucker und die stark vertretenen Eiweißstoffe aus der Blutbahn in die Zellen bringen. Jetzt ist der Weg für Tryptophan frei, um den „Gute-Laune-Stoff" im Gehirn bauen zu können.
Deshalb unser Tipp: Wenn Sie die Lust auf Süßes überkommt, sollten sie sich fragen: „Habe ich heute eigentlich schon Vitalstoffreiches wie z. B. frisches Obst, Gemüse oder ein zartes Steak gegessen?"
Wenn ja, sollten Sie anschließend die Schokolade auf der Zunge zergehen lassen wie ein Bonbon. Den zarten Schmelz spüren, sich freuen und sagen: „Ich will das Leben genießen".

Gemeint sind: (1): Neurotransmitter; (2): Aminosäure; (3): Insulin

3 Fassen Sie die Kernaussagen des Textes korrekt zusammen, so dass ersichtlich wird, warum das Essen von Schokolade Glücksgefühle auslösen kann. (5 VP)

(20 VP)

Lösungen

1.1 *Der Vortext jeder Frage muss genau und wenn nötig mehrfach durchgelesen werden! Da der „Aufhänger" der Frage meist ein im Unterricht nicht besprochenes Organ oder eine unbekannte Krankheit ist, stecken alle notwendigen Hinweise im Vortext. Wer also sofort die anschließende Frage liest, wird leicht zu vorschnellen und unvollständigen Lösungen verleitet. Überliest man z. B. bei Frage 1.1 den entscheidenden Halbsatz „Dort, wo die Sinneszellen mit der Mundhöhle in Verbindung stehen, ...", könnte man beim Betrachten der Abb. 1 auch die Verzweigung der Nervenzellen für die Oberflächenvergrößerung halten.*

Vorteil der **Oberflächenvergrößerung** durch **Mikrovilli**:
Die starke Faltung der Zellmembran (= Mikrovilli) in Richtung Mundhöhle vergrößert die Kontaktfläche der Sinneszellen mit den Nahrungsbestandteilen. Die Geschmackstoff-Moleküle (z. B. Zuckermoleküle), die im Nahrungsbrei enthalten sind, können optimal mit den Rezeptoren in der Sinneszellmembran in Wechselwirkung treten. Je größer die Membranoberfläche, desto mehr Rezeptormoleküle können in die Membran integriert werden, desto mehr Geschmackstoff-Moleküle können pro Zeiteinheit gebunden werden, desto stärker ist die Reizung, (desto empfindlicher kann die Sinneszelle reagieren), desto intensiver die Geschmacksempfindung.

Weitere Beispiele für Oberflächenvergrößerung *(gefordert ist 1 Beispiel ohne Erläuterung)*:
- Vergrößerung der respiratorischen Oberfläche in der Lunge durch viele winzige **Lungenbläschen**
- Vergrößerung der inneren Oberfläche des Darms durch Faltung der Darmwand (= **Darmzotten**) und durch **Mikrovilli** der Darmzellen
- Faltung der **Hirnrinde**
- Membranstapel (= **Disks**) in den Sehsinneszellen (zur Vergrößerung der Licht absorbierenden Fläche).
- Faltung der **inneren Membran** der Mitochondrien

1.2 Schematische **Skizze** einer Nervenzelle *(markhaltig* ***oder*** *marklos)*, z. B. Skizze eines Motoneurons:

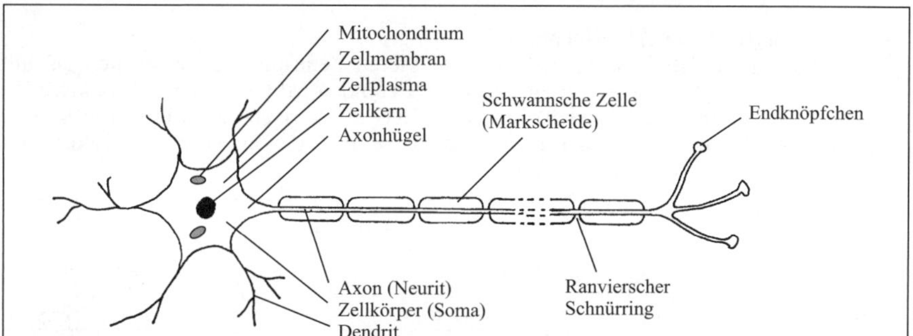

2.1 **Ablauf** der Vorgänge ab Kontakt der Sinneszelle mit Zucker:
- Zuckermoleküle docken an der Zelloberfläche am „Gustducin" = G-Protein-gekoppelter Rezeptor an (**Schlüssel-Schloss-Prinzip**).
- Inaktives Enzym im Zellinneren wird aktiviert.

- Ein Vorläufermolekül (= Substrat für dieses Enzym) wird in einen sekundären Botenstoff (= **second messenger**) umgewandelt.
- Dieser Botenstoff bewirkt die Schließung der Kaliumkanäle (= Rezeptor-gesteuerte K^+-Ionenkanäle) → **kein weiterer K^+-Ausstrom**.
- (Depolarisierung der Sinneszelle = Rezeptorpotenzial)
- Dies führt zur Öffnung der Ca^{2+}-Kanäle → **Ca^{2+}-Einstrom**.
- Dadurch werden die **Wanderung** der Transmitter-gefüllten Vesikel zur (präsynaptischen) Membran und **Verschmelzung** ausgelöst.
- Die Vesikel entleeren sich und schütten **Transmittermoleküle** in den synaptischen Spalt aus.
- Die Transmittelmoleküle diffundieren zur Nervenzell-Membran.
- Durch die Besetzung der Rezeptoren in der postsynaptischen Membran und Öffnung von Ionenkanälen entsteht ein **postsynaptisches Potenzial**.
- Die **Erregung** der Nervenzelle erfolgt ab Erreichung eines **Schwellenwerts**.

2.2 *„Entwickeln Sie eine Hypothese" – hier können auch mehrere Lösungen akzeptiert werden, wenn sie logisch konsequent erklärt werden.*

z. B. Die Ca^{2+}-Kanäle sind **spannungsgesteuert**:
Die Schließung der K^+-Kanäle bewirkt bei gleich bleibende Na^+-Einstrom eine **Depolarisierung** der Sinneszellmembran. Diese Spannungsänderung bewirkt, dass sich die Ca^{2+}-Kanäle öffnen.

oder:
- *Die Ca^{2+}-Kanäle sind **Rezeptor-gesteuert**:*
  Der sekundäre Botenstoff könnte nicht nur die K^+-Kanäle schließen, sondern auch die Ca^{2+}-Kanäle öffnen.
- *In der Skizze könnte **eine räumliche Kopplung** zwischen K^+-Kanälen und Ca^{2+}-Kanälen nahe gelegt werden. Die Schließung der K^+-Kanäle könnte eine räumliche Veränderung der Ca^{2+}-Kanäle bewirken, die zur Öffnung führt.*

2.3 *Auch hier ist die Antwort nicht auf die Standard-Antwort „allosterische Aktivierung" beschränkt. Der Konjunktiv „…wie könnte …" lässt verschiedene Interaktionen zwischen einem Enzym und anderen Molekülen zu.*

z. B. **allosterische Aktivierung**:
Ein Enzymmolekül besitzt neben dem aktiven Zentrum noch zusätzlich ein allosterisches Zentrum. Ohne Bindung eines aktivierenden Moleküls kann das aktive Zentrum kein Substratmolekul binden. Erst wenn das allosterische Zentrum besetzt ist, ändert sich die Raumstruktur des Enzymmoleküls so, dass das Substrat in das aktive Zentrum passt und umgesetzt werden kann.

schematische Skizze:

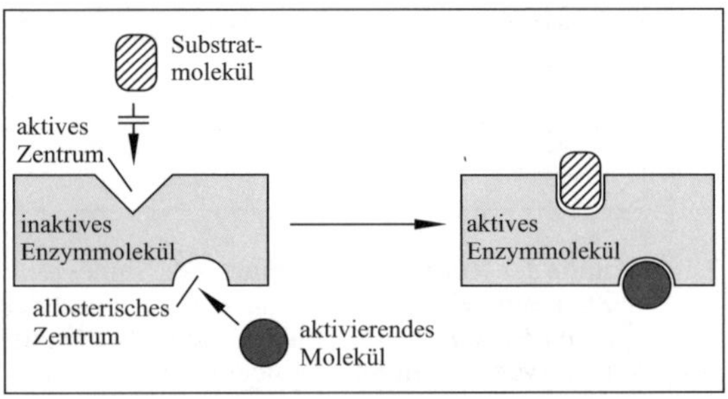

oder:
*Wegfall einer **allosterischen Hemmung**:*
Erst wenn ein hemmendes Molekül nicht mehr gebunden ist, wird das Enzym aktiviert.

schematische Skizze:

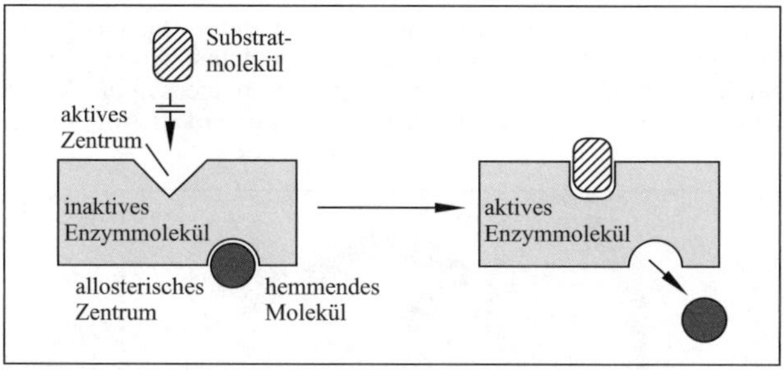

oder:
*Interaktion des Enzymmoleküls mit Molekülen, die das aktive Zentrum für das Substrat „passend" machen: **Cosubstrate/Coenzyme***

schematische Skizze:

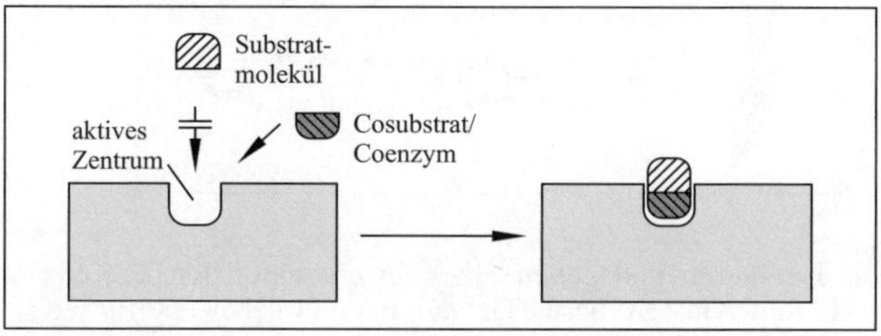

3 **Zusammenfassung** der Kernaussagen des Textes:

- Serotonin ist für die Glücksgefühle verantwortlich.
- Licht und Süßigkeiten bewirken beide Glücksgefühle: Licht, weil es den Serotonin-Abbau verhindert, Süßes, weil es den Serotonin-Aufbau fördert.
- Serotonin wird aus der (in der Nahrung eher seltenen) Aminosäure Tryptophan aufgebaut.
- Die Aminosäure Tryptophan wird durch Verdauung von Nahrungsproteinen aus dem Darm ins Blut und zu den Zellen gebracht.
- Die Aufnahme von Tryptophan in die Zellen wird durch Insulin beschleunigt.
- Das Hormon Insulin wird durch Essen von Süßigkeiten verstärkt ausgeschüttet.
- Zuckerzufuhr beschleunigt also die Aminosäure-Aufnahme und damit auch die Tryptophan-Aufnahme aus dem Blut in die Zellen und ermöglicht damit die verstärkte Synthese von Serotonin.

*Oder als **Tipp:** Süßes macht dann besonders glücklich, wenn man vor dem Naschen Eiweiß gegessen hat!*

Profil-/Neigungsfach Biologie (Baden-Württemberg): Abituraufgaben 2004
Aufgabe II: Evolution

Lebewesen sind auf sehr unterschiedliche Weise an ihren Lebensraum angepasst. In Abbildung 1 sind die Umrisse einiger Tiere dargestellt, die zu verschiedenen Arten gehören. Mit Ausnahme einer Tierart gehören alle abgebildeten Tiere zum selben Tierstamm. Vereinfacht kann dieser Tierstamm in fünf Klassen unterteilt werden (nicht alle sind in Abbildung 1 dargestellt).

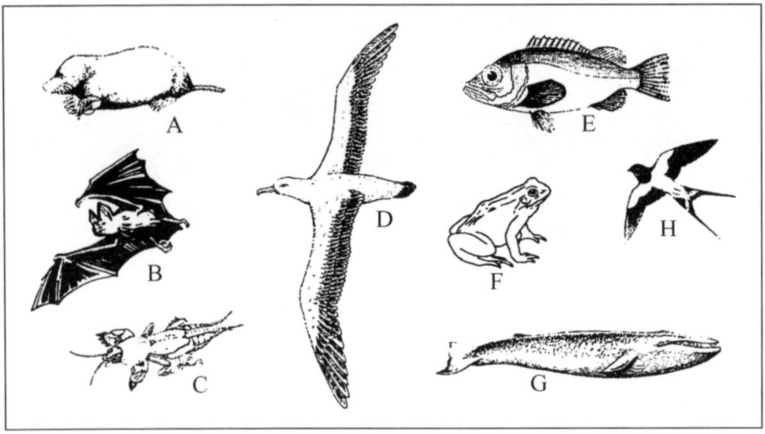

Abb. 1: Verschiedene Tiere

1.1 Benennen Sie diesen Tierstamm und geben Sie zwei charakteristische Kennzeichen an. Nennen Sie fünf Klassen dieses Tierstamms und geben Sie für jede Klasse zwei typische Merkmale an.

1.2 Tiere A (Maulwurf)/C (Maulwurfsgrille) und D (Albatros)/H (Rauchschwalbe) (vgl. Abbildung 1) zeigen Ähnlichkeiten in ihrem Körperbau. Hierfür gibt es zwei prinzipiell unterschiedliche Erklärungsmöglichkeiten. Erläutern Sie diese an den genannten Beispielen. (5 VP)

Abb. 2 zeigt die Entstehung der Artenvielfalt in vereinfachter Form am Beispiel der Säugetiere.

2 Welche Evolutionsmechanismen liegen der Entstehung der Artenvielfalt zugrunde? Erläutern Sie. (4 VP)

Abb. 2: Artenvielfalt bei den Säugetieren

Brehms Tierleben war das erste volkstümliche deutschsprachige Werk, in dem die Vielfalt der Tiere dargestellt wurde. Der nachfolgende Text findet sich im Kapitel „Menschenaffen“ und stammt aus dem Jahre 1922:

„Zweifellos springt dem unbefangenen Beobachter beim Anblick eines Menschenaffen die überraschende (1) ***Ähnlichkeit mit dem Menschen*** *ins Auge,* ***nicht allein in Bezug auf die Gestalt****, sondern auch hinsichtlich seines Gebarens. Seit Darwin hat sich der Satz „Der Mensch stammt vom Affen ab“ in der breiten Öffentlichkeit zum Teil als unantastbare Wahrheit, an der angeblich nichts mehr zu rütteln ist, eingebürgert. Nun leuchtet ja ohne weiteres ein, dass der heutige Mensch nicht vom heutigen Affen abstammen kann. Beide haben seit Urzeiten eine Entwicklung durchgemacht, die niemand leugnen wird. Wer nun der Urahn ist, das konnte mit Bestimmtheit bis heute noch nicht festgestellt werden. Aber eines steht fest: (2)* ***der Affe ist in bezug auf seine körperliche Entwicklung viel spezialisierter, also höher entwickelt, als der Mensch, der körperlich auf einer ursprünglicheren primitiveren Stufe stehen geblieben ist.*** *Man betrachte sich als Beispiel nur den Greiffuß eines Affen und vergleiche ihn mit dem gänzlich unspezialisierten Fuß eines Menschen: Alles weist auf eine einseitige Entwicklung zum Klettertier hin. Der Mensch hingegen hat nur ein Organ, und das aber ganz ausgeprägt, entwickelt: das Gehirn. (3)* ***Mit der Entwicklung dieses Organs war eine Sonderentwicklung anderer Organe, die andere Geschöpfe zu ihrer Erhaltung benötigen, überflüssig geworden****, denn der Mensch konnte sich mit Hilfe seines Verstandes ohne Zuhilfenahme spezialisierter Organe im Lebenskampf zurechtfinden.“*

3 Erläutern Sie, ob die Aussagen aus Brehms Tierleben in den drei fettgedruckten Textstellen aus heutiger wissenschaftlicher Sicht Gültigkeit haben. (5 VP)

4 Beschreiben Sie ein molekularbiologisches Verfahren, mit dem man die Verwandtschaftsverhältnisse zwischen Mensch und Menschenaffe ermitteln kann. (3 VP)

Bereits 1975 veröffentlichten zwei amerikanische Wissenschaftler in der renommierten Zeitschrift *Science* einen Artikel, aus dem hervorging, dass die genetischen Unterschiede zwischen Schimpansen und Menschen vergleichsweise klein sind. Für den Laien klingt das wie ein Widerspruch. Müssten sich die vielen Unterschiede in Form und Funktion nicht auf der Ebene der Gene widerspiegeln?

5 Geben Sie eine mögliche Erklärung für die vielen phänotypischen Unterschiede zwischen Mensch und Schimpanse trotz weitgehend identischer genetischer Ausstattung. (3 VP)

(20 VP)

Lösungen

1.1 Bis auf C (Maulwurfsgrille) gehören alle abgebildeten Tiere zum **Stamm der Wirbeltiere**.

Kennzeichen der Wirbeltiere *(2 werden verlangt)*:
- Wirbelsäule
- Rückenmark
- Markhaltige Nervenfasern
- I. d. R. zwei Paar Extremitäten
- Spezifische Immunabwehr

Kennzeichen der fünf Wirbeltier-Klassen *(jeweils 2 werden verlangt)*:

Wirbeltierklasse	Typische Merkmale
Säugetiere	– Säugen ihre Jungen mit Muttermilch – Haare /Fell – gleichwarm – Lungenatmung – Zwerchfell – differenzierte Zahnformen
Vögel	– Federn – Vorderextremität als Flügel – Hornschnabel ohne Zähne – Eier mit Kalkschale – hohle Knochen – Lungen mit Luftsäcken – gleichwarm – Kloake (ein Ausführgang für Darm, Niere und Keimdrüsen)
Reptilien	– Hornschuppen – wechselwarm – Lungenatmung – Kloake – innere Befruchtung

Amphibien	– drüsenreiche nackte Haut (Wasser-/Feuchtlufttiere) – wechselwarm – Larven (Entwicklung mit Metamorphose) – Wechsel von Kiemen- zu Lungenatmung (Hautatmung) – Kloake – äußere Befruchtung – dreikammriges Herz (zwei Vorkammern, eine Hauptkammer)
Fische	– Knochenschuppen – Kiemenatmung – wechselwarm – einfacher Blutkreislauf (zweikammriges Herz)

1.2 Die Ähnlichkeit im Körperbau kann prinzipiell auf zwei Ursachen beruhen:
- Anpassungs- oder Funktionsähnlichkeit → **Analogie**
- Bauplan- oder Verwandtschaftsähnlichkeit → **Homologie**

Maulwurf – Maulwurfsgrille:

- Keine Bauplanähnlichkeit, da keine Verwandtschaft (Säugetier – Insekt)
- Anpassung an ähnliche Lebensräume: grabende unterirdische Lebensweise

⇒ Die Ähnlichkeit der Grabschaufeln beruht auf Funktionsähnlichkeit (**Analogie**).

Anderer Begriff: Man nennt solche Parallelentwicklungen, ausgehend von ganz verschiedenen Verwandtschaftsgruppen ohne Bauplanähnlichkeit zu äußerlich sehr ähnlichen Körperformen ***Konvergenz*** *oder* ***konvergente Entwicklung****.*

Albatross – Rauchschwalbe:

- Beide Tierarten sind eng verwandt (Tierklasse: Vögel).
- Die Baupläne, d. h. Bau und Lage der Körperorgane (Flügelskelett, Federn ...), sind aufgrund der gemeinsamen Erbinformation sehr ähnlich.

⇒ Die Ähnlichkeit der Flügel beruht auf Bauplanähnlichkeit (**Homologie**).

2 *Die Deutung der Entwicklung der Artenvielfalt der heutigen Säugetiere aus einer gemeinsamen Stammform ist natürlich unmöglich in wenigen Sätzen zu schaffen. Gemeint ist hier lediglich die Aufzählung der wichtigsten Evolutionsfaktoren mit jeweils knapper Erläuterung. Dennoch gehen hier viele Punkte verloren, wenn man die Fachsprache der synthetischen Evolutionstheorie nicht sicher beherrscht!*
Die Gliederung der Antwort lässt sich entweder als Ablauf einer ***adaptiven Radiation*** *vornehmen oder ganz allgemein im Rahmen der Deutung der Entstehung von neuen Arten.*

Spezielle Deutung als **adaptive Radiation**:

(Definition: beschleunigte Aufspaltung von Arten aus einer Stammform durch Anpassung an viele ökologische Nischen)

- Unspezialisierte Stammform (rattenähnliche Urinsektenfresser) hatte nach dem Aussterben der Saurier günstige Lebensbedingungen.
- Starke Vermehrung → große genetische Variabilität durch Mutationen und **Rekombination**
- Zunahme der intraspezifischen Konkurrenz
- Zunehmender **Selektionsdruck** in Richtung **Einnischung**; neue **ökologische Nischen** helfen, totale Konkurrenz zu vermeiden.
- Zunehmende Spezialisierung hinsichtlich Nahrungserwerb, Fortbewegung ...

Zusätzliche Faktoren:
- **Isolation:** Ausbildung von Fortpflanzungsbarrieren durch z. B. räumliche Trennung von Teilpopulationen = **Separation** (z. B. Eiszeiten, Kontinentaldrift ...) oder **ethologische Isolation** (Verhinderung des Gen-Austausches durch z. B. verändertes Balzverhalten in Teilpopulationen)
- **Gendrift**: Zufallswirkungen in kleinen isolierten Teilpopulationen (z. B. Besiedler einer Insel gehören alle zu einer Sippe und sind Träger eines seltenen Allels)

Eine Aufspaltung in Arten ist erfolgt, wenn zwischen Teilpopulationen aufgrund der vorher genannten Ursachen kein Genaustausch mehr möglich ist, d.h. wenn keine fruchtbaren gemeinsamen Nachkommen mehr möglich sind.

oder:
Allgemeine Deutung mit ***Evolutionsfaktoren****:*
Evolutionsmechanismen, die der Artbildung zugrunde liegen:
- ***Mutation*** *und* ***Rekombination****: Mutation erzeugt neue Allele, die durch Rekombination zu immer neuen Allel-Kombinationen gemischt werden und so phänotypisch sichtbar werden.*
- ***Selektion:*** *Diese Allel-Kombinationen werden nach ihrem Anpassungswert bezüglich der jeweiligen Umweltbedingungen von der Selektion bewertet. Sie gibt der Evolution eine Richtung, d. h. die Allele, die größeren Fortpflanzungserfolg garantieren, werden sich im Genpool durchsetzen.*
  Artaufspaltung und Artenvielfalt ist das Ergebnis von ***aufspaltender Selektion****. Bei diesem Selektionstyp sind die Umweltbedingungen so, dass sich zwei verschiedene Möglichkeiten der Anpassung anbieten z. B. verschiedene Fortbewegungstechniken, verschiedene Körpergrößen, verschiedene Tarnungsmöglichkeiten usw.*

  Schema (nicht verlangt):

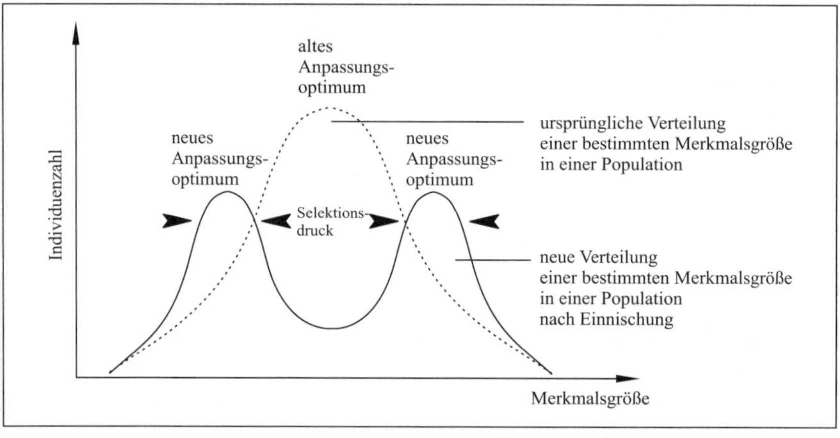

Zusätzliche Evolutionsmechanismen:
- **Isolation / Separation** (siehe oben)
- **Gendrift** (siehe oben)

Ergebnis ist in vielen Generationen die Aufspaltung in Rassen und schließlich in Arten mit unterschiedlicher Anpassung an die Umwelt.

3 *Auch bei dieser Frage kommt es weniger darauf an, die Gültigkeit einer Textstelle zu bejahen oder zu verneinen, als vielmehr seine Entscheidung fachsprachlich sauber zu begründen.*

1. Textstelle: *„... die Ähnlichkeit mit dem Menschen ... nicht allein in Bezug auf die Gestalt ..."*

Diese Aussage ist **richtig**: Die Ähnlichkeit ist nicht nur in der vergleichenden Anatomie („Gestalt") und in der Verhaltensforschung („Gebaren") bestätigt worden, sondern auch durch moderne Forschungsmethoden:
- Biochemie/Cytologie/Genetik: z. B. Blutgruppen-Ähnlichkeit, Proteinvergleiche, Chromosomenvergleiche
- Molekulargenetik: z. B. DNA-Ähnlichkeit
- Parasitologie: Gemeinsame Parasiten (Flöhe, Viren ...)

2. Textstelle: *„... der Affe ist ... viel spezialisierter ... als der Mensch, der ... auf einer primitiveren Stufe stehen geblieben ist ..."*

Diese Aussage ist **falsch**: Es ist umgekehrt: Der Übergang zur **Bipedie** d. h. zum aufrechten Gang ist eine Spezialisierung. Die Menschenlinie hat sich also mit dem Übergang zum Bodenleben weiterentwickelt z. B. Standfuß, Wirbelsäule, Becken ...), während die Affenlinie die ursprüngliche Lebensweise (Baumleben) beibehalten hat (Greiffuß).

3. Textstelle: *„... Mit der Entwicklung des Gehirns war eine Spezialisierung anderer Organe ... überflüssig geworden ..."*

Die Aussage ist **richtig und falsch**: Richtig ist die Aussage in der Hinsicht, dass der Mensch ein „Mängelwesen" ist. Im Tierreich finden wir für jede spezialisierte Fähigkeit eine weit überlegene Art (z. B. Sinneswahrnehmung, Körperkraft ...). Trotzdem ist der Mensch dank seiner Intelligenz auch hier überlegen und kann auf viele Spezialisierungen verzichten.
Beispiele:
- Fell → Kleidung, Häuser, Feuer.
- Sinnesorgane → Messgeräte.
- Eckzähne, Krallen, Kraft → Waffen, Werkzeuge, Maschinen.

Falsch ist die Aussage in folgender Hinsicht: Die Gehirnentwicklung ist keine isolierte Entwicklung. Die Spezialisierung anderer Organe war nicht überflüssig. Die Gehirnentwicklung ist sicher eine Sonderentwicklung, aber sie war nur denkbar durch Spezialisierung bestimmter anderer Organe.
Beispiele:
Wechselwirkung zwischen Gehirnentwicklung und
- Bewegungsapparat
- Kau-Organen und Gesichtsschädel
- Sprech-Organen

4 *Hier sind alle molekularbiologischen Verfahren zur Verwandtschaftsanalyse möglich:*
- *Aminosäuresequenz-Analyse wichtiger Proteine*
- *Serumpräzipitin-Test*
- *Basensequenz-Analyse wichtiger Gene*
- *DNA-Hybridisierungstest*

Erläuterung des **DNA-Hybridisierungs-Tests** *(vereinfacht)*:
- Isolierung von DNA der beiden zu untersuchenden Arten A und B.
- Bestimmung des Schmelzpunktes der artreinen DNA von A und B.

Bei Menschen und Schimpansen liegt er bei 88,2 °C. Gemessen wird er z. B. durch Messung einer charakteristischen Viskositätsänderung (= „Zähflüssigkeit“ der DNA-Lösung), die durch die Spaltung der Doppelstränge in Einzelstränge (Öffnung der H-Brücken) bewirkt wird.
- Mischung geschmolzener DNA der artfremden Einzelstränge. Beim Abkühlen bilden sich Hybridstränge aus A- und B-Einzelsträngen.
- Der Schmelzpunkt dieser AB-Hybridstränge wird bestimmt und mit dem der artreinen DNA verglichen.
  Hybrid-DNA schmilzt früher, weil wegen der genetischen Distanz nicht jede Base im Einzelstrang der Art A einen komplementären Partner im Einzelstrang der Art B findet. Je entfernter die Verwandtschaft, desto weniger Basen können sich paaren, desto weniger H-Brücken halten die Hybrid-Doppelstränge zusammen, desto niedriger ist der Schmelzpunkt. Z. B. Mensch/Schimpanse: 86,4 °C

Folgerung: Je näher der Schmelzpunkt der Hybrid-DNA dem Schmelzpunkt der artreinen DNA liegt, desto ähnlicher ist die DNA d. h. desto enger ist die Verwandtschaft.

5 Trotz Übereinstimmung der DNA von 98 % zwischen Mensch und Schimpanse heißt das nicht, dass auch 98 % Übereinstimmung im Phänotyp bestehen muss!

Mögliche **Begründungen** *(eine wird verlangt)*:
- Klassische Genetik: Bei ca. 30 000 Genen wären 2 % Unterschied immerhin 600 Gene. Diese würden leicht erklären, dass der Phänotyp erheblich abweicht. Außerdem weiß man von vielen Genen, dass sie sich auf mehrere Merkmale auswirken können (**Polyphänie**).
- Molekulargenetische Begründung: Genetische Unterschiede entstehen durch Mutationen. Eine **Punktmutation**, wie z. B. der Verlust einer Base (eine von ca. 3 Milliarden Basen) würde prozentual unmessbar wenig am Genom ändern, hätte aber unter Umständen eine große Wirkung auf den Phänotyp.
  Durch den Ausfall eines Enzyms könnten ganze Genwirkketten gestört sein (z. B. Phenylalanin-Stoffwechsel mit Pigmentierungsstörungen und Wachstumsstörungen) oder ganz neue Stoffwechselwege ermöglicht werden → **neue Merkmale**.
- Stoffwechselregulation und differenzielle Genaktivität:
  Viele Gene sind **Regulatorgene** d. h. sie codieren keine Enzyme oder Strukturproteine, sondern sind Bestandteile zentraler „Stoffwechselschalter“, die z. B. schon in der Keimes- und Embryonalentwicklung durch „An- und Abschalten“ von Genen ganze Organgruppen beeinflussen. **Differenzielle Genaktivität** sorgt dafür, dass sich Zellen in unserem Körper spezialisieren. Kleinste Änderungen bewirken hier bereits große anatomische Unterschiede.

Profil-/Neigungsfach Biologie (Baden-Württemberg): Abituraufgaben 2004
Aufgabe III: Immunbiologie, Molekulargenetik

AIDS ist die häufigste erworbene Immunschwächekrankheit. Sie wird durch das HI-Virus verursacht, welches zu jenen Viren gehört, bei denen das Genom aus RNA aufgebaut ist.
Bei einer Infektion bindet das Virus bestimmte Membranprotein, z. B. das Protein CD4 (vgl. Abbildung 1) seiner Wirtszellen, den Makrophagen und T-Helferzellen und kann so in die Zellen eindringen. Das Virusgenom wird mithilfe eines speziellen Enzyms des Virus, der reversen Transkriptase, in DNA umgeschrieben. Die reverse Transkriptase arbeitet dabei im Vergleich zu unseren DNA-Polymerasen sehr ungenau. So entsteht sehr schnell eine Vielzahl von Varianten der Virus-DNA, die unterschiedliche Oberflächenproteine codieren. Die „Viren-DNA" wird in das Wirtsgenom integriert und bildet dort ein so genanntes Provirus. In diesem Zustand kann das Virus überdauern und wird bei jeder Zellteilung der Wirtszelle weiter gegeben. Der infizierte Mensch ist während dieser Zeit ohne Symptome. Nach etwa 2 bis 12 Jahren beginnt die Wirtszelle, die Virusgene zu transkribieren, und es kommt zur Produktion neuer Viren. Hierdurch werden z. B. die T-Helferzellen so stark geschädigt, dass sie zugrunde gehen. Dies erklärt die verheerenden Folgen dieser Virusinfektion. Sinkt die Anzahl der T-Helferzellen unter einen kritischen Wert, so können bestimmte Krankheiten (z. B. Pilzbefall, Lungenentzündung usw.) beobachtet werden, die allesamt auf eine starke Schwächung des Immunsystems zurückzuführen sind. Die Krankheit AIDS ist dann ausgebrochen.

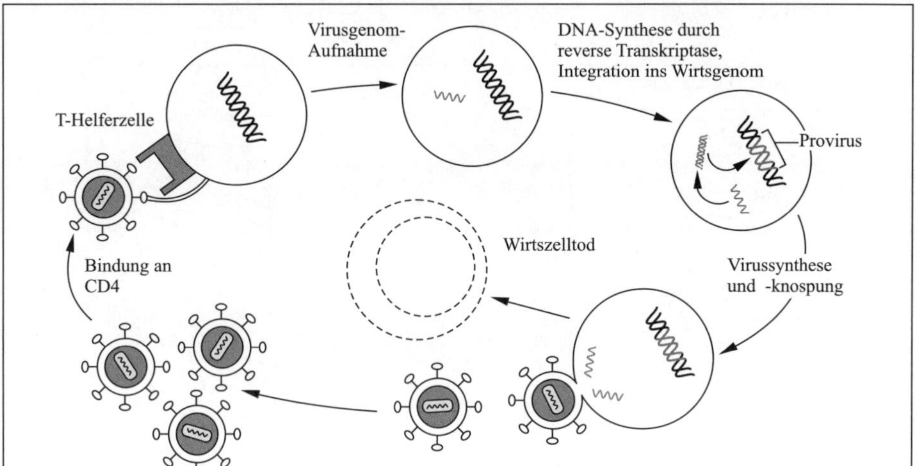

Abb. 1: HIV-Infektion

1.1 Warum sterben Menschen, die an AIDS erkrankt sind, letztlich an Infektionen, die ein Mensch mit einem intakten Immunsystem normalerweise überlebt? Erklären Sie diesen Sachverhalt. Gehen Sie hierbei ausführlich auf die Störung in der Immunantwort ein. (4 VP)

1.2 Unser Immunsystem ist nicht in der Lage, das HI-Virus effektiv zu bekämpfen. Im Text werden hierfür einige Gründe angeführt. Erklären Sie drei davon genauer. (3 VP)

Inzwischen sind einige Medikamente gegen AIDS auf dem Markt, die den Beginn der Erkrankung hinauszögern und den Ablauf der Krankheit dehnen. Manche dieser Wirkstoffe weisen große Ähnlichkeiten mit Bausteinen der DNA auf. Man nennt sie daher Nukleotid-Analoga. In Abbildung 2 ist die Bildung eines Dinukleotids dargestellt.

Die Abbildung 3 zeigt die Strukturformel des Wirkstoffs Lamivudin aus einem Medikament gegen AIDS.

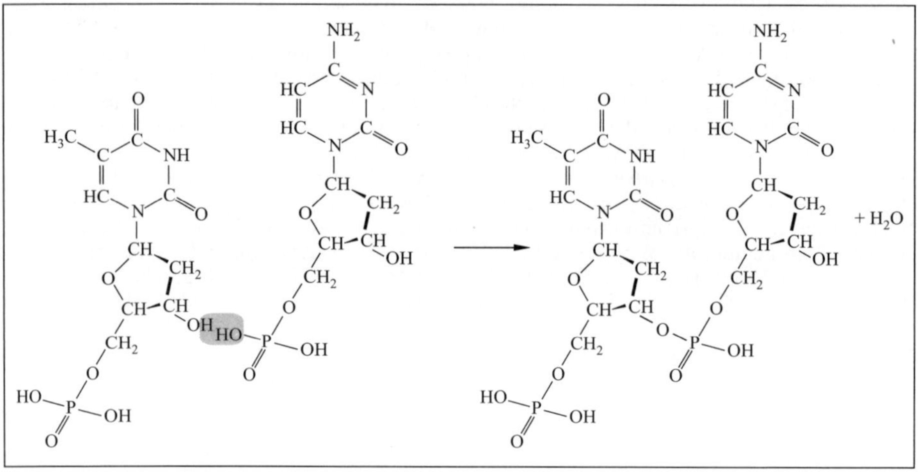

Abb. 2: Bildung eines Dinukleotids

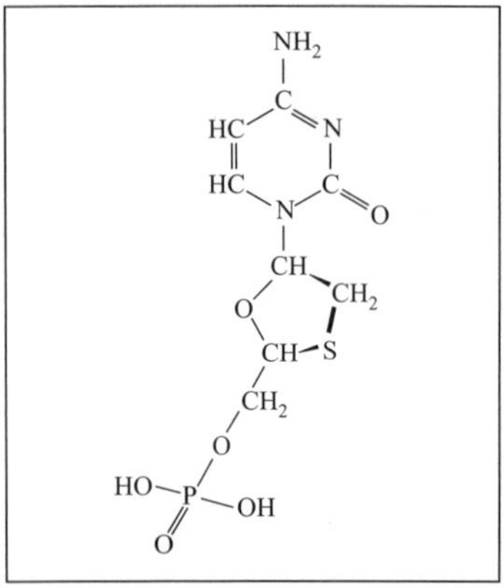

Abb. 3: Lamivudin

2.1 Erstellen Sie mithilfe von Symbolen für Base, Zucker und Phosphorsäure auf der Grundlage von Abbildung 2 ein Schema, an dem das Prinzip der Verknüpfung von zwei Nukleotiden zu einem Dinukleotid ersichtlich wird. (3 VP)

2.2 Erläutern Sie mithilfe der Abbildung 2 und 3 wie der Wirkstoff Lamivudin wirken könnte. Welche Nebenwirkung ist zu erwarten? (3 VP)

Etwa 1 % der europäischen Bevölkerung ist resistent gegen AIDS. Diese Personen erkranken trotz einer HIV-Infektion nicht an dieser Krankheit. Nach intensiven Forschungen stellte man fest, dass der Grund in einem mutierten Gen zu finden ist, welches ein Membranprotein der T-Helferzellen und der Makrophagen codiert.
Der in Abbildung 4 wiedergegebene Ausschnitt stammt aus dem mittleren Abschnitt dieses Membranprotein-Gens.
Dargestellt ist der Strang des normalen Gens, der transkribiert wird, sowie der des mutierten Gens mit dem Ort der Mutation.

Normales Gen:	3'… TGC GCG TTT GGC ATA AAT CGC TAA …5'
Mutiertes Gen:	3'… TGC GCG TTG GCA TAA ATC GCT AA … 5'

Abb. 4: Ausschnitte aus Membranprotein-Genen

3.1 Erstellen Sie die Aminosäuresequenzen für die beiden dargestellten Genausschnitte unter Zuhilfenahme von Abbildung 5.
Um welchen Mutationstyp handelt es sich?
Welche Folgen hat diese Mutation für das codierte Protein? (4 VP)

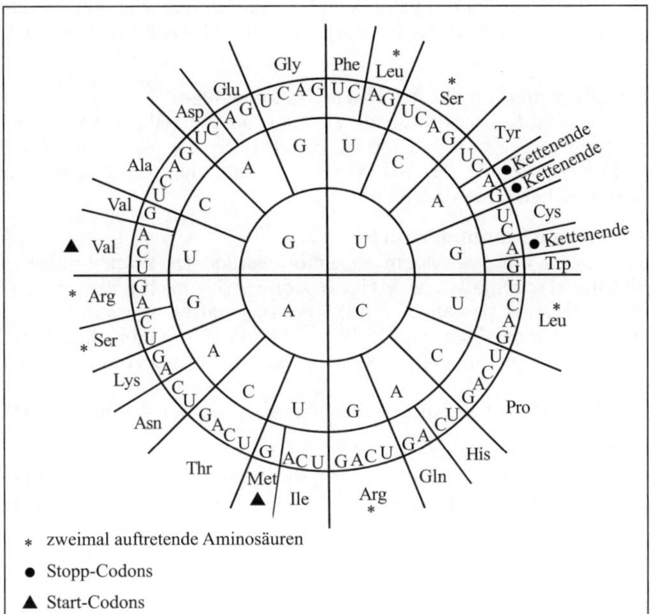

Abb. 5: Codesonne

3.2 Entwickeln Sie eine Hypothese, die diese Form der AIDS-Resistenz erklärt. (3 VP)
(20 VP)

Lösungen

*Da die Virusvermehrung ein **Wahlthema** ist, sind alle relevanten Informationen im Vortext bzw. in Abb. 1 enthalten.*

1.1 **Gründe** für die Immunschwäche:
Die HI-Viren befallen als Wirtszellen die Makrophagen und die T-Helferzellen. Diese beiden Typen von Immunzellen sind aber für die Immunantwort von zentraler Bedeutung. Ihre Dezimierung führt zu einer so starken Schwächung des Immunsystems, dass Infektionen mit Krankheitserregern (oder Krebszellen) nicht mehr bekämpft werden können und der Mensch daran stirbt.

Aufgabe der **Makrophagen**:
Sie bekämpfen unspezifisch alle fremden Strukturen, die in den Körper eindringen, indem sie die Eindringlinge phagozytieren und verdauen. Makrophagen bilden also die erste (unspezifische) Abwehrkette gegen Infektionen. Da sie oft gegen die schnelle Vermehrung der Erreger machtlos sind, übernehmen sie eine weitere wichtige Aufgabe: Sie alarmieren das spezifische Immunsystem, indem sie Teile des phagozytierten Erregers auf speziellen „Präsentiertellern" (= MHC II-Komplex) auf der Membranoberfläche präsentieren. Ruhende T-Helferzellen mit passenden Rezeptoren werden dadurch aktiviert.
→ Fehlende Makrophagen schwächen die unspezifische Abwehr und die spezifische Abwehr.

Bedeutung der **T-Helferzellen** für die spezifische Immunantwort:
T-Helferzellen sind sowohl für die **humorale** als auch für die **zelluläre** Immunantwort unentbehrlich: Sie produzieren hormonähnliche Botenstoffe (Cytokine), die sowohl die Vermehrung und Differenzierung der B-Lymphozyten als auch die Vermehrung und Differenzierung der T-Killerzellen stimulieren.

Wirkung auf die **humorale Immunantwort**:
Ruhende B-Lymphozyten mit passendem Rezeptor werden HI-Viren binden, phagozytieren und Bruchstücke ebenfalls auf MHC II-Komplexen nach außen präsentieren. Um jedoch die Produktion mit passenden Antikörpern zu starten, muss in der Regel ein Kontakt mit T-Helferzellen erfolgen. Die Helferzellen aktivieren danach mit Hilfe von Cytokinen die Differenzierung der B-Lymphozyten in AK-produzierende Plasmazellen und Gedächtniszellen.
→ Mangel an T-Helferzellen führt also zu Mangel an spezifischen AK gegen HIV.

Wirkung auf die **zelluläre Immunantwort**:
Ruhende T-Killerzellen erkennen mit passenden Rezeptoren die HIV-infizierten Körperzellen. (Diese „verraten" ihre Zellparasiten, indem sie Proteine des Virus auf MHC I-Komplexen auf ihrer Membran präsentieren).
Um sich zu aktiven Killerzellen zu differenzieren, muss ebenfalls eine Kontakt mit T-Helferzellen erfolgen. Erst jetzt können die Killerzellen die infizierten Körperzellen lysieren.
→ Mangel an T-Helferzellen lähmt also auch die zelluläre Immunantwort, d. h. die Bekämpfung Virus-infizierter Körperzellen (bzw. Krebszellen).

1.2 – Solange HI-Virus als **Provirus** in der Wirts-DNA integriert ist und keine Virusproteine produzieren lässt, ist es vor der Abwehr sicher und wird sogar mit der Zelle mitvermehrt.
– Wie in 1.1 beschrieben, sind die für die **Immunabwehr** wichtigen T-Helferzellen und Makrophagen **geschädigt**.

- Durch die ungenaue Arbeit der reversen Transkriptase entstehen ständig **neue Virus-Varianten**. Die Virus-DNA-Varianten codieren neue Oberflächenproteine, d. h. die Antigene wechseln ihre Oberfläche. → Die AK, die von den Plasmazellen produziert werden sind unwirksam. Bis eine neue spezifische AK-Sorte produziert wird, ist wertvolle Zeit verstrichen.

2.1 *Zur Bearbeitung dieser Aufgabe müssen im Formelbild der Aufgabe die Bausteine (Base, Zucker und Phosphatrest) eines Nukleotids erkannt und in ein schematisches DNA-Modell ohne Strukturformeln „übersetzt“ werden. Die Verknüpfung der Nukleotide erfolgt über eine Esterbindung zwischen Zucker und Phosphorsäure unter Wasserabspaltung.*

Mögliche **Symbole** für Base, Zucker und Phosphorsäure:

- als Buchstaben B, Z und P:

- *oder schematisch:*

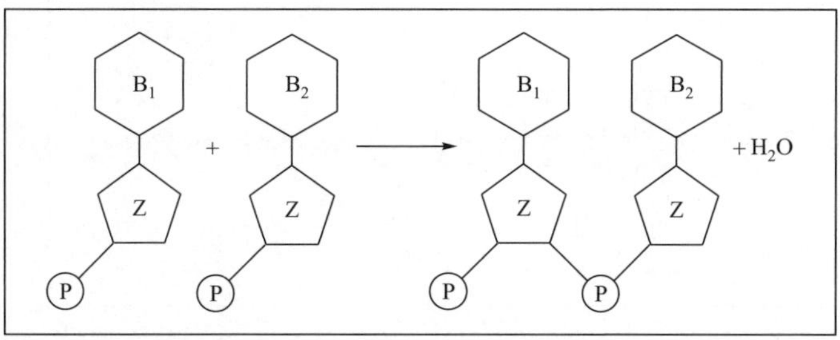

- *oder chemisch (nicht verlangt):*

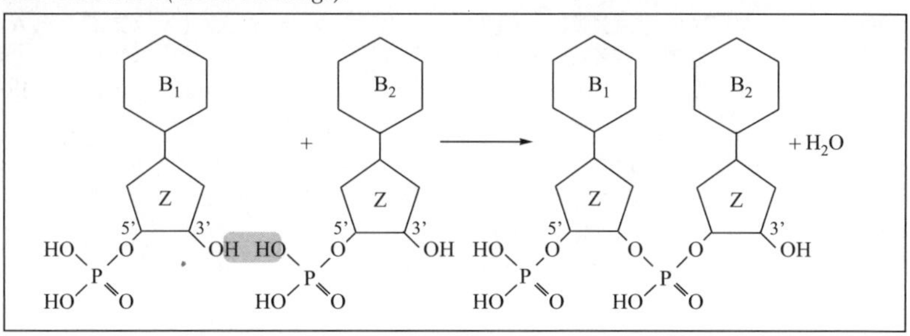

2.2 Lamivudin ist ein „falsches“ DNA-Nukleotid – ein so genanntes **Nukleotid-Analogon**. Es verhält sich in der Wirtszelle und bei der reversen Transkription wie ein DNA-Nukleotid. An Position 3' beim Lamivudin steht jedoch keine OH-Gruppe für eine Esterbindung zur Verfügung. (s. Abb. 2), stattdessen ist ein Schwefelatom eingebaut.

Folge für die Umschreibung der Virus-RNA in DNA :
Lamivudin wird wie in Abb. 1 an das vorangehende Nukleotid angehängt, kann aber seinerseits die Nukleotidkette nicht verlängern, weil die OH-Gruppe fehlt → die Synthese der DNA wird unterbrochen → die Virus-RNA kann nicht in DNA umgeschrieben werden → keine Integration als Provirus → keine Virenvermehrung.

*Schema der Wirkung von Lamivudin auf die **reverse Transkription** (nicht verlangt):*

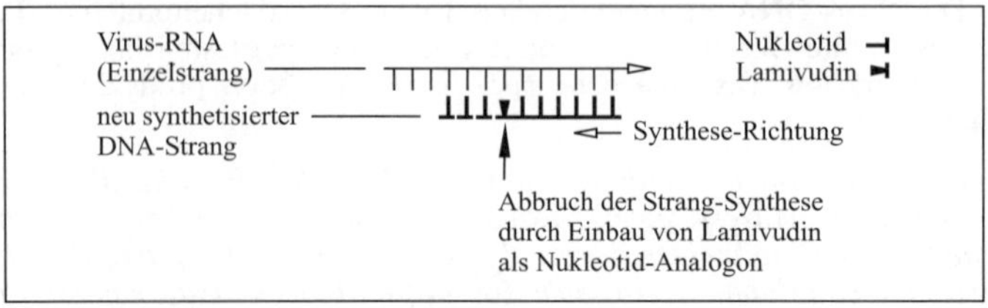

Nebenwirkung für die Wirtszelle:
Sie kann sich auch nicht vermehren, da bei der Replikation ebenfalls die Bildung der neuen Nukleotidketten unterbrochen wird → alle teilungsaktiven Zellen im Körper sind gehemmt.

*Schema der Wirkung von Lamivudin auf die **Replikation** (nicht verlangt):*

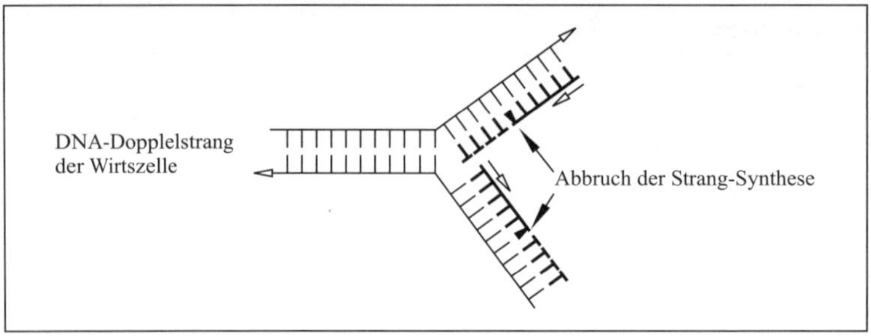

3.1 Codogener Strang des Membran-Gens:

DNA	3' …	TGC	GCG	TTT	GGC	ATA	AAT	GGC	TAA… 5'
mRNA	5' …	ACG	CGC	AAA	CCG	UAU	UUA	CCG	AUU 3'
AS-Sequenz		– Thr –	Arg –	Lys –	Pro –	Tyr –	Leu –	Ala –	Ile –

Codogener Strang des mutierten Gens:

DNA	3' …	TGC	GCG	TTG	GCA	TAA	ATC	GCT	AA … 5'
mRNA	5' …	ACG	CGC	AAC	CGU	AUU	UAG	CGA	UU 3'
AS-Sequenz		– Thr –	Arg –	Asn –	Arg –	Ile –	Stopp		

Mutationstyp: **Genmutation** (genau: Rastermutation), da eine Base verloren gegangen ist.

Folge für das Protein: Einbau von drei falschen Aminosäuren und danach Kettenende (**Abbruch der Translation**) → viel zu kurzes Protein, völlig veränderte Tertiärstruktur

3.2 Kein Andocken des HI-Virus an die Wirtszelle mehr möglich, da das Membranprotein vermutlich Teil des CD 4-Proteins ist, das das Virus benötigt, um in die Zelle einzudringen.

oder:
Das veränderte Membranprotein ist Teil der Proteine, die für die aktive Aufnahme des Virus in die Wirtszelle verantwortlich ist.

Profil-/Neigungsfach Biologie (Baden-Württemberg): Abituraufgaben 2004
Aufgabe IV: Cytologie, Enzymatik / ATP, Molekulargenetik

Glühwürmchen *(Lampyris spec.)* treten in Juni- und Julinächten sichtbar in Erscheinung. Die flugunfähigen Weibchen sitzen im Gebüsch und locken die fliegenden Männchen durch Aussenden von Leuchtsignalen an.

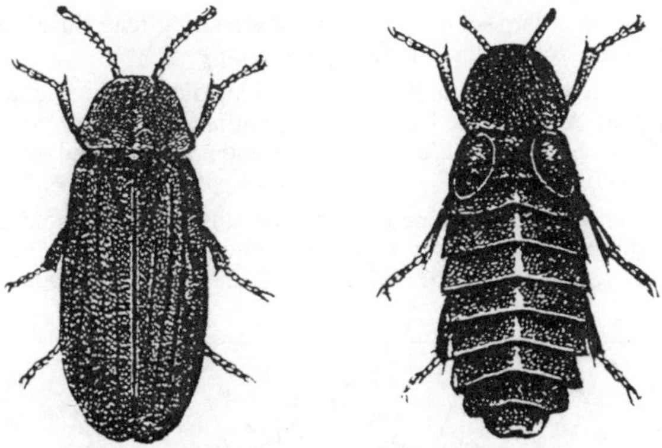

Abb. 1: *Lampyris spec.*; links Männchen, rechts Weibchen. (Abbildung aus Brehms Tierleben von 1872)

1 Geben Sie an, welcher Tierklasse *Lampyris spec.* zuzuordnen ist und begründen Sie Ihre Zuordnung (2 Angaben). (2 VP)

In den Leuchtzellen der Weibchen liegen die Stoffe Luziferin, ATP und das Enzym Luziferase zunächst getrennt nebeneinander vor:
Das Luziferin befindet sich in den Peroxisomen (Vesikeln), die im Zentrum der Leuchtzellen liegen. Das ATP befindet sich in den peripher gelegenen Mitochondrien und die Luziferase in den Golgi-Vesikeln.
Beim Leuchtprozess reagiert das Luziferin mit Sauerstoff bei Anwesenheit von Magnesium-Ionen und ATP in mehreren Zwischenschritten unter Aussendung von Licht.

2 Erstellen Sie eine schematische Zeichnung (Größe ca. ½ Seite) des elektronenmikroskopischen Bildes einer Leuchtzelle von *Lampyris spec.* und beschriften Sie diese. Berücksichtigen Sie dabei auch nicht genannte wichtige Zellbestandteile.
Geben Sie die Funktion der eingezeichneten Zellbestandteile an (5 VP)

3 Für die Leuchtreaktion ist ATP notwendig.
Erläutern Sie das Prinzip der energetischen Kopplung am Beispiel von ATP.
Beschreiben Sie einen weiteren Vorgang, bei dem ATP gebraucht wird. (3 VP)

4 Die Leuchtreaktion, die bei den Glühwürmchen in den Leuchtzellen stattfindet, lässt sich auch künstlich im Reagenzglas erzeugen.
Entwerfen Sie eine Versuchsreihe, die die Abhängigkeit der Luziferase-Aktivität von der Temperatur untersucht. Geben Sie an, welche Ergebnisse Sie erwarten und begründen Sie Ihre Erwartung. (5 VP)

Die Luziferase des Glühwürmchens *Luciola lateralis* besteht aus 548 Aminosäuren. Im Folgenden ist ein Ausschnitt aus dieser Aminosäuresequenz dargestellt (Abbildung 2):

…– Thr – Glu – Lys – Lys – Val – Met –…

↑ Aminosäure Nr. 500 (Pfeil auf Val)

Abb. 2: Aminosäuresequenz

5.1 Geben Sie für den dargestellten Ausschnitt eine mögliche Basenfolge des transkribierten Einzelstrangs des Luziferase-Gens an.

5.2 Gelegentlich findet man Luziferase-Moleküle, die an der Stelle Nr. 499 statt Lysin (Lys) die Aminosäure Isoleucin (Ile) enthalten.
Erklären Sie, wie diese Veränderung zustande kommt und nennen Sie zwei mögliche Auslöser.

5.3 Die Wahrscheinlichkeit für einen Aminosäureaustausch ist an der Stelle Nr. 501 (Met = Methionin) größer als z. B. an der Stelle Nr. 500 (Val = Valin).
Diskutieren Sie diese Aussage mithilfe der Codesonne (Abbildung 3). (5 VP)

(20 VP)

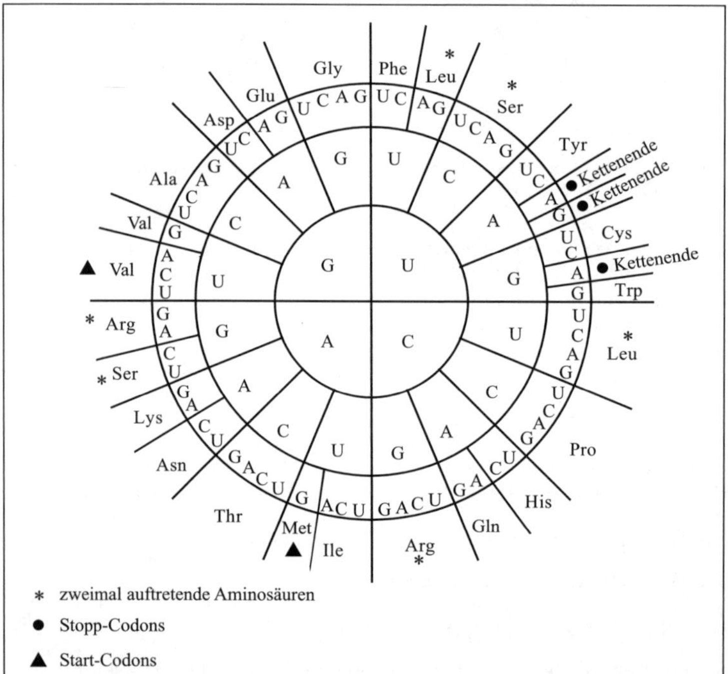

Abb 3: Codesonne

Lösungen

1 Das Glühwürmchen gehört zu der Tierklasse der **Insekten**.
Begründung: 6 Beine, 2 Fühler, Chitinpanzer

2 Schematische **Skizze** einer Leuchtzelle:

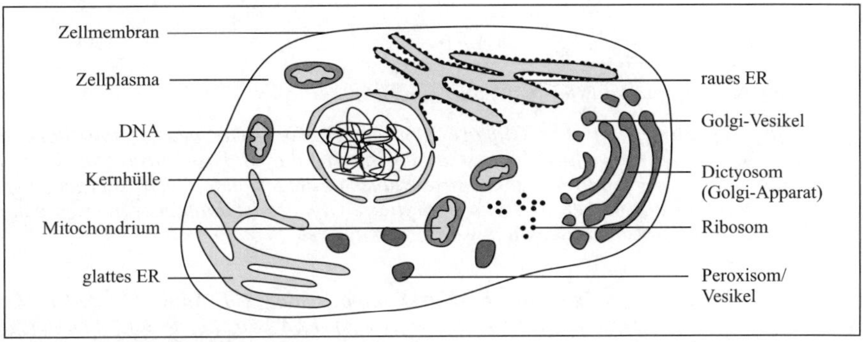

Funktion der Zellbestandteile :

Zellbestandteil	Funktion
Zellmembran	Abgrenzung und selektiver Stoffaustausch
Zellplasma	Ort der Stoffwechselvorgänge
raues ER	Transportsystem, Synthese von Lipiden
glattes ER	
DNA/Chromatin	Steuerung der Zelle und Speicherung des Erbgutes
Kernhülle	
Mitochondrium	Zellatmung, Energiegewinnung /ATP
Ribosomen	Proteinbiosynthese
Dictyosomen	Synthese von Sekreten
Golgi-Vesikel	Speicherung der Luciferase
Peroxisomen /Vesikel	Speicherung von Luciferin

3 Prinzip der **energetischen Kopplung**:
Eine chemische Reaktion, die energiebedürftig (= **endergonisch**) ist, läuft nur ab, wenn gleichzeitig eine Energie liefernde (= **exergonische**) Reaktion z. B. die ATP-Spaltung abläuft. Da ATP ein transportabler chemischer Energiespeicher ist, kann man eine endergonische Reaktion an jedem Ort in der Zelle ablaufen lassen, wenn man sie mit der ATP-Spaltung chemisch koppelt.

Schema:

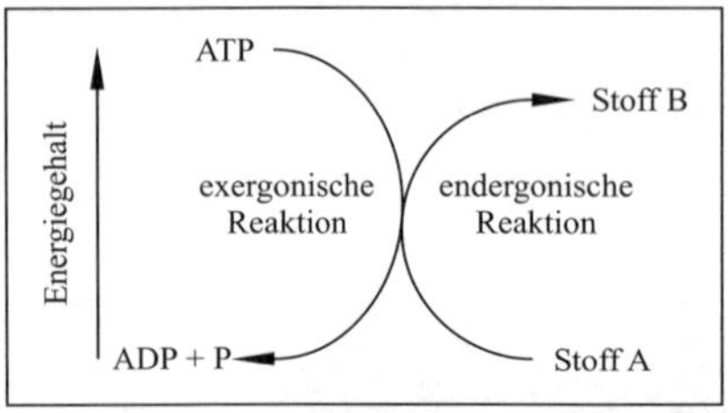

weitere Beispiele (ein Beispiel ist verlangt):

***Glukose-Aktivierung**: Um Glukose zum energiereicheren Speicherstoff Stärke aufzubauen, ist ATP notwendig. Im ersten Schritt wird die Glukose durch chemische Kopplung mit der ATP-Spaltung zu Glukose-Phosphat umgewandelt, d. h. energetisch auf ein höheres Niveau gehoben. Die phosphorylierte Glukose ist dann energiereich genug, um in einer exergonischen Reaktion weiter zu reagieren.*

oder:
*Modellhafte Beschreibung der **K^+-Na^+-Pumpe**: Unter ATP-Aufwand werden Natriumionen aus der Zelle transportiert (gegen ein Konzentrations- und Ladungsgefälle) gleichzeitig werden K^+-Ionen nach innen gepumpt (gegen Konzentrationsgefälle)*
- *Membranprotein bindet innen drei Na^+-Ionen*
- *Phosphorylierung durch Kopplung mit ATP-Spaltung*
- *Phosphoryliertes Membranprotein „stülpt sich um“,*
- *entlässt die Na^+-Ionen nach draußen und bindet im Gegenzug zwei K^+-Ionen.*
- *Abspaltung der Phosphatgruppe bewirkt, dass das Membranprotein in die alte Konformation zurückklappt → die K^+ -Ionen werden nach innen entlassen und der Zyklus beginnt von Neuem.*

oder:
*Kontraktion einer **Muskelfaser***

4 *Fragen zur Strukturierung der Antwort:*
- *Welche **Enzymeigenschaft** soll gemessen werden?*
  *hier: Abhängigkeit der Enzym**aktivität** von der **Temperatur***
- *Mit welchem Messgerät kann in diesem Fall die Enzymaktivität gemessen werden?*
  (Enzymaktivität = Stoffumsatz pro Zeit, entspricht der Reaktionsgeschwindigkeit = RG)
  ***Messungsmöglichkeiten**:*
  Abnahme der Ausgangsstoffe pro Zeit oder Zunahme der Endprodukte pro Zeit. Gemessen wird entweder
  - *die Zeit, die vergeht, bis z. B. ein Indikator/Farbstoff erscheint/verschwindet (hier: **Leuchtdauer**).*
  - *oder die **Konzentration** eines Produkts nach festgelegter Zeit z. B. Farbtiefe eines Indikators (Fotometer) oder elektrische Leitfähigkeit (Amperemeter) oder Gasvolumen … (hier: **Leuchtintensität**).*

  Für die Zeitmessung gilt: Je kürzer die Zeit, desto größer die Enzymaktivität. Für die Konzentrationsmessung gilt: Je mehr Endprodukt nach einer bestimmten Zeit entstanden ist, desto größer die Enzymaktivität.
- *Welche **Versuchsbedingungen** müssen eingehalten werden?*
  Bei allen Messungen müssen die Bedingungen exakt gleich sein – außer dem Faktor, dessen Abhängigkeit untersucht werden soll (hier: Temperatur).

Messreihe zur Untersuchung der Temperaturabhängigkeit der Aktivität des Enzyms Luciferase:
Messung der Leuchtdauer mit Stoppuhr (oder Leuchtintensität mit Fotometer) bei z. B. drei verschiedenen Temperaturen. Jeder Versuchsansatz besteht aus folgenden Komponenten:

- Enzymlösung: Luciferase-Lösung (eingestellt auf eine bestimmte Temperatur), gleiche Konzentration und gleiches Volumen
- Substratlösung: Luciferin/Mg^{2+}/ATP-Lösung (eingestellt auf eine bestimmte Temperatur), jeweils gleiche Konzentration und gleiches Volumen. Sauerstoff wird durch z. B. Schütteln nach Enzymzugabe zugeführt.

Versuchsablauf:
Bei jeder Messung wird die Enzymlösung zur Substratlösung zugegeben und die Stoppuhr gestartet; Schütteln des Reaktionsgemisches um den Sauerstoff zuzuführen; Messung der Leuchtdauer.
Die Messung wird bei drei verschiedenen Temperaturen wiederholt.

Schema des Versuchsaufbaus (nicht verlangt):

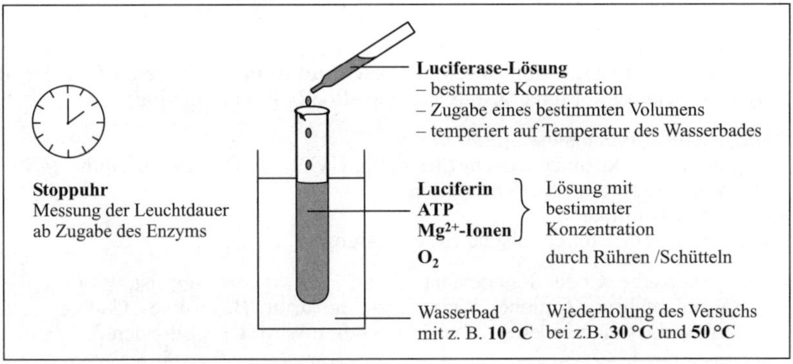

Erwartete **Ergebnisse** :
Bei niederen Temperaturen (10 °C) ist die Luciferaseaktivität gering, d. h. längere Leuchtdauer bei geringer Leuchtintensität. Bei Temperatursteigerung auf 20 °C wird die Luciferaseaktivität zunehmen. Beim Temperaturoptimum (z. B.30 °C) wird man die höchste Enzymaktivität messen (kürzeste Leuchtdauer bei höchster Leuchtintensität). Bei Hitze z. B. 50 °C wird keine Luciferaseaktivität mehr messbar sein.

Begründung:
Bei niedrigen Temperaturen ist die Reaktionsgeschwindigkeit gering, weil die Eigenbewegung der Teilchen gering ist. → Substratmoleküle und Enzymmoleküle treten selten erfolgreich in Kontakt → das aktive Zentrum des Enzyms wird nicht schnell genug mit Substratmolekülen besetzt → geringer Substrat-Umsatz. Bei Erwärmung um 10 °C nimmt die Reaktionsgeschwindigkeit durch zunehmende Teilchenbeweglichkeit um etwa das Doppelte zu (RGT-Regel). Beim Temperaturoptimum zeigt die Luciferase ihre maximale Aktivität d. h. die Zahl der Luciferinmoleküle, die pro Zeiteinheit umgesetzt werden ist maximal.
Bei weiterer Temperaturerhöhung werden die Molekülbewegungen so heftig, dass sich zunehmend die Tertiärstruktur des Enzymmoleküls verändert. → Die Enzymaktivität verringert sich. Ab einer bestimmten Temperatur tritt **Hitzedenaturierung** ein, d. h. die Tertiärstruktur wird zerstört, das aktive Zentrum kann kein Substratmolekül mehr binden → kein Substratumsatz mehr → keine Enzymaktivität mehr messbar.

5.1 *Die Fragestellung ist missverständlich, da „ ...Basenfolge des transkribierten Einzelstrangs des Luciferase-Gens“ sowohl den **DNA-Strang** meinen kann, der hier transkribiert wurde, als auch den **mRNA-Strang** als Ergebnis der Transkription dieses Gens.*

AS-Sequenz		– Thr –	Glu –	Lys –	Lys –	Val –	Met –
mRNA	5' …	AC**C**	GA**A**	AA**A**	AA**A**	GU**U**	AUG … 3'
		G	**G**	**G**	**G**	**A**	
		A				**G**	
		U				**C**	
DNA	3' …	TG**G**	CT**T**	TT**T**	TT**T**	CA**A**	TAC … 5'
		C	**C**	**C**	**C**	**T**	
		T				**C**	
		A				**G**	

5.2

AS	mögliche mRNA-Tripletts	DNA-Tripletts
Lys	AAA (AAG)	TTT (TTC)
Ile	AUA (AUC, AUU)	TAT (TAG, TAA)

Einfachste Deutung : Austausch einer einzigen Base
In der DNA wurde durch eine **Basenaustauschmutation** im Triplett TTT die 2. Base T gegen A ausgetauscht. Mutationstyp: Genmutation (= Punktmutation)

Mögliche **Mutationsauslöser** *(2 verlangt)*:
- energiereiche elektromagnetische Strahlung: UV-Licht, Röntgenstrahlung, γ-Strahlung
- radioaktive Strahlung: α-, β-Strahlung
- mutagene Chemikalien
- Replikationsfehler durch falsche Basenpaarungen

5.3 Da der genetische Code **degeneriert** *(Begriff nicht verlangt)* ist, gibt es für viele Aminosäuren mehrere Codone. Meist kann die dritte Base eines Codons vertauscht werden, ohne dass eine andere Aminosäure codiert wird. Dies gilt auch für Valin.

AS Nr. 500	mögliche mRNA-Tripletts	DNA-Tripletts
Val	GU**A** **T** **G** **C**	CA**T** **A** **C** **G**

→ Eine Basenaustauschmutation führt nur dann zu einer anderen Aminosäure, wenn die 1. oder 2. Base betroffen ist. Der Austausch der 3. Base des Tripletts hat keine Auswirkung.

AS Nr. 501	mögliches mRNA-Triplett	DNA-Triplett
Met	AUG	TAG

→ Met wird nur von einem einzigen Basentriplett codiert. **Jede** Basenaustausch-Mutation führt bei der Translation zum Einbau einer neuer Aminosäure.

Wenn man also davon ausgeht, dass eine Austauschmutation rein zufällig jede Base betreffen kann, dann ist die Position Nr. 501 häufiger von einem Aminosäure-Tausch betroffen als die Stelle Nr. 500.

Mit der Tatsache, dass Met und Val auch Startcodone sind, hat diese Frage nichts zu tun!

Profil-/Neigungsfach Biologie (Baden-Württemberg): Abituraufgaben 2005
Aufgabe I: Immunreaktion, Gentherapie, Gendiagnose

Mithilfe der Gentherapie ist es möglich, schwere Erbschäden zu behandeln, die durch ein einziges defektes Gen verursacht werden. Im November 1999 wurde der wenige Monate alte Wilco C. von dem französischen Genmediziner Alain Fischer in Paris durch Gentherapie geheilt. Der Junge litt an der tödlichen Immunkrankheit ADA-Mangel (Adenosindesaminase-Mangel), einem monogenen Erbleiden, hervorgerufen durch einen Gendefekt auf dem Chromosom 20. Der Mangel an dem lebenswichtigen Entgiftungsenzym ADA führt zum Absterben der T-Lymphozyten.

1.1 Stellen Sie den Ablauf der humoralen Immunreaktion grafisch dar (Größe mindestens ½ Seite). Verwenden Sie hierzu die in Abbildung 1 gegebenen Symbole. Ergänzen Sie die Symbole soweit erforderlich. Beschriften Sie Ihre Darstellung. (5 VP)

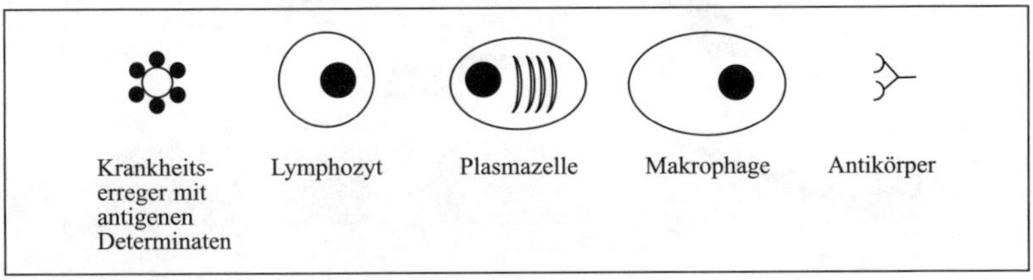

Abb. 1: Symbole zur Darstellung der humoralen Immunreaktion

1.2 Erläutern Sie die Folgen des Ausfalls der T-Lymphozyten auf die humorale und die zelluläre Immunabwehr. Beschreiben Sie die Auswirkungen auf den Organismus. (3 VP)

Zur Behandlung des ADA-Syndroms werden folgende Möglichkeiten vorgeschlagen:

a) Verabreichung von Antibiotika,
b) Transplantation von Spenderknochenmark, das im Organismus die Bildung von intakten Lymphozyten ermöglicht,
c) Injektion von ADA in die Blutbahn.

2 Beurteilen Sie die Wirksamkeit jeder dieser Methoden. (4 VP)

Alain Fischer entschied sich bei dem kleinen Wilco für eine weitere Möglichkeit der Behandlung: Dem Jungen wurden eigene Knochenmarkstammzellen übertragen, die zuvor gentechnisch verändert wurden.

3.1 Beschreiben Sie die wesentlichen Schritte eines Verfahrens, mit dem man Knochenmarkstammzellen gentechnisch verändern kann.

3.2 Erläutern Sie, weshalb Alain Fischer dem Jungen gentechnisch veränderte Stammzellen und nicht gentechnisch veränderte Lymphozyten übertragen hat. (4 VP)

Der Southern Blot (nach seinem Erfinder Southern benannt) ist ein einfacher Test, mit dem Gendefekte nachgewiesen werden können. In zunehmendem Maße gelingt der Nachweis, noch bevor die Symptome auftreten oder sogar vor der Geburt (pränatal). In Abbildung 2 ist das Southern Blot Testverfahren dargestellt.

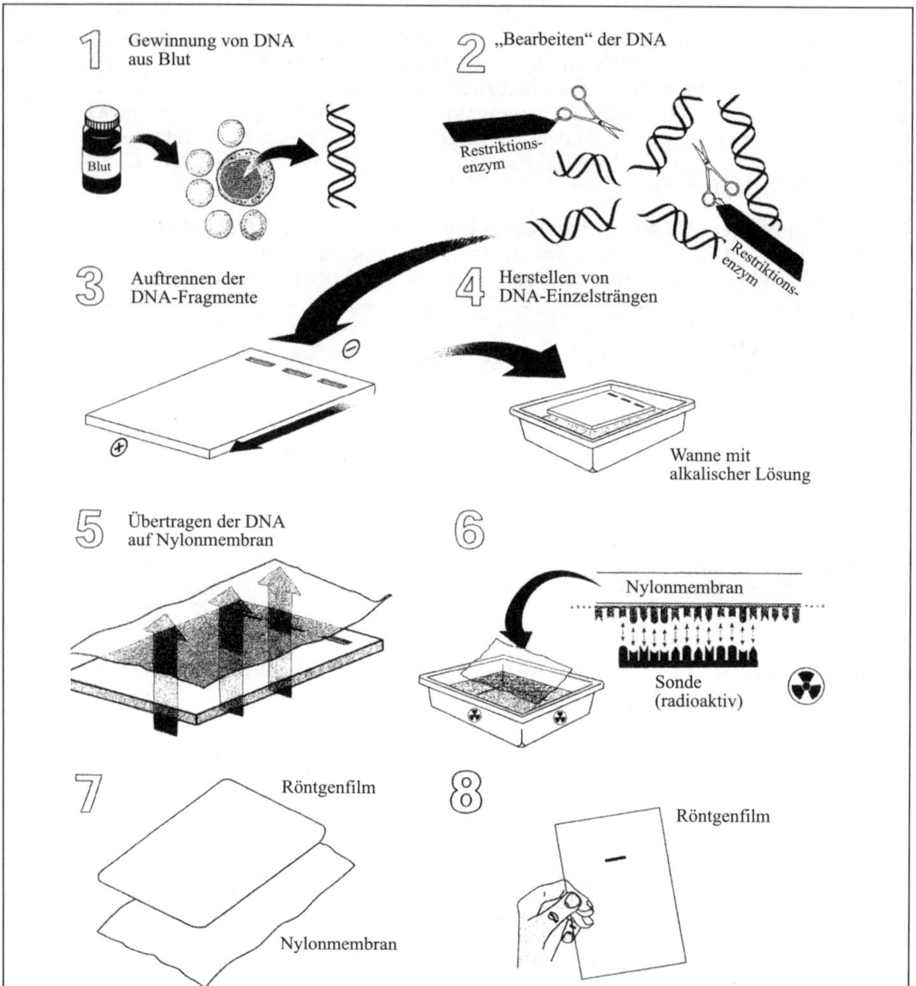

Abb. 2: Southern Blot

4 Formulieren Sie anhand der Abbildung 2 einen zusammenhängenden Text, der die Vorgehensweise und das Prinzip dieses Verfahrens zum Nachweis eines defekten Gens erklärt. (4 VP)

(20 VP)

Lösungen

1.1 *Beispiel einer grafischen Darstellung der humoralen Immunantwort mit den vorgegebenen Symbolen:*

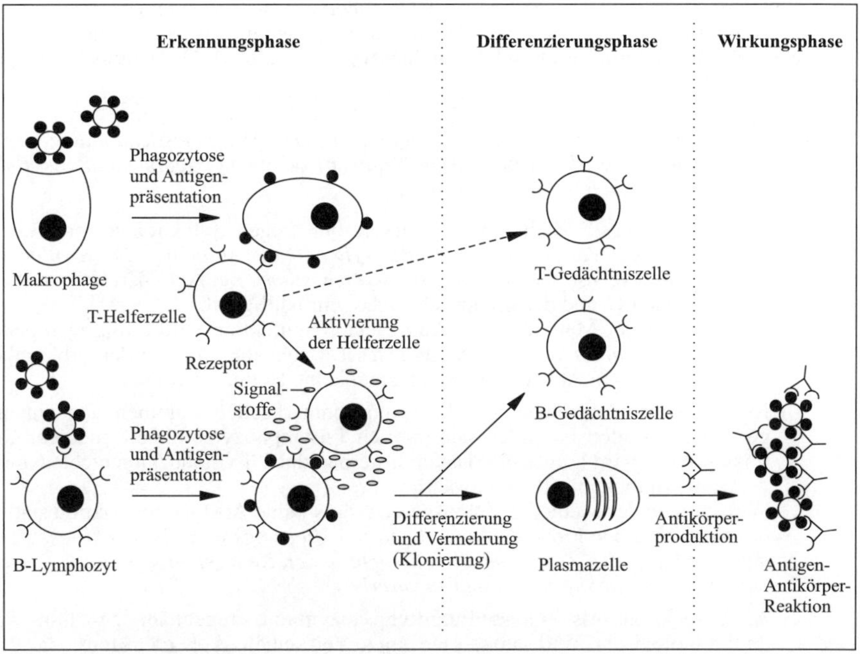

1.2 Folgen des Ausfalls der T-Lymphozyten auf die **humorale Immunabwehr** *(wie Abb. 1 zeigt, sind in diesem Fall die T-Helferzellen gemeint)*:
Sterben die **T-Helferzellen** durch ADA-Mangel ab, kommt es durch den fehlenden Kontakt mit T-Helferzellen bzw. ohne die stimulierenden Signalstoffe der T-Helferzellen nicht mehr zu einer Aktivierung der **B-Lymphozyten**. *(Die B-Lymphozyten, die durch den Kontakt mit dem Antigen bereits sensibilisiert sind, benötigen ein zweites Signal, ehe sie sich weiterentwickeln können.)* Daher erfolgen auch keine Differenzierung und Vermehrung zu **Plasmazellen**, keine spezifische Antikörperproduktion bzw. Bildung von Gedächtniszellen sowie kein Verklumpen und Unschädlichmachen der Antigene durch **Antigen-Antikörper-Komplexe**.

Zu erwartende Auswirkung auf den Organismus ist der **Tod durch Immunschwäche** wegen des Ausfalls der humoralen Immunantwort auf Krankheitserreger. Es entwickelt sich **kein immunologisches Gedächtnis**, da keine B-Gedächtniszellen gebildet werden.

Folgen des Ausfalls der T-Lymphozyten auf die **zelluläre Immunabwehr** *(hier sind T-Helferzellen und/oder T-Killerzellen gemeint)*:
Nach dem Absterben der **T-Helferzellen** durch ADA-Mangel kann ohne den Kontakt mit T-Helferzellen bzw. ohne die stimulierenden Signalstoffe der T-Helferzellen keine Aktivierung der **T-Killerzellen** mehr erfolgen. Der ADA-Mangel kann aber auch direkt zu einem Absterben der T-Killerzellen führen. Die Folge ist in jedem Fall das Aus-

bleiben der Zerstörung von Erregerzellen durch Lyse bzw. der Zerstörung virusinfizierter Körperzellen.

Auch hier ist die Auswirkung auf den Organismus der **Tod durch Immunschwäche**, allerdings aufgrund des Ausfalls der zellulären Immunantwort auf Krankheitserreger. Zelluläre Krankheitserreger können sich außerhalb der Wirtszellen ungehemmt vermehren und Viren können sich in den Wirtszellen ungehindert vermehren. Es bildet sich ebenfalls **kein immunologisches Gedächtnis**, da keine T-Gedächtniszellen gebildet werden.

2 *Zu unterscheiden ist hierbei, ob die Maßnahme eine Symptom-Behandlung (Bekämpfung einer akuten Infektion beim ADA-Kranken) oder eine Heilbehandlung (Bekämpfung der Erbkrankheit in ihrer Ursache) ist.*

a) Antibiotika: Diese Medikamente wirken nur gegen Infektionen mit Bakterien. *(Hemmung der Vermehrung der Bakterien oder Abtötung durch Blockierung wichtiger Stoffwechselschritte der Prokaryotenzellen).* Bei ADA-Kranken treten diese Infektionen auf Grund der Immunschwäche sehr häufig auf.
Wirksamkeit der Methode: Die akute Bakterieninfektion wird erfolgreich bekämpft *(falls keine Antibiotika-Resistenz auftritt).* Da aber die Ursache der Erbkrankheit – der Gendefekt – nicht behandelt wird, kann keine Heilung erfolgen.

b) Knochenmark-Transplantation: Die Knochenmarkzellen stammen von einem erbgesunden Spender. Es bilden sich folglich T-Lymphozyten ohne Gendefekt und das Enzym ADA wird hergestellt. Dadurch sterben die T-Lymphozyten nicht ab und eine wirksame Immunabwehr ist gewährleistet.
Wirksamkeit der Methode: Vorausgesetzt, dass keine Abstoßungsreaktion stattfindet, hat diese Methode große Heilungschancen. *(Allerdings wird die Erbkrankheit nur in den Blut bildenden Zellen geheilt und nicht in den Keimzellen, d. h. die Erbkrankheit wird weiterhin an die Nachkommen vererbt.)*

c) ADA-Injektion: Das fehlende Entgiftungsenzym muss regelmäßig zugeführt werden, da die biologische Wirksamkeit nur kurze Zeit anhält. Außerdem muss die Enzym-Konzentration so ermittelt werden, dass an den Lymphozyten die richtige Dosis ankommt und wirken kann.

oder:
Da das Enzymmolekül in den Lymphozyten hergestellt wird und in den Zellen die Entgiftung bewirkt, ist die Injektion in den Körper vielleicht wirkungslos: Die Aufnahme dieser großen (polaren) Eiweiß-Moleküle in die Zelle ist wegen fehlender Membrandurchlässigkeit eventuell unmöglich (oder das Enzym muss in der Zelle auf eine bestimmte Weise aktiviert werden, die bei Zufuhr von außen unterbleibt).
Wirksamkeit der Methode: Diese Therapie ist wirksam, falls das fehlende Enzym ADA regelmäßig in die Lymphozyten gelangt. Dann ist die Immunabwehr nicht mehr geschwächt und die Symptome der Erbkrankheit sind dauerhaft verschwunden.
Da jedoch die Ursache der Krankheit – der Gendefekt – nicht behandelt wird erfolgt auch hier keine Heilung.

3.1 Mögliches Verfahren zur gentechnischen Veränderung von Körperzellen *(somatische Gentherapie)*:

- Isolierung von Knochenmarkstammzellen aus dem Knochenmark des Patienten
- Isolierung des intakten ADA-Gens aus Spender-DNA *(Ablauf nicht verlangt)*
- Einbau des ADA-Gens in einen geeigneten Gen-Vektor, z. B. ein Virus, das so verändert wurde, dass es DNA erfolgreich in die Stammzellen integriert, ohne eine Krankheit auszulösen.
- *Selektion der erfolgreich „reparierten" Zellen*
- Rückführung der erfolgreich veränderten Zellen in den Körper des Patienten *(oder: jede andere moderne Technik, z. B. direkte Einschleusung der Gen-Vektoren in den Körper, „Schrotschuss"-Technik zur Einschleusung der DNA …)*

3.2 Stammzellen bleiben im Gegensatz zu ausdifferenzierten Lymphozyten lebenslang teilungsaktiv. Lymphozyten haben dagegen eine begrenzte Lebensdauer und die Gentherapie müsste regelmäßig wiederholt werden. Da die geheilten Stammzellen ständig Lymphozyten mit intaktem ADA-Gen produzieren, ist der Patient lebenslang geheilt.

4 *Southern-Blot ist keine „Lernfrage", die aus dem Unterricht bekannt sein muss. Alle Teilvorgänge jedoch müssen in anderem Zusammenhang besprochen worden sein.*

Ablauf des Southern-Blot Testverfahrens zum Nachweis eines defekten Gens:
Aus Blut werden *(kernhaltige!)* weiße Blutkörperchen isoliert und deren DNA wird extrahiert (1). Mithilfe von Restriktionsenzymen wird die DNA in unterschiedlich große Bruchstücke (Fragmente) geschnitten (2). Diese DNA-Fragmente werden nun durch Gelelektrophorese *(d. h. durch unterschiedlich schnelle Wanderung zum Pluspol in einem elektrischen Feld)* der Größe nach getrennt (3). Danach erfolgt die Spaltung der DNA-Doppelstränge in Einzelstränge durch Zugabe einer Lauge *(d. h. die Lauge trennt die Doppelstränge durch Auflösung der H-Brücken)* (4). Um die Einzelstränge zu analysieren, werden sie auf eine (aufgelegte) Nylonmembran übertragen (5). Die Nylonmembran mit den Einzelsträngen wird in eine Wanne gelegt, in der sich eine Lösung mit einer radioaktiv markierten Gensonde befindet (6). Diese Gensonde ist ein synthetisch hergestellter kurzer DNA-Einzelstrang, der radioaktiv markiert ist und außerdem zu einem gesuchten defekten Gen*(ausschnitt)* komplementär gebaut ist. Wenn das gesuchte Defektgen unter den DNA-Fragmenten auf der Nylonmembran ist, dann wird die Gensonde an die Nylonmembran gebunden *(spezifische Basenpaarung)*.
(Anschließend müsste die Nylonmembran gespült werden, da sonst überall Radioaktivität aufträte und der Röntgenfilm völlig schwarz würde (fehlt in der Abb.2)!)
Durch Auflegen eines Röntgenfilms auf die (gespülte) Nylonmembran (7) wird die Bande mit dem DNA-Fragment, das das defekte Gen enthält als schwarzer Strich sichtbar und der Gendefekt ist somit identifiziert (8).

Messungen des arteriellen Blutdrucks spielen in der medizinischen Diagnostik eine bedeutende Rolle. Die Einstellung der Muskelspannung in den Gefäßwänden erfolgt über Synapsen.

Der Bau einer Arterie ist in Abbildung 1 schematisch dargestellt.

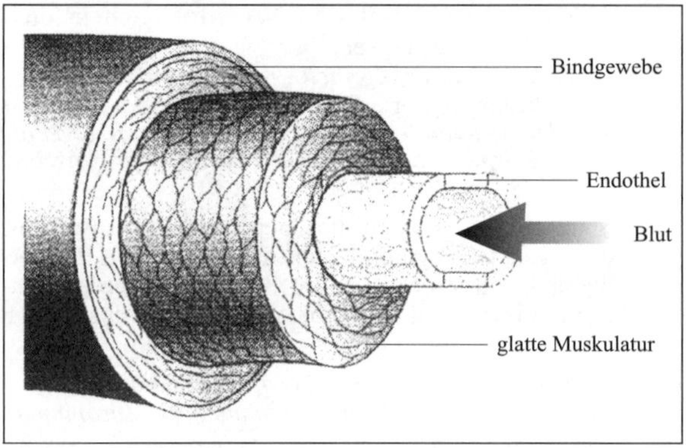

Abb. 1: Aufbau einer Arterie

1 Erklären Sie mithilfe von Abbildung 1, wie es zum Anstieg bzw. Abfall des Blutdrucks in einer Arterie kommt. (2 VP)

2 Beschreiben Sie mithilfe einer beschrifteten Skizze (Größe ½ Seite) die Vorgänge in der Erregungsübertragung an einer Synapse. (4 VP)

In einem Experiment zur Grundlagenforschung werden einem Versuchstier verschiedene Stoffe intravenös gespritzt. Mit einem Messgerät wird der Blutdruck bestimmt. Zum Einsatz kommen drei Substanzen: die beiden Neurotransmitter Acetylcholin (Ach) und Histamin (Hi) sowie ein weiterer Stoff, das Atropin (A).
Der gemessene Blutdruck wird mit einem Schreiber kontinuierlich aufgezeichnet. In Abbildung 2 sind die Messergebnisse dargestellt. Die Zeitpunkte der Substanzgaben sind durch Pfeile markiert.

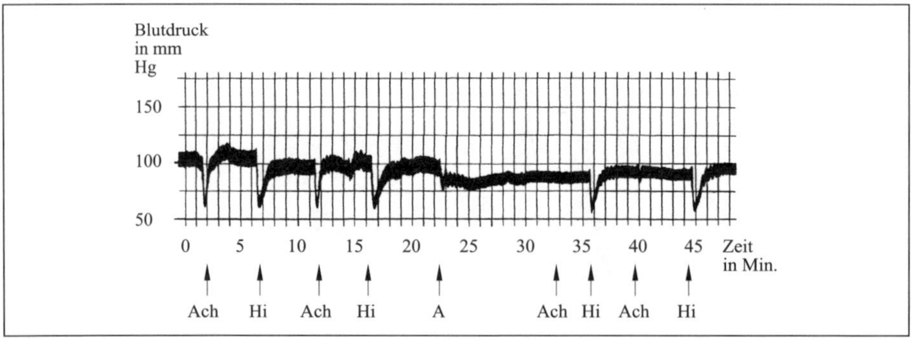

Abb. 2: Ergebnisse einer Blutdruckmessung

3.1 Beschreiben und vergleichen Sie die Wirkung von Acetylcholin und Histamin auf den Blutdruck des Versuchstiers in den ersten 20 Minuten des Experiments. (3 VP)

3.2 Beschreiben Sie die Wirkung des Atropins in der Zeit zwischen der 20. und der 45. Minute (Abbildung 2).
Entwickeln Sie eine Hypothese, welche den Wirkungsmechanismus des Atropins an der Synapse erklärt. Begründen Sie Ihre Hypothese anhand des Kurvenverlaufs in der oben angegebenen Zeitspanne. (5 VP)

Histamine sind im Körper an verschiedenen Vorgängen beteiligt. Eine wichtige Rolle spielen die Histamine beim Heuschnupfen, einer weit verbreiteten Allergie. Die Vorgänge einer allergischen Reaktion sind in Abbildung 3 dargestellt. Mastzellen sind Lymphozyten, welche sich bevorzugt im Bindegewebe befinden.

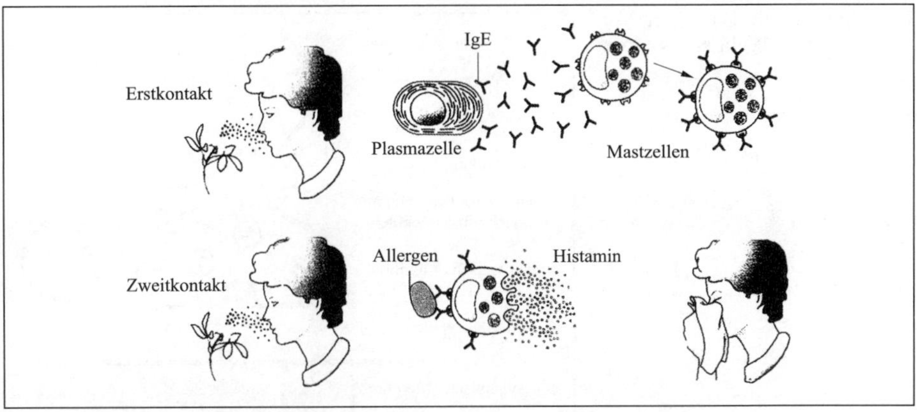

Abb. 3: Vorgänge bei einer allergischen Reaktion

4 Verfassen Sie zu Abbildung 3 einen zusammenhängenden Text, der die Abläufe einer Allergie beschreibt. (4 VP)

Bei der schwersten Form einer allergischen Reaktion, dem anaphylaktischen Schock, werden von den Mastzellen große Mengen an Histamin sehr schnell freigesetzt.

5 Erläutern Sie unter Berücksichtigung der Abbildung 2, warum ein anaphylaktischer Schock unbehandelt lebensbedrohend sein kann. (2 VP)

(20 VP)

Lösungen

1 *Vorwissen aus der Mittelstufe zum Thema Arterien, Venen, Blutkreislauf hilft, aber logisches Denken und genaues Lesen genügt auch! Wie im Vortext steht, hängt der Blutdruck von der Muskelspannung in den Gefäßwänden ab.*

- Verengung der Arterie durch Anspannung *(= Kontraktion)* der *(glatten)* Muskulatur führt zu Blutdruckanstieg. Begründung: Bei gleicher Blutmenge *(= Flüssigkeitsvolumen)* im Kreislauf *(= Rohrsystem)* muss die Verengung des Querschnitts zu einem Druckanstieg führen.
- Erweiterung der Arterie durch Erschlaffung der (glatten) Muskulatur führt zu Blutdruckabfall. *(Begründung: Größerer Aderquerschnitt bei gleichem Blutvolumen führt zum Druckabfall.)*

2 Skizze zum Bau einer neuromuskulären Synapse:

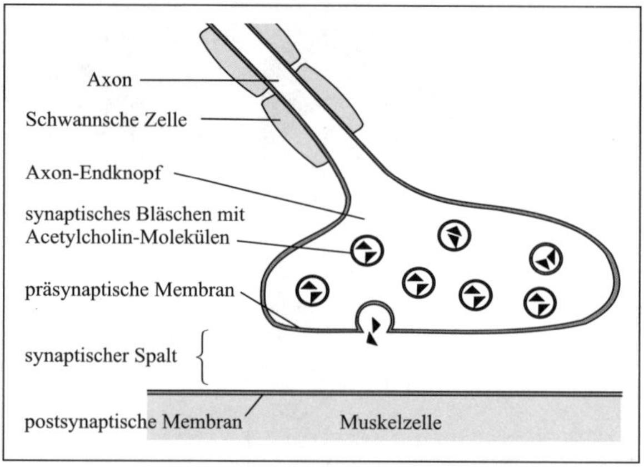

oder: Skizze des Ablaufs der Erregungsübertragung

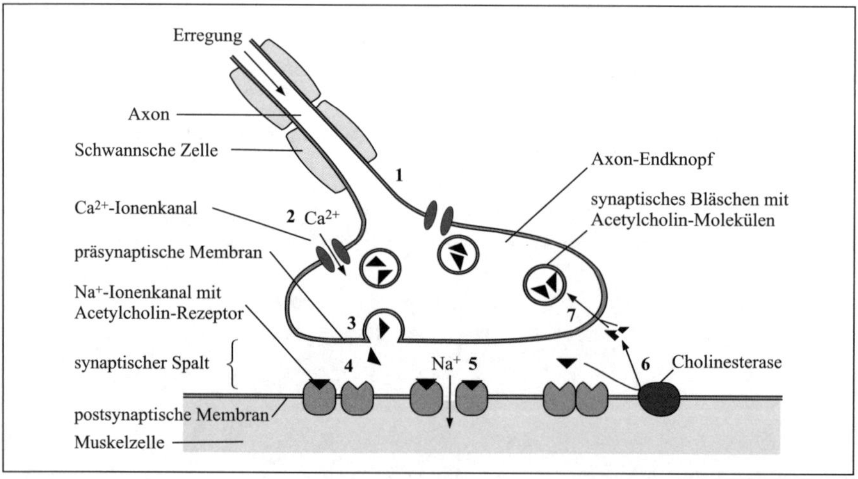

Ablauf der Erregungsübertragung (am Beispiel neuromuskuläre Synapse):

1 Eine Erregung (AP) depolarisiert die Membran im Bereich des Endknöpfchens.
2 Dadurch werden *(spannungsgesteuerte)* Ca^{2+}-Kanäle geöffnet → Ca^{2+}-Einstrom.
3 Als Folge wandern synaptische Bläschen zur präsynaptischen Membran und entleeren ihren Inhalt, den (Neuro-)Transmitter Acetylcholin, in den synaptischen Spalt *(Exocytose)*.
4 Diffusion der Transmittermoleküle zur postsynaptischen *(subsynaptischen)* Membran.
5 Dort besetzen sie Rezeptoren, die mit Na^+-Ionenkanälen gekoppelt sind. Bei Besetzung öffnen sich die Na^+-Kanäle → Na^+-Einstrom → Depolarisierung der post-synaptischen Membran *(Endplattenpotenzial = EPP oder erregendes postsynaptisches Potenzial = EPSP)*. Bei Erreichen eines Schwellenwerts kommt es zu einem Muskel-AP →Zuckung *(Kontraktion)*.
6 Um eine Dauererregung zu vermeiden, wird der Transmitter sehr schnell durch ein Enzym *(Acetylcholinesterase)* in unwirksame Bruchstücke zerlegt. Die Na^+-Kanäle schließen sich wieder.
7 Die Bruchstücke werden von der präsynaptischen Membran wieder aufgenommen, unter ATP-Aufwand zu Acetylcholin resynthetisiert und wieder in Vesikeln gespeichert.

3.1 *Hinweis zu der Fragestellung „beschreiben" bzw. „vergleichen": Zur Beantwortung der Frage benötigen Sie kein Vorwissen über Blutdruck, Transmitter oder das vegetative Nervensystem. Verlangt wird nur, dass Sie* ***genau hinschauen*** *und den Kurvenverlauf* ***beschreiben****. Diese Fragen sind also eigentlich leichter zu beantworten, als zunächst durch die kompliziert wirkenden Grafiken zu vermuten ist.*

Vergleich der Acetylcholin- und der Histaminwirkung von t = 0 bis t = 20 min:

- Die Neurotransmitter Ach und Hi senken beide den Blutdruck etwa um den gleichen Wert: von ca.100 mm Hg auf ca. 60 mm Hg *(mm Hg = Millimeter Quecksilbersäule)*.
- Ach hat als Nachwirkung eine geringe Blutdruckerhöhung, Hi hat als Nachwirkung eine geringe Blutdruckerniedrigung.
- Die Blutdruck senkende Wirkung von Hi hält länger an *(Ach senkt den Blutdruck für etwa 30 sec, Hi etwa für ca.60 sec)*.

3.2 Vergleich der Acetylcholin und der Histaminwirkung von t = 20 bis t = 45 min:
Die Atropin-Zugabe lässt folgende Wirkungen beobachten:

- geringe aber anhaltende Blutdrucksenkung auf ca. 80 mm Hg
- Nach der Zugabe von Atropin bleibt die Wirkung des Ach aus – auch nach Wiederholung bei t = 40 *(minimale Wirkung bei t = 40?)*.
- Die Blutdruck senkende Wirkung des Histamins bleibt trotz Atropin-Zugabe erhalten *(mit gleicher Nachwirkung wie vorher bei Ach)*.

Da nach dem gültigen Lehrplan das vegetative Nervensystem nicht mehr besprochen wird, würden Sie wahrscheinlich annehmen, dass auch die glatte Muskulatur der Arterien wie die Skelettmuskulatur nur erregende Synapsen mit Ach als erregenden Transmitter besitzt. In diesem Fall gibt es allerdings Schwierigkeiten mit der Textvorlage, da die glatten Muskelfasern der Arterien durch Zugabe von Ach nicht erregt werden sondern erschlaffen, wie der Blutdruckabfall zeigt! Nimmt man aber an, dass Ach und Hi hier als Nervengifte wirken, dann lässt sich eine logisch schlüssige Hypothese der Atropinwirkung ebenfalls herleiten.
In Wirklichkeit sind die Muskeln der inneren Organe antagonistisch innerviert, d. h. es gibt erregende Synapsen und hemmende Synapsen, die gemeinsam den Muskeltonus bestimmen. Im Fall der Arterienmuskeln ist Ach ein hemmender Transmitter (des Parasympathikus).

mögliche Hypothesen zur Wirkung des Atropins an der Synapse der glatten Muskulatur:

- Ach und Hi sind Neurotransmitter – aber **für hemmende Synapsen** *(sie wären dann mit K^+-oder Cl^--Ionenkanälen gekoppelt und würden bei Erregung die Muskelzellen hyperpolarisieren, d. h. eine Kontraktion hemmen.)*. In diesem Fall würde Atropin spezifisch die Ach-Rezeptoren besetzen/blockieren, aber eine geringere Blutdrucksenkung bewirken als Ach. Außerdem wird Atropin nicht sofort abgebaut und zeigt daher eine anhaltende Wirkung. Die räumlich anders gebauten Hi-Rezeptoren können von Atropin nicht blockiert werden; die Hi-Wirkung bleibt erhalten.

oder: Wenn – wie der Vortext erläutert – der Blutdruck von der Muskelaktivität in den Arterien, d. h. von der Synapsenaktivität an der glatten Muskulatur abhängt, dann bedeutet Blutdrucksenkung durch Ach bzw. Hi, dass die Synapsenaktivität geringer wird.

- *Ach und Hi müssten in diesem Fall beide* ***Hemmstoffe für erregende Synapsen*** *sein, die z. B. die Rezeptoren blockieren. Atropin ist dann ein schwächer wirkender Hemmstoff, der außerdem die hemmende Wirkung von Ach verhindert, indem er z.B. chemisch mit Ach reagiert, aber nicht mit Hi.*

oder:

- *Da die Reaktion des Blutdrucks auf Hi-Zugabe unter Atropin-Einfluss in der Nachwirkung einer Ach-Zugabe ähnelt (leichte Blutdruckerhöhung), wäre auch denkbar, dass Atropin die Ach-Rezeptoren so verändert, dass jetzt nur noch Histamin auf die Ach-Rezeptoren passt und so eine Reaktion wie Ach auslöst.*

4 *Zusammenhängender Text zum Ablauf einer allergischen Reaktion nach Abbildung 3 (Versuchen Sie möglichst viele vorgegebene Fachbegriffe und Formulierungen aus den Vortexten und der Grafik in Ihren Text einzubauen!):*

Der Erstkontakt mit dem Allergen *(einer bestimmten Sorte Pollen = Blütenstaub)* bewirkt, dass Plasmazellen spezifische Immunglobuline/Antikörper vom Typ IgE produzieren *(In den Schleimhäuten der Nase/Augen kommt es zur Sensibilisierung von Lymphozyten. In der Folge differenzieren diese sich zu Plasmazellen)*. Die Antikörper werden von Rezeptoren der Mastzellen gebunden. *Diese Mastzellen sind Lymphozyten, die sich bevorzugt im Bindegewebe befinden.* Durch die Anheftung der Antikörper werden sie sensibilisiert.
Kommt es zu einem Zweitkontakt mit dem gleichen Antigen, dann bindet sich das Allergen an die in der Membran der Mastzellen verankerten IgE-Moleküle und löst dadurch eine schlagartige Histaminausschüttung aus *(durch die Entleerung vieler Histamin gefüllter Vesikel = Exocytose)*. Die Folge ist eine typische allergische Reaktion mit den Symptomen des Heuschnupfens: Augen-, Haut- und Nasenreizung.

5 In Abbildung 2 ist erkennbar, dass Histamin einen Blutdruckabfall durch Erweiterung der Gefäße bewirkt. Kommt es nun zu einer Freisetzung sehr großer Mengen Histamin in sehr kurzer Zeit, dann ist der Blutdruckabfall lebensbedrohlich, da die Blutversorgung lebenswichtiger Organe kritisch wird. Die Folgen eines anaphylaktischen Schocks sind z. B. Ohnmacht und Nierenversagen durch mangelnden Blutdruck.

Profil-/Neigungsfach Biologie (Baden-Württemberg): Abituraufgaben 2005
Aufgabe III: Enzyme, Transportmechanismen, Gentechnik

Kuhmilch wird von vielen Menschen nicht gut vertragen. Für diese Unverträglichkeit gibt es verschiedene Ursachen. Der in Milch enthaltene Milchzucker (Laktose) ist ein Zweifachzucker (Disaccharid) aus einem Molekül Glucose und einem Molekül Galaktose und muss im Dünndarm durch das Verdauungsenzym Laktase bei einem pH-Wert von 8 bis 9 gespalten werden. Erst die Spaltprodukte können von der Darmschleimhaut ins Blut aufgenommen werden. Bei einer so genannten Laktoseintoleranz, die jeden siebten Bundesbürger betrifft, gelangt der Milchzucker (Laktose) in unveränderter Form in die unteren Darmabschnitte und verursacht unerwünschte mikrobielle Gärungen. Dies kann zu erheblichen Beschwerden führen.

1 Formulieren Sie eine Wortgleichung zu der von Laktase katalysierten Reaktion. Nennen Sie die Eigenschaften eines Biokatalysators. (2 VP)

2 Eine Laktoseintoleranz tritt häufig erst im Erwachsenenalter auf. Erstellen Sie eine Hypothese, weshalb Milchzucker im Kleinkindalter problemlos abgebaut werden kann, später im Erwachsenenalter dagegen nicht mehr. (2 VP)

In einem Experiment wurde die Aktivität des Enzyms Laktase untersucht. In der Tabelle sind sechs Versuchsansätze dargestellt:

Versuchs-ansatz	Wasser	Laktose	Laktase	pH-Wert	Bleisalz-lösung	Tempera-tur
1	+	+		8		37 ° C
2	+	+	+	8		75 ° C
3	+	+	+	8		37 ° C
4	+	+	+	4		37 ° C
5	+	+	+	8		6 ° C
6	+	+	+	8	+	75 ° C

+ bedeutet, dass diese Reagenz dem Versuchsansatz in konstanter Menge zugesetzt wird.

3.1 Formulieren Sie die Fragestellungen, die mithilfe dieser Versuchsreihe beantwortet werden können.
Welche Bedeutung kommt hierbei dem Versuchsansatz 1 zu? (3 VP)

3.2 Treffen Sie eine Vorhersage über die Geschwindigkeit der Laktoseumsetzung in den einzelnen Versuchsansätzen. Erläutern Sie jeweils. (4 VP)

3.3 Begründen Sie, welcher der sechs Versuchsansätze keine aussagekräftigen Ergebnisse liefert. Machen Sie einen Verbesserungsvorschlag. (2 VP)

Während menschliche Darmzellen Laktose nicht aufnehmen können, sind Darmbakterien wie *E. coli* in der Lage, Laktose durch ihre Membran zu transportieren (siehe Abbildung 2).

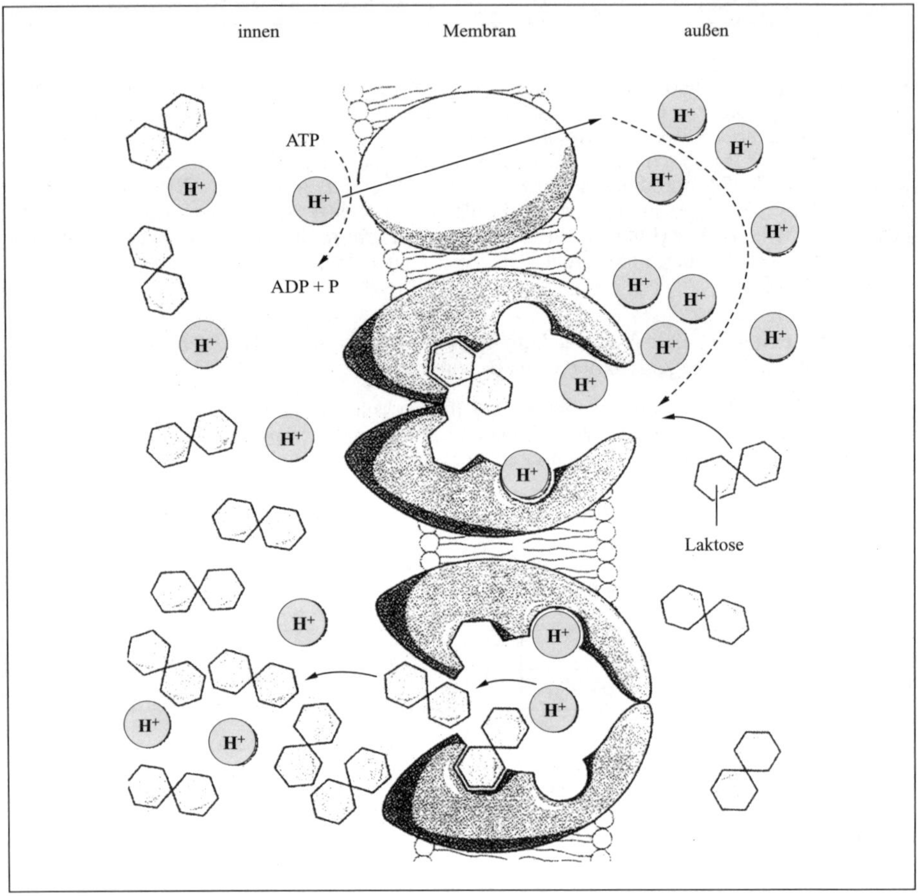

Abb. 2: Laktosetransport bei *E. coli*

4.1 Beschreiben Sie den in Abbildung 2 dargestellten Mechanismus des Laktosetransports durch die Bakterienmembran.

4.2 Die Laktoseaufnahme kann nur unter ATP-Spaltung erfolgen; passive Transportvorgänge kommen für Laktose nicht in Frage. Geben Sie zwei mögliche Erklärungen. (5 VP)

Bei *E. coli* kennt man Mutanten, die Laktose nicht abbauen können (Lak⁻). Um solche Mutanten aus einer Mischkultur zu isolieren, verteilt man zunächst die Kultur auf einem Nährboden so, dass aus einzelnen Bakterien Kolonien (Lak⁺- bzw. Lak⁻-Klone) heranwachsen.

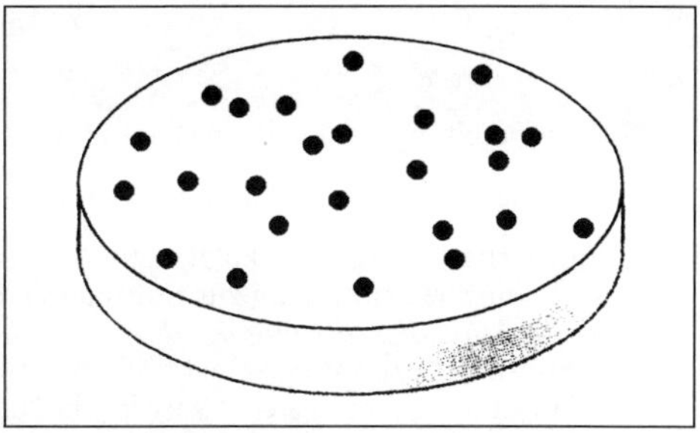

Abb. 3: Nährboden mit Lak⁺- und Lak⁻-Kolonien

5 Entwerfen Sie ein Experiment, mit dem man Kolonien der Lak⁻-Bakterien identifizieren kann. (2 VP)

(20 VP)

Lösungen

1 Wortgleichung der katalysierten Laktosespaltung:

$$\text{Laktose} \xrightarrow{\text{Laktase}} \text{Glukose} + \text{Galaktose}$$

Eigenschaften eines Biokatalysators:
- chemische Zuordnung zur Stoffklasse der Proteine
- *(Reaktionsbeschleunigung durch)* Absenkung der Aktivierungsenergie
- Substratspezifität und Reaktionsspezifität *(Wirkungsspezifität)*
- Wirkung in geringsten Mengen, da Katalysator wieder unverändert aus der Reaktion hervorgeht
- *(Hitzeempfindlichkeit, pH-Empfindlichkeit)*

2 Mögliche Hypothesen zur Entstehung der Laktose-Intoleranz erst bei Erwachsenen *(nur eine Hypothese ist verlangt)*:
- Die Genaktivität des Laktase-Gens lässt mit dem Älterwerden nach *(z. B. durch Transkriptionshemmer, die erst mit der Pubertät produziert werden).*
- Die Enzymaktivität der Laktase wird bei Erwachsenen gehemmt *(z. B. durch pH-Wert-Änderung in Folge anderer Ernährung).*

3.1 Fragestellungen der 6 Versuchsansätze:
- Lässt sich Laktose auch ohne Enzym spalten?
- Welchen Einfluss hat die Temperatur auf die Laktase-Aktivität? (*oder: Wie hitzelabil ist Laktase?)*
- Welchen Einfluss hat der pH-Wert auf die Laktase-Aktivität? (*oder: Wo liegt das pH-Optimum?)*
- Wo liegt das Temperaturoptimum der Laktase-Aktivität?
- Lässt sich die Laktase-Aktivität durch Blei-Ionen hemmen? (*oder: Ist Blei ein Enzymgift?)*

Bedeutung des Versuchs Nr. 1: Dieser Versuch ist ein logisch notwendiger Kontrollversuch um zu beweisen, dass für die Laktosespaltung überhaupt ein Enzym *(= Laktase)* verantwortlich ist. Deshalb darf auch bei optimalen Versuchsbedingungen *(Temperatur und pH)* ohne Enzym keine Reaktion erfolgen.

3.2 Vorhersage der Geschwindigkeit der Laktose-Spaltung in
- Versuchsansatz 1: keine Reaktion, da das Enzym Laktase fehlt
- Versuchsansatz 2: keine Reaktion, da das Enzym bei 75° C hitzedenaturiert ist (*oder:* geringfügige Laktosespaltung, falls das Enzym hitzestabil ist, oder: geringfügige Laktosespaltung, falls bei 75° C die Reaktion auch ohne Katalysator genügend aktiviert ist)
- Versuchsansatz 3: schnelle Reaktion d. h. hohe Umsatzrate, da die Reaktion bei pH-Optimum *(siehe Vortext)* und Temperaturoptimum *(= Körpertemperatur)* abläuft
- Versuchsansatz 4: keine oder geringe Umsatzrate, da das Enzym im sauren pH-Bereich nicht oder nur langsam arbeitet. Grund: H^+-Ionen verändern die Tertiärstruktur d. h. das aktive Zentrum des Enzyms.
- Versuchsansatz 5: geringe Umsatzrate, da bei tiefen Temperaturen gemäß der RGT-Regel die Reaktionsgeschwindigkeit stark absinkt. *(Reaktionsgeschwindigkeits-Temperatur-Regel: Eine Erhöhung der Temperatur um 10° C bewirkt, dass die Reaktions-*

geschwindigkeit aufgrund der zunehmenden Teilchengeschwindigkeit auf ca. das Doppelte zunimmt.)

- Versuchsansatz 6: keine Reaktion, da erstens die Blei-Ionen als Enzymgift die Laktase hemmen und da zweitens die Hitzedenaturierung ebenfalls die Laktasewirkung zerstört hat.

3.3 Versuchsansatz 6 lässt keine eindeutige Aussage zu, da hier zwei Versuchsbedingungen gleichzeitig variiert wurden. Es kann daher nicht unterschieden werden, welcher Einfluss die Enzym-Hemmung bewirkt hat: die Bleisalz-Zugabe oder die Hitzeeinwirkung. Bei Versuchsansätzen, die eindeutige Aussagen erlauben sollen, müssen alle Versuchsbedingungen konstant gehalten werden bis auf die eine, deren Einfluss untersucht werden soll.
Verbesserungsvorschlag: pH-Wert = 8, Zugabe von Bleisalzlösung, Reaktionstemperatur 37° C

4.1 *Die Fragestellung lautet* ***nicht****: „Erklären/erläutern/begründen Sie"! Verlangt ist nur die einfache Darstellung der Vorgänge mithilfe von Fachbegriffen:*

H^+-Ionen werden *(aktiv, gegen ein Konzentrationsgefälle)* unter ATP-Spaltung durch ein Membranprotein *(ATPase)* nach außen transportiert. In der Membran befinden sich Membranproteine *(Transportmoleküle, Carrier)* mit spezifischen „Taschen" für H^+-Ionen und Laktosemoleküle. Durch die Anlagerung ändert sich die Raumstruktur *(Konformation, Tertiärstruktur)* des Membranproteins so, dass sich das Molekül nach innen öffnet. Die H^+-Ionen und Laktosemoleküle werden ins Zellinnere freigesetzt *(und das Membranprotein „stülpt sich" wieder nach außen).*

Erläuterung (nicht verlangt!): Die ATP-betriebene Protonenpumpe transportiert aktiv d. h. gegen ein Konzentrationsgefälle H^+-Ionen nach außen. Das entstehende Konzentrationsgefälle, d. h. der H^+-Ionen-Gradient liefert die Energie, um aktiv die Laktose gegen ein Konzentrationsgefälle in die Zelle zu holen. Man nennt solche Transporte Cotransporte.
Der Protonentransport ist also ein primär ATP-abhängiger Transport, da er direkt an die Energie liefernde Reaktion gekoppelt ist. Der Laktose-Transport ist dann ein sekundär ATP-abhängiger Transport, da die Transport-Energie nicht direkt aus der ATP-Spaltung stammt, sondern indirekt durch Aufbau eines H^+-Ionen-Konzentrationsgefälles geliefert wird. Die Grenze zwischen passiver „erleichterter" Diffusion durch Carrier (H^+-Ionen diffundieren gemäß ihrem Konzentrationsgradienten nach innen) und aktivem Transport (Laktose-Moleküle werden gegen ein Konzentrationsgefälle aktiv im gleichen Carrier mitgenommen) ist also unscharf.

Schema zum Verständnis des aktiven Laktosetransports (nicht verlangt):

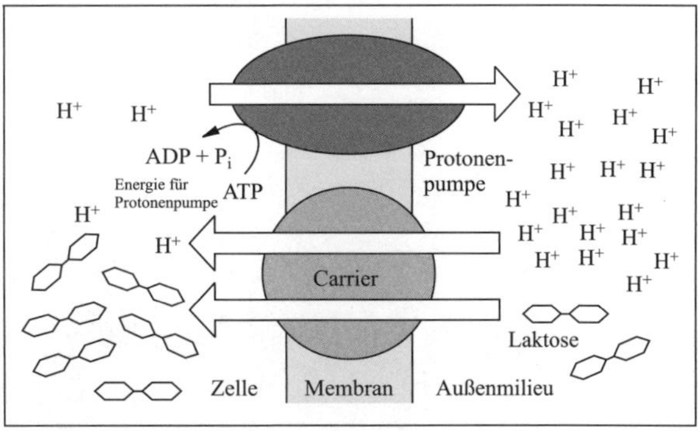

4.2 *Zwei Gründe sind verlangt:*

- Transport gegen ein Konzentrationsgefälle ist immer aktiv, d. h. energiebedürftig.
- Laktosemoleküle sind zu groß, um durch Diffusion, d. h. passiv, die Membran zu passieren.
- Laktosemoleküle sind als Disaccharide stark polar und können die Membran deshalb nicht passieren.

(Eigentlich ist nur die 1. Begründung stichhaltig, da passiver Transport entlang eines Konzentrationsgefälles mithilfe von Carrier-Molekülen durchaus denkbar wäre.)

5 *Hier muss wieder der Vortext genau analysiert werden! Auf der Platte mit Mischkulturen, d. h. mit Lak$^+$-Kolonien und Lak$^-$-Kolonien, muss im Nährboden als Nährstoff in jedem Fall der „Grundnährstoff" Glukose enthalten sein, sonst würden Lak$^-$-Kolonien gar nicht wachsen. Nachträgliche Laktose-Zugabe zu diesen Kolonien bewirkt also nichts!*

Mögliches Experiment zur Identifizierung einer Lak$^-$-Kolonie:

Von der Platte mit Mischkultur werden aus jeder Kolonie z. B. mit einer Nadel Bakterien entnommen und auf einen (Mangel)-Nährboden gebracht, der nur Laktose als Nährstoff enthält. Vermehren sich die Bakterien zu einer neuen Kolonie, dann lag eine Lak$^+$-Kolonie vor. Wächst keine Kolonie, dann weiß man, dass die Ausgangskolonie auf der Mischkultur-Platte eine Lak$^-$-Kolonie war und kann diese als Reinkultur weiterzüchten.

oder:
Stempeltechnik: Mit einem Samtstempel wird das gesamte Kolonienmuster auf einen Mangel-Nährboden übertragen. Dort, wo keine Kolonien wachsen, hat man auf dem Ausgangsnährboden somit eine Lak$^-$-Kolonie identifiziert.

oder:
Wie bei Experiment 1 Bakterien entnehmen und nach Homogenisierung im Reagenzglas den Laktasetest machen wie in Aufgabe 3.2

oder:
wie oben und Nachweis des Laktase-Gens mit Gensonde

Abbildung 1 zeigt eine nordamerikanische Maulwurfsart, den Sternmull *(Condylura cristata)*. Sternmulle suchen ihre Nahrung unter der Erde, jagen aber auch im Wasser. Um im Schlamm oder im morastigen Wasser Fressbares zu finden, benutzt dieses Säugetier den Stern auf seiner Nase (Abb. 2). Das Anhängsel dient dem Maulwurf nicht zum Riechen, sondern zum Tasten. Erst Zeitlupenaufnahmen zeigten die hohe Geschwindigkeit, mit der die Tentakel des Nasensterns bewegt werden. Die Tentakeloberfläche ist mit vielen Sinneszellen besetzt. Über 100 000 Nervenfasern ziehen vom Nasenstern zum Gehirn, mehr als fünfmal so viele wie von der Hand des Menschen.
Durch Bewegungen der Nasenspitze wird ein relativ großer Ausschnitt der Umgebung erfasst. Sobald eine der Tentakeln etwas berührt, das sich als Beute eignen könnte, richtet der Mull den Stern so aus, dass das Objekt mit den kürzeren Tentakelpaaren (Abb. 2: Tentakelpaare 1 und 11) ertastet werden kann.

Abb. 1: Sternmull

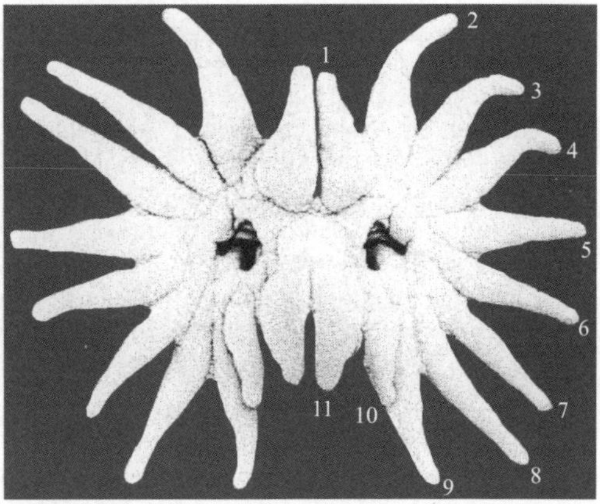

Abb. 2: Nasenstern

1 Erläutern Sie die Reizaufnahme und die Erregungsbildung an einer Sinneszelle bei einem Sinnesorgan Ihrer Wahl. (3 VP)

Abbildung 3 zeigt einen schematischen Schnitt durch eine Gehirnregion des Sternmulls. Die abgebildete Gehirnkarte zeigt, in welche Areale die Erregungen aus den Tentakeln 1 bis 11 des Nasensterns geleitet werden.

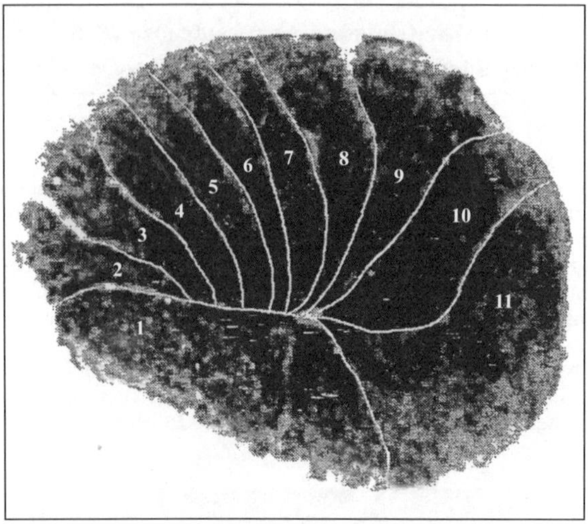

Abb. 3: Gehirnkarte einer Großhirnregion

2.1 Setzen Sie Abbildung 2 und Abbildung 3 in Beziehung zueinander. Welche Schlussfolgerungen ziehen Sie aus Abbildung 3? Erläutern Sie.

2.2 Erläutern Sie die Funktion und Leistungsfähigkeit der längeren und der kürzeren Tentakel beim Beutesuchverhalten des Sternmulls. (6 VP)

Auch bei vielen anderen Tierarten hat sich im Verlauf der Evolution eine ungleiche Verteilung der Sinneszellen in Sinnesorganen herausgebildet.

3.1 Erläutern Sie mögliche Selektionsvorteile einer solchen Verteilung.

3.2 Entwerfen Sie ein Experiment, mit dem die Dichte der Tastsinneszellen in der menschlichen Haut ermittelt werden kann. (5 VP)

Der Sternmull hat deutlich kleinere Augen als viele andere Insektenfresser und sein Sehvermögen ist gering.

4.1 Erläutern Sie das geringe Sehvermögen des Sternmulls im Sinne der Lamarckschen Theorie.

4.2 Erklären Sie diesen Sachverhalt auf der Grundlage der Synthetischen Evolutionstheorie. (6 VP)

(20 VP)

Lösungen

1 Reizaufnahme und Erregungsbildung an einer Sinneszelle, z. B. Umwandlung von Lichtenergie in elektrochemische Energie in einer Sehsinneszelle (Stäbchen) in der Netzhaut des Auges:

Der Lichtreiz *(= elektromagnetische Strahlung)* erreicht *(das Außensegment der)* Stäbchen. Die Lichtenergie wird vom Sehfarbstoff Rhodopsin absorbiert, *der in die Membran der Disks eingelagert ist.* Das Rhodopsin zerfällt in Opsin und trans-Retinal. Dies hat die Auslösung einer Signalkette *(Sehkaskade)* durch Bildung sekundärer Botenstoffe zur Folge *(second-messenger-Prinzip, Signalverstärkung)*. Das Ergebnis der Sehkaskade ist ein Rezeptorpotential, d. h. die Ruhespannung an der Stäbchenmembran wird durch Schließen von *(bei Dunkelheit geöffneten)* Na^+-Kanälen erhöht. Daraus resultiert eine Hyperpolarisation (von ca. −40 mV auf ca. −80 mV). Anschließend erfolgt die Regeneration des Rhodopsins.

2.1 Beziehung zwischen Abbildung 2 und Abbildung 3:

- Jedem Tentakel ist ein eigenes Großhirn-Areal *(Wahrnehmungsfeld, Rindenfeld)* zugeordnet.
- Die Anordnung und Abfolge der Tentakel von 1–11 wird genau ins Gehirn projiziert; die Anordnung und Abfolge der Rindenfelder ist identisch.
- Die beiden kurzen Tentakel 1 und 11 beanspruchen viel größere Hirnflächen als die langen Tentakel.

Schlussfolgerung aus Abb.3:
Die Größe eines Wahrnehmungsfeldes im Großhirn ist ein Maß für die Leistungsfähigkeit bzw. Empfindlichkeit des zugehörigen Sinnesorgans. Tentakel 1 und 11 müssen daher besonders sensibel sein.

oder:
Ein großes Hirnareal bedeutet, dass es viele Nervenzellen bzw. Synapsen gibt. Die meisten von den 100 000 zuführenden Nervenbahnen, die vom Nasenstern zum Gehirn ziehen, kommen von den kurzen Tentakeln. Es gibt daher eine besonders große Dichte von Tastsinneszellen in den Tentakeln 1 und 11.

2.2 *Auch hier müssen Sie wieder den Vortext genau lesen, da dort ein Großteil der für die Antwort benötigten Informationen zu finden ist.*

- Funktion der längeren Tentakel 2 bis 10 bei der Beutesuche: Sie dienen mit ihrer größeren Reichweite aber geringen Empfindlichkeit zur groben Orientierung und zum Aufspüren möglicher Beute.
- Funktion der beiden kurzen Tentakel 1 und 11 bei der Beutesuche: Sobald eine potenzielle Beute erfasst wurde, wird sie mit den viel empfindlicheren kurzen Tentakeln genau untersucht. Durch die hohe Dichte an Tastsinneszellen erhält die zugeordnete Hirnregion nun soviel Information, dass ein genaues „Tastbild" wahrgenommen wird.

3.1 *Gemeint ist hier wohl die „besondere Anhäufung von Sinneszellen auf kleinster Fläche" und (wenn man z. B. die gesamte Hautfläche als Sinnesorgan versteht) die relativ großen Hautflächen mit sehr geringer Sinneszelldichte. (Wenn man die Frage auf das Auge als Sinnesorgan bezieht, könnten auch die ungleiche Verteilung von Zapfen und Stäbchen in der Netzhaut gemeint sein oder die Dichteunterschiede der Zapfen in der Netzhaut.)*

Mögliche Selektionsvorteile einer „ungleichen Verteilung" von Sinneszellen „in" Sinnesorganen am Beispiel Hautsinne:

Die Konzentrierung vieler Sinneszellen auf kleinstem Raum ermöglicht es, dass die von der Umwelt ausgehenden Reizmuster mit allen Details, d. h. mit großem Auflösungsvermögen aufgenommen und verarbeitet werden können. Dies ist ein überlebenswichtiger Selektionsvorteil sowohl für die Suche nach Nahrung als auch für die Abwehr von Gefahren (z. B. Häufung von Tastsinneszellen in den Fingerspitzen).
Diese hohe Sinneszelldichte kann sich ein Lebewesen nur für kleine Flächen leisten, da sie zu viel Energie kosten würde und vermutlich zu „Reizüberflutung" führen würde. Der Rest der sensorischen Fläche ist, um Energie und Material zu sparen *(Selektionsvorteil!)*, mit geringerer Sinneszelldichte ausgestattet. Er wird so gesteuert, dass eine Reizquelle, die grob lokalisiert wurde sofort von den sensiblen Bereichen zur genaueren Untersuchung übernommen wird.

3.2 Mögliche Experimente zur Ermittlung der Dichte der Tastsinneszellen *(eines ist verlangt)*:

- Ein Stechzirkel mit 2 Spitzen, deren Abstand variiert werden kann, wird auf die Haut gedrückt. Dabei wird ermittelt, bei welchem minimalen Abstand der Spitzen gerade noch 2 Druckpunkte erspürt werden.
- Es wird eine Fläche von z. B. einem Quadratzentimeter umrandet. Dann wird mit einer Borste ermittelt, wie viele ortsverschiedene Druckempfindungen als Punkte in dieses Quadrat gezeichnet werden können.
- In der medizinischen Forschung wird die Sinneszelldichte aus Gewebeschnitten durch Anfärbung und mikroskopische Auswertung ermittelt.

4.1

Lamarcksche Evolutionstheorie	
allgemein	**am Beispiel der Degeneration der Augen beim Sternmull**
1 Umweltänderung	z. B. Nahrungsmangel über der Erde, der die noch sehenden Vorfahren unter die Erde treibt
2 „inneres Bedürfnis zur Vervollkommnung"	z. B. Bedürfnis, die Augen geschlossen zu halten (Schutz vor Verschmutzung); die Augen sind überflüssig wegen der Dunkelheit, daher das Bedürfnis, die Augen zugunsten der anderen Sinne „auszuschalten"
3 Gebrauch/Nichtgebrauch der Organe führt zu deren Verstärkung/Rückbildung	Nichtgebrauch der Augen führt schrittweise zu deren Degeneration
4 Vererbung der erworbenen Veränderungen auf die Nachkommen	Vererbung der immer stärker verkümmerten Augen

4.2 *Hier gibt es keine „richtige" Antwort sondern nur logisch einleuchtende und fachsprachlich exakte Hypothesen auf der Basis der Synthetischen Evolutionstheorie.*
Diese moderne Selektionstheorie fasst die Erkenntnisse aller naturwissenschaftlichen Disziplinen zusammen, um die Mechanismen der Entstehung neuer Arten zu erklären. Die fünf wichtigsten Evolutionsfaktoren sind Mutation, Rekombination, Selektion sowie Isolation und Gendrift.
Wichtige Definitionen:
- *Art: Gruppen von Populationen, deren Individuen sich untereinander fruchtbar fortpflanzen können*

- *Population: Lebewesen einer Art, die zur gleichen Zeit im selben Raum in Fortpflanzungsgemeinschaft leben*
- *Evolution: Veränderung der Genfrequenz in Populationen entlang der Zeitachse*
- *Isolation: alle Mechanismen, die Genaustausch in einer Population oder zwischen Populationen verhindern*
- *Genpool: Gesamtheit der Gene einer Population*

Eine mögliche Deutung der Entwicklung zur Maulwurfsart Sternmull *(Condylura cristata)*:

In der Population der Vorfahren des Sternmulls sorgten **Mutation** und **Rekombination** für eine große genetische Vielfalt, die auch zu einer natürlichen Bandbreite des Merkmals Augengröße bzw. Sehvermögen führte. Mutationen produzieren ständig neue Gene/Allele, die durch sexuelle Fortpflanzung *(Meiose und Befruchtung)* rekombiniert werden. So entstehen in der Population immer neue Genkombinationen, die ihren Trägern mehr oder weniger gute Anpassung an ihre Umwelt erlauben.
Durch die **Selektion** wird nun jede Genkombination auf ihre „Fitness" geprüft. Selektionsfaktoren *(z. B. Nahrungskonkurrenz an der Erdoberfläche oder Gefahr durch Greifvögel)* könnten bewirkt haben, dass Tiere mit kleineren Augen einen etwas größeren Fortpflanzungserfolg hatten, weil sie erfolgreicher in Höhlen nach Nahrung suchen konnten *(z. B. durch ein geringeres Risiko von Augenverletzungen durch Erdkrümel oder Wurzeln)*. Die Häufigkeit der Allele *(Genfrequenz)*, die für kleinere Augen codieren wird im Genpool dieser Population in jeder Generation zunehmen *(transformierende/dynamische Selektion)*.
Eine neue Art kann aber nur entstehen, wenn sich eine Teilpopulation genetisch so stark verändert hat, dass keine gemeinsamen Nachkommen mehr möglich sind. **Isolation** *(z. B. geografische Isolation = Separation)*, kann dazu führen, dass diese Teilpopulation für viele Generationen von anderen Populationen der gleichen Art räumlich abgeschnitten lebt – es also durch eine geografische Fortpflanzungsbarriere zu keinem Genaustausch mehr kommt. Folge: Die isolierte Teilpopulation entfernt sich genetisch immer mehr, da zusätzlich zu den nur dort wirkenden Selektionsbedingungen auch neue, nur dort aufgetretene Mutationen nicht mit der Restpopulation ausgetauscht werden. Es kommt zu einer Anpassung dieser Teilpopulation an das Höhlenleben *(= Bildung einer neuen ökologischen Nische)*. Wenn die Teilpopulation reproduktiv von der Restpopulation isoliert ist, d. h. keine fruchtbaren gemeinsamen Nachkommen mehr möglich sind, dann ist eine neue Maulwurfsart entstanden.

Gendrift *(= Zufallswirkung, die in sehr kleinen Populationen zu einer sehr schnellen Änderung der Genfrequenz führt)* ist ein Spezialfall, der die Artbildung stark beschleunigen könnte. Erreicht z. B. ein schwangeres Maulwurfweibchen mit dem zufälligen erblichen Merkmal „verkümmerte Augen" schwimmend eine Insel, dann könnte durch Inzucht eine kleine Gründerpopulation mit kleinen Augen entstanden sein. Die Genkombination der Gründerin – ein zufälliger Ausschnitt aus dem Genpool der Gesamtpopulation – hat in der Inselpopulation nun plötzlich die höchste Genfrequenz. Nimmt man nun zusätzlich an, dass auch die Selektion diese Merkmale begünstigte (z. B. die Insel bietet kaum Schutz vor Greifvögeln, also suchen die Maulwürfe Schutz unter der Erde), dann bewirkt Gendrift zusammen mit den anderen Evolutionsfaktoren eine beschleunigte Einnischung bzw. Entstehung einer neuen Art.

Aufgabe I: Enzymatik, Zytologie

Gekürzter Textauszug aus dem Apothekenmagazin „Gesundheit“, Ausgabe 08/2004.

„Als Koch muss ich oft Zwiebeln schneiden, und meine Augen brennen dabei fürchterlich. Woran liegt das? Und wie kann ich mich schützen?“ Gerd S., Leipzig

Alle Küchenzwiebeln treiben Tränen
Allium cepa, unsere Küchenzwiebel, enthält die schwefelhaltige Substanz Alliin.
Aus Alliin entstehen sowohl Geschmacksstoffe als auch die Substanz, die in den Augen brennt.
Solange die Zwiebel unversehrt ist, enthält sie weder die Aromastoffe noch den Tränenfaktor. Werden die Zwiebelzellen beim Anschneiden verletzt, kommt das Alliin mit verschiedenen Enzymen in Kontakt.
Es entsteht nun u. a. die schwefelhaltige Substanz Thiosulfinat. Zusammen mit Zucker, dem eigentlichen Speicherstoff der Zwiebel, bildet sich nun der typische scharf-süßliche Geschmack.
Ein zweites Enzym wandelt Alliin zu dem Tränen treibenden Gas Propanthialsulfoxid um. Aus dieser Schwefelverbindung entsteht im wässrigen Tränenfilm ätzende Schwefelsäure.
Gegen das Brennen in den Augen bleiben – bis zur Entwicklung veränderter Sorten – nur die alten Haushaltstricks:
Die Zwiebel vor dem Schneiden zehn Minuten im Eisfach kühlen, oder sie unter Wasser zerteilen.

Küchenzwiebel *Allium cepa*

1 Entwickeln Sie anhand des Textes ein Schema, welches die Zusammenhänge für die Bildung der typischen Geschmacksstoffe sowie des Tränenfaktors übersichtlich verdeutlicht. (3 VP)

Durch Anschneiden der Zwiebel werden deren Zellen teilweise zerstört.

2.1 Zeichnen Sie ein Schema des elektronenmikroskopischen Bildes einer Pflanzenzelle und beschriften sie dieses (Größe der Zeichnung etwa ½ Seite). (3 VP)

2.2 Beschreiben Sie den Aufbau einer Elementarmembran und erläutern Sie daran Struktur-Funktionszusammenhänge. (3 VP)

2.3 Erläutern Sie unter Zuhilfenahme Ihrer Zeichnung, weshalb erst nach dem Anschneiden der Tränenfaktor auftritt. (2 VP)

3 Geben Sie jeweils eine mögliche Erklärung für das Funktionieren der beiden Haushaltstricks gegen das Brennen in den Augen. (2 VP)

Züchter streben an, Zwiebeln zu erhalten, die beim Schneiden keinen Tränenfluss verursachen.

4.1 Begründen Sie, an welcher Stelle man in die Reaktionswege eingreifen muss, um einerseits den typischen Zwiebelgeschmack zu erhalten und andererseits den Tränenfaktor zu unterbinden. Nennen Sie eine mögliche Methode.

4.2 Welchen weiteren wahrnehmbaren Effekt müsste der Koch aus Leipzig an der veränderten Zwiebel feststellen? Erläutern Sie. (4 VP)

Viele Frühblüher vermehren sich ungeschlechtlich (zum Beispiel über Brutzwiebeln). Küchenzwiebeln können auf geschlechtlichem oder ungeschlechtlichem (vegetativem) Weg vermehrt werden.

5 Stellen Sie Vor- und Nachteile beider Wege der Fortpflanzung vergleichend gegenüber. (3 VP)

(20 VP)

Lösungen

1 *Vorüberlegungen zur Erstellung eines Schemas:*
Ein Schema soll entweder den zeitlichen Ablauf von biologischen Phänomenen möglichst anschaulich wiedergeben (z. B. den Ablauf der Proteinbiosynthese) oder/und die kausalen Zusammenhänge und Wechselwirkungen in einem System anschaulich machen. Sie sollen eine schematische Darstellung entweder für einen bereits bekannten Lernstoff anfertigen (z. B. die bekannten Abläufe bei der Immunreaktion in einem Schema zusammenfassen) oder Sie bekommen einen unbekannten Text – wie hier über die Abläufe und Zusammenhänge beim Zwiebelschneiden.
Gehen Sie zur Erstellung des Schemas wie folgt vor:
Lesen Sie den Text erst einmal langsam und gründlich durch! Wenn Sie ihn grob verstanden haben, markieren Sie alle wichtigen Substanzen, die erwähnt werden, und heben Sie alle Ursache-Wirkungs-Beziehungen hervor. Lesen Sie dann die Frage durch und versuchen Sie ein Pfeilschema zu entwerfen, in dem die Pfeile entweder bedeuten, dass Substanz A in Substanz B umgewandelt wird oder dass zwischen der Ursache X und der Wirkung Y ein ursächlicher Zusammenhang besteht. In diesem Schema soll laut Fragetext ersichtlich werden, wie und warum beim Zwiebelschneiden zum einen die typischen Geschmackstoffe und zum anderen der Tränenfaktor entstehen.

Mögliches Schema:

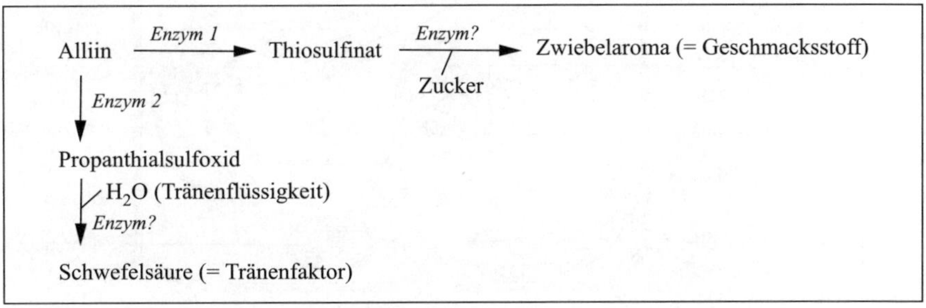

Eine andere Möglichkeit wäre die schematische Darstellung der Reaktionsspezifität von Enzym 1 und Enzym 2: Alliin ist für beide Enzyme das gleiche Substrat, aber es entsteht jeweils ein anderes Produkt.

Mögliches Schema:

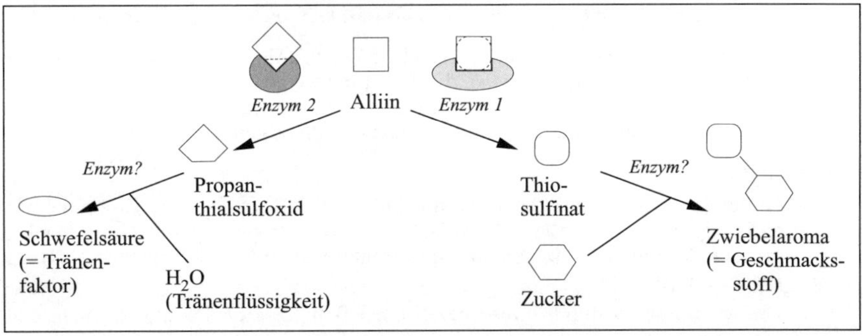

2.1 *Beachten Sie, dass Ihr Schema einer Pflanzenzelle nach dem EM-Bild eine halbe DIN A4-Seite groß sein sollte. Verwenden Sie bei Ihrer Zeichnung einen Bleistift und ein Lineal.*

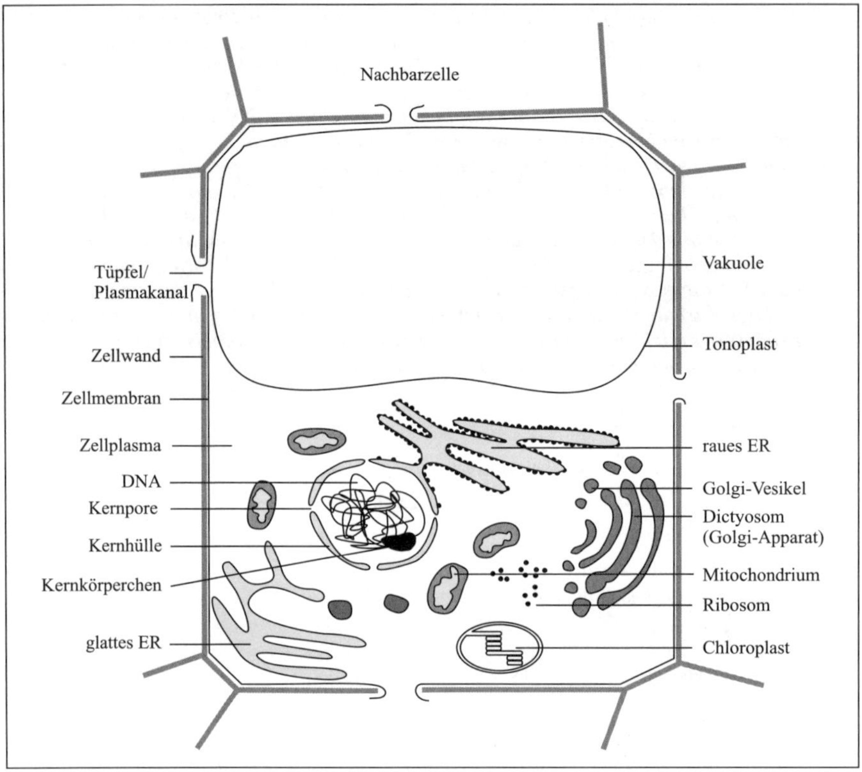

2.2 *Der Aufbau der Biomembran soll nicht gezeichnet, sondern nur beschrieben werden. Eine zusätzliche Skizze ist natürlich trotzdem erlaubt und kann auch für den Text hilfreich sein, aber jeder Fehler oder fehlende Beschriftung kann zu Punktabzug führen!*

Struktur: Eine Elementarmembran besteht aus einer flüssigen **Doppellipid-Schicht**, in die Proteinmoleküle eingelagert sind. Man spricht vom „**fluid-mosaic-Modell**", da alle Bestandteile in Bewegung sind. Die Protein- und die Lipidmoleküle der Zellmembran können auf der Außenseite beide noch Zuckerketten tragen.

Funktionen:

- Durch die Orientierung der Lipidmoleküle in der Doppelschicht (lipophile Molekülteile zeigen ins Innere der Doppelschicht und hydrophile Molekülteile nach außen) grenzen Membranen immer wässrige Reaktionsräume voneinander ab (**Kompartimentierung**).
- Die Membran ist durch ihren spezifischen Bau selektiv durchlässig, d. h. durch die Membran können bestimmte Moleküle frei diffundieren, andere nicht (**Semipermeabilität**).

- Die (integralen) Proteinmoleküle in der Membran sind je nach Beschaffenheit für **passive Transportvorgänge** (z. B. Tunnelproteine für Ionen-Kanäle) oder für den **aktiven Transport** (z. B. Ionenpumpen) verantwortlich.
- Proteinmoleküle sind als **Rezeptoren** nach dem Schlüssel-Schloss-Prinzip für die Erkennung von Signalstoffen verantwortlich.
- Die Zuckerketten dienen zur **Zellerkennung** d. h. zur Unterscheidung von „fremd" und „selbst" bei der Zellkommunikation z. B. zwischen Immunzellen.

2.3 *Neben der Zeichnung der Pflanzenzelle müssen Sie hier auch noch einmal die Informationen des Vortextes berücksichtigen: „Werden die Zwiebeln beim Anschneiden verletzt, kommt das Alliin mit verschiedenen Enzymen in Kontakt." Nur zusammen mit dieser Information erhalten Sie die richtige Antwort!*

Aus der Skizze ist zu entnehmen, dass die Zelle aus vielen **Kompartimenten** besteht, deren Membranen die Aufgabe haben, Stoffe und Reaktionen voneinander zu trennen. Mit dem Anschneiden der Zwiebel werden die Membranen vieler Zellen und Organellen zerstört. Dadurch können vorher in verschiedenen Reaktionsräumen gespeicherte Stoffe plötzlich miteinander reagieren. In diesem Falle kann nun das Enzym 2 sein Substrat Alliin zu Propanthialsulfoxid bzw. Schwefelsäure umsetzen.

3 – Haushaltstrick „Eisfach": Bei tiefen Temperaturen sind chemische Reaktionen wie z. B. enzymatische Reaktionen stark verlangsamt. Es gilt die RGT-Regel (eine Erniedrigung der Temperatur um 10 °C bewirkt eine ca. halbierte Reaktionsgeschwindigkeit). Die Enzymaktivität von Enzym 2 ist daher so niedrig, d. h. die Reaktion zu Propanthialsulfoxid ist so verlangsamt, dass kaum Tränen treibendes Gas entsteht.

- Haushaltstrick „unter Wasser schneiden": Das entstehende Gas Propanthialsulfoxid löst sich im Wasser (*und bildet dort Schwefelsäure*). Das Tränengas gelangt so nicht in die Augen.

oder:

- *Haushaltstrick „Eisfach": Bei tiefen Temperaturen ist vielleicht der Stoff Propanthialsulfoxid noch gar nicht gasförmig oder die Diffusion ist stark verlangsamt. Daher kommt das Reizgas nicht in die Augen.*
- *Haushaltstrick „unter Wasser schneiden": Alliin bzw. das Enzym 2 sind ebenfalls wasserlöslich und könnten so stark verdünnt werden, dass die Gasbildung unterbleibt.*

4.1 *Die Frage besteht aus zwei Teilen: Begründen Sie …! Nennen Sie…! Für den zweiten Arbeitsauftrag bedeutet dies, dass Sie Ihre gewählte Methode nicht weiter erläutern müssen.*

Um den Zwiebelgeschmack zu erhalten, darf der Reaktionsweg in Richtung Thiosulfinat nicht blockiert werden, d. h. Alliin und Enzym 1 dürfen nicht ausgeschaltet werden. Man müsste also Enzym 2 blockieren, sodass kein Propanthialsulfoxid entsteht.

Eine mögliche Methode um z. B. Enzym 2 zu blockieren wäre die Zugabe eines *(kompetitiven oder allosterischen)* Hemmstoffs für dieses Enzym.

weitere mögliche Antworten sind:

- *Das entstehende Gas Propanthialsulfoxid müsste chemisch gebunden werden.*
- *Die Weiterreaktion zu Schwefelsäure müsste blockiert werden.*
- *Synthese von Enzym 2 z. B. durch eine Mutation im Gen für Enzym 2 hemmen*
- *Transkription von Gen für Enzym 2 durch Hemmstoff blockieren*
- *Translation von Gen für Enzym 2 durch z. B. „Antisense-Gen" hemmen*

4.2 Der Zwiebel-Geschmack müsste intensiver sein, da bei der unbehandelten Zwiebel zwei Enzyme um das gleiche Substrat, Alliin, konkurrieren. Fällt nun das Enzym 2 aus, dann ist die Alliin-Konzentration, d. h. die Substratkonzentration, die allein für das Enzym 1 übrig bleibt, höher. Daher bildet sich mehr Thiosulfinat und damit auch mehr Zwiebelaroma.

oder:
Da das Propanthialsulfoxid auch für den typischen Geruch der Lauchgewächse verantwortlich ist, müsste der Koch aus Leipzig bemerken, dass die Zwiebel kaum mehr nach Zwiebel riecht.

5 Ungeschlechtliche (= vegetative) Fortpflanzung:

Vorteile:
- Es ist kein Geschlechtspartner notwendig. Die Fortpflanzung ist somit einfacher, da keine Bestäubung/Befruchtung und keine Hilfe z. B. durch Insekten nötig ist.
- Alle Nachkommen sind erbgleich mit der Mutterpflanze (alle Brutzwiebeln gehören zu einem Klon), d. h. erfolgreiches Erbgut wird konstant gehalten.

Nachteile:
- Da alle Nachkommen erbgleich sind, gibt es keine genetische Variation, die gegen z. B. ein Virus schützen könnte. Nicht resistente Klone sterben daher komplett aus.
- Es ist keine Evolution möglich *(außer durch Mutationen)*, da keine Rekombination erfolgen kann.

Geschlechtliche (= sexuelle) Fortpflanzung:

Vorteile:
- Nachkommen sind nicht erbgleich, da Rekombination von Erbanlagen erfolgt. Dies ermöglicht den besseren Schutz vor Feinden durch genetische Variabilität.
- Durch Rekombination (und Mutation) wird Evolution möglich.

Nachteile:
- Diese Form der Fortpflanzung ist aufwändiger durch die Keimzellproduktion in den Geschlechtsorganen und durch die Notwendigkeit von Geschlechtspartnern bzw. durch die häufig notwendige Hilfe von Wind bzw. Insekten bei der Bestäubung.
- „Erfolgreiche" Genotypen können sich nicht erbgleich vermehren.

Profil-/Neigungsfach Biologie (Baden-Württemberg): Abituraufgaben 2006
Aufgabe II: Nervenphysiologie, Genregulation

Die marine Schnecke *Aplysia californica* (kalifornischer Seehase) gehört mit ungefähr 40 cm Körperlänge zu den größten Seehasen.
Sie besitzt Riesenneurone und eignet sich gut für neurophysiologische und molekulargenetische Untersuchungen.
Ein Schwerpunkt bei diesen Untersuchungen ist die Reaktion von *Aplysia* auf einen Berührungsreiz an ihrer Atemröhre (Siphon), siehe Abbildung 1.

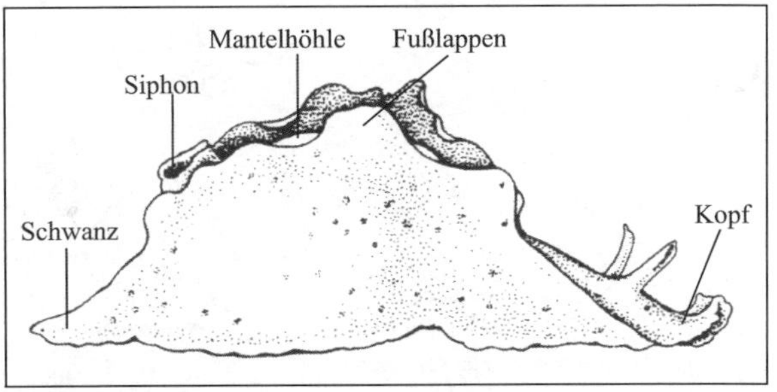

Abb. 1: *Aplysia californica* (Seitenansicht)

Wird der Siphon durch leichtes Berühren mit einem Stab gereizt, so werden die empfindlichen Kiemen weit in die Mantelhöhle zurückgezogen. Kommt es jedoch innerhalb weniger Minuten zu zehn bis fünfzehn Berührungsreizen, so zeigt das Tier die Rückziehreaktion nicht mehr; erst nach einer Stunde tritt diese Rückziehreaktion wieder in abgeschwächter Form auf. Genauere neurophysiologische Untersuchungen ergaben für die Abnahme der Rückziehreaktion während dieser ersten Versuchsserie u. a. eine Inaktivierung eines Großteils der Ca^{2+}-Kanäle in den synaptischen Endigungen der am Rückziehreflex beteiligten sensorischen Siphon-Neurone.

In einer zweiten Versuchsserie wurde beobachtet, dass eine Berührung des Siphons und eine gleichzeitige elektrische Reizung am Schwanz des Tieres eine verstärkte Rückziehreaktion zur Folge hat. Wird diese gekoppelte Reizung mehrfach durchgeführt, kommt es anschließend auch bei alleiniger Reizung des Siphons zu einer verstärkten Rückziehreaktion. Je nach Intensität der durchgeführten Koppelungsreize hält diese verstärkte Reaktion Minuten, Tage oder gar Wochen an. Ursache für diese Reaktion ist eine Inaktivierung der K^+-Kanäle der sensorischen Siphon-Neurone (siehe Abbildung 2 und 3).

1.1 Beschreiben Sie die wesentlichen Prozesse, die bei der Erregungsübertragung an einer Synapse ablaufen. (3 VP)

1.2 Erläutern Sie unter Zuhilfenahme der Abbildungen 2 und 3 die verstärkte Rückziehreaktion der Kiemen bei gleichzeitiger Reizung von Schwanz und Siphon. (4 VP)

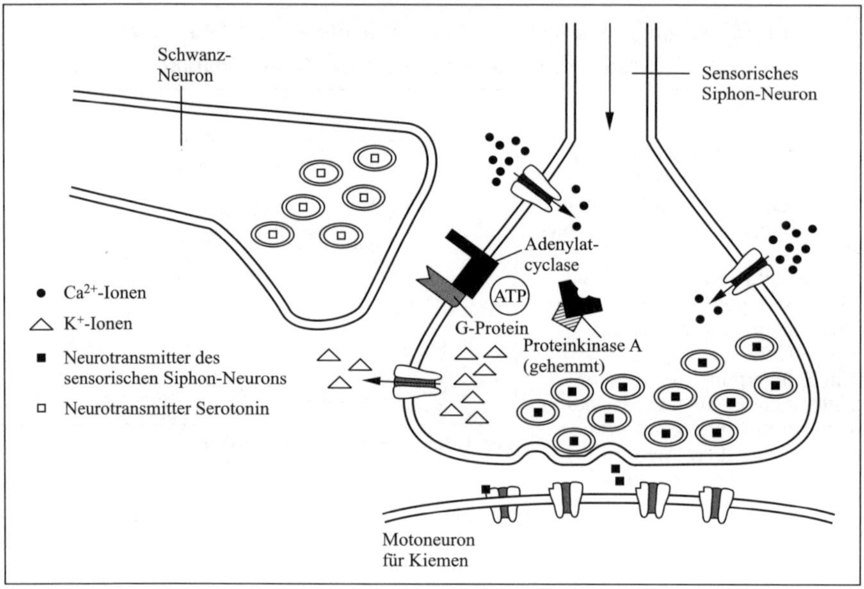

Abb. 2: Prozesse bei der Reizung des sensorischen Siphonneurons von *Aplysia californica*

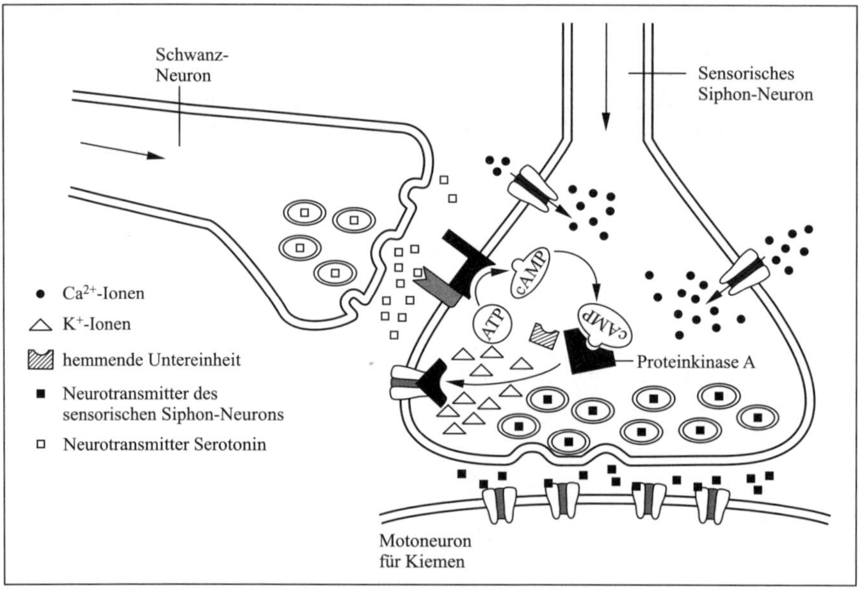

Abb. 3: Prozesse bei gleichzeitiger Reizung des sensorischen Siphonneurons und des Schwanzneurons

2.1 Die Abbildung 4 zeigt die Messergebnisse von drei neurophysiologischen Experimenten. Hierbei wurde die Membranspannung (das Membranpotenzial) an der postsynaptischen Membran am Motoneuron gemessen, das die Rückziehreaktion der Kiemen bewirkt.
Ordnen Sie den Kurven 1 bis 3 folgende Experimente zu:
a) ohne Reizung (Ausgangssituation)
b) bei erstmaliger Reizung des Siphons
c) bei der 16. Reizung des Siphons innerhalb kurzer Zeit.
Begründen Sie Ihre Zuordnung.

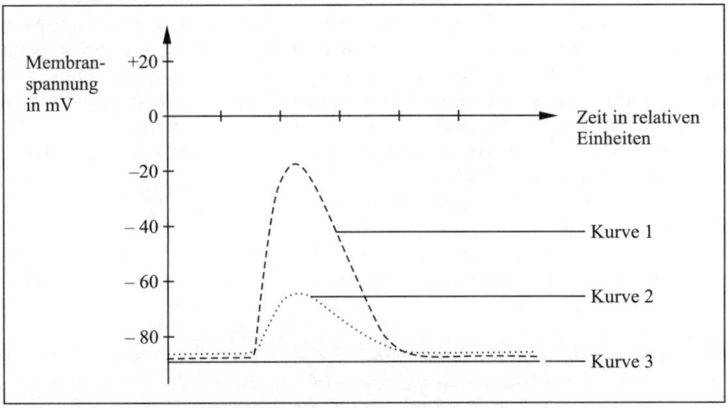

Abb. 4: Messergebnisse neurophysiologischer Experimente

2.2 Übertragen Sie die Abbildung 4 in Ihre Reinschrift und zeichnen Sie in dieses Diagramm die Kurve, die Sie bei gleichzeitiger Reizung von Siphon (durch Berühren) und Schwanz (durch elektrische Reizung) bei einem zuvor ungereizten Tier erwarten. Erläutern Sie. (4 VP)

Weitergehende molekularbiologische Untersuchungen zur zweiten Versuchsserie ergaben, dass verstärkte Freisetzung von Serotonin zu hohen cAMP-Konzentrationen führt (vergleiche Abbildungen 2 und 3). In der Folge gelangt schließlich mehr aktivierte Proteinkinase A in den Zellkern des sensorischen Neurons. Im Zellkern verursacht diese Proteinkinase A die Bildung des Proteins U-Hydrolase.
Die U-Hydrolase wiederum baut in den synaptischen Endigungen die hemmende Untereinheit der Proteinkinase A ab. Infolgedessen bleibt die Proteinkinase A länger aktiv.

3.1 Stellen Sie in einem Schema ausgehend von Serotonin den Ablauf dar, der dazu führt, dass die Proteinkinase A länger aktiv bleibt (Größe ca. ½ Seite). (4 VP)

3.2 Entwickeln Sie aufgrund Ihrer Kenntnisse zur Kontrolle bzw. Regulation der Genexpression eine Modellvorstellung darüber, in welcher Weise die Proteinkinase A im sensorischen Siphon-Neuron die Bildung des Enzyms U-Hydrolase steuern könnte. (3 VP)

3.3 Welche biologische Bedeutung könnte die verstärkte und länger anhaltende Rückziehreaktion für Aplysia haben? Erläutern Sie. (2 VP)

(20 VP)

Lösungen

1.1 Ablauf der Erregungsübertragung *(am Beispiel einer neuromuskulären Synapse)*:

1 Eine Erregung (Aktionspotenzial, AP) depolarisiert die Membran im Bereich des Endknöpfchens.

2 Dadurch werden *(spannungsgesteuerte)* Ca^{2+}-Kanäle geöffnet, die Folge ist ein Ca^{2+}-Einstrom.

3 Als Folge wandern synaptische Bläschen zur präsynaptischen Membran und entleeren den (Neuro-)Transmitter Acetylcholin in den synaptischen Spalt (Exozytose).

4 Diffusion der Transmittermoleküle zur postsynaptischen *(subsynaptischen)* Membran.

5 Dort besetzen sie Rezeptoren, die mit Na^{+}-Ionenkanälen gekoppelt sind. Bei Besetzung öffnen sich die Na^{+}-Kanäle, es erfolgt ein Na^{+}-Einstrom. Dieser hat eine Depolarisierung der postsynaptischen Membran zur Folge. Es entsteht ein Endplattenpotenzial (= EPP) oder erregendes postsynaptisches Potenzial (= EPSP). Bei Erreichen eines Schwellenwerts kommt es zu einem Muskel-AP und den daraus folgenden Zuckungen (Kontraktion).

6 Der Transmitter wird sehr schnell durch das Enzym (Acetyl-)Cholinesterase in unwirksame Bruchstücke zerlegt. Die Na^{+}-Kanäle schließen sich wieder.

7 Die Bruchstücke werden von der präsynaptischen Membran wieder aufgenommen, unter ATP-Aufwand zu Acetylcholin resynthetisiert und wieder in Vesikeln gespeichert.

1.2 *Bei der Analyse des sehr langen Textes und der Abbildungen 2 und 3 ist es wieder ratsam, wichtige Aussagen/Abläufe zu markieren (z. B. die im Text erwähnte Inaktivierung der K^{+}-Kanäle im Siphon-Neuron). Auch die Unterschriften der beiden Abbildungen enthalten wichtige Informationen.(Abbildung 2: Es wird nur das sensorische Neuron gereizt. Abbildung 3: sensorisches und Siphon-Neuron werden gleichzeitig gereizt.)*

Wird nur das Siphon gereizt, wird auch nur das sensorische Siphon-Neuron erregt (Abb. 2). Dadurch öffnen sich zwar die Ca^{2+}-Kanäle, es entleeren sich aber nur wenige synaptische Vesikel, da die gleichzeitige Öffnung von K^{+}-Kanälen die Depolarisierung abschwächt. Dies resultiert aus dem K^{+}-Ausstrom, der eine Hyperpolarisierung bewirkt.

Die zusätzliche Erregung des Schwanz-Neurons bewirkt die Inaktivierung der K^{+}-Kanäle (*siehe Text!*). Die Abbildung 3 zeigt den Verlauf der Erregung nach Reizung von Siphon und Schwanzneuron *(Inaktivierung der K^{+}-Kanäle über einen „second-messenger"-Mechanismus):*
Die Reizung des Schwanzneurons bewirkt eine Serotonin-Ausschüttung. Am sensorischen Siphon-Neuron wird dadurch ein Rezeptor (G-Protein) besetzt und das mit dem G-Protein gekoppelte Enzym Adenylatcyclase wird aktiviert. Das Enzym katalysiert die Umwandlung von ATP zu cAMP. cAMP (*als zellinterner „zweiter Botenstoff")* enthemmt Proteinkinase A, indem es den Proteinkinase-Hemmstoff-Komplex spaltet. Dadurch ist die Proteinkinase A in der Lage, die Kaliumkanäle zu blockieren. Der K^{+}-Ausstrom wird gestoppt und eine stärkere Depolarisierung des Siphon-Endknöpfchens ist die Folge (da die Hyperpolarisierung durch Ausstrom positiver Ladungsträger gestoppt ist). Durch die demzufolge erhöhte Transmitterausschüttung fällt auch die Erregung des Kiemen-Motoneurons und damit die Rückziehreaktion stärker aus.

2.1 – Kurve 1: b) bei erstmaliger Reizung

Begründung: Bei erstmaliger Reizung ergibt sich ein starkes EPSP, da die Ca^{2+}-Kanäle normal aktiviert wurden. Relativ viel Transmitter wird ausgeschüttet und eine relativ starke Depolarisierung der postsynaptischen Membran führt zu einer relativ großen Amplitude des **e**rregenden **p**ost**s**ynaptischen **P**otenzials (EPSP).

– Kurve 2: c) bei vielfacher Reizung

Begründung: Es ist nur ein geringeres EPSP zu beobachten, da ein Großteil der Ca^{2+}-Kanäle nach 16 Reizungen inaktiviert ist (*siehe Text*). Daher wird relativ wenig Transmitter ausgeschüttet und die relativ geringe Depolarisierung der postsynaptischen Membran hat eine relativ geringe Amplitude des postsynaptischen Potenzials zur Folge.

– Kurve 3: a) ohne Reizung

Begründung: Ohne Reizung bleibt das Ruhepotenzial erhalten.

2.2 Zu erwarten ist eine noch größere Amplitude als bei Kurve 1 (Kurve 4 in der Zeichnung). Durch die Schließung der K^+-Kanäle bei gleichzeitiger Reizung von Schwanz-Neuron und Siphon-Neuron wird eine stärkere Depolarisierung bewirkt. Die noch stärkere Transmitter-Ausschüttung führt demnach zu einer noch größeren Depolarisierung der postsynaptischen Membran *(auch die Dauer der Depolarisierung kann vergrößert sein).*

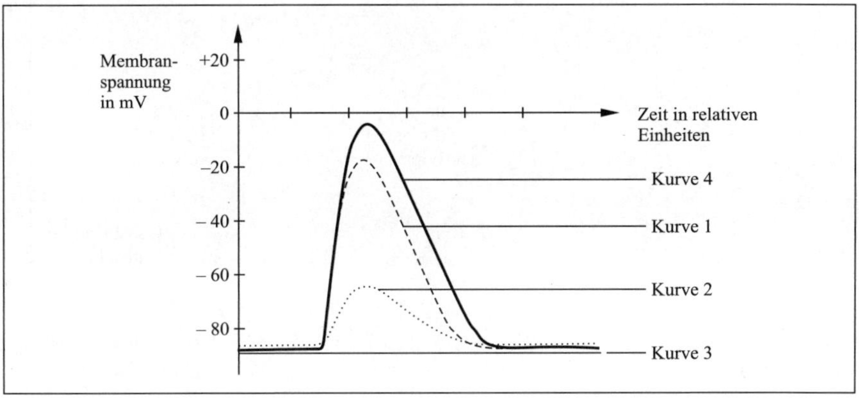

3.1 *Zur Erstellung von Schemata vgl. Aufgabe 1, 1.1*

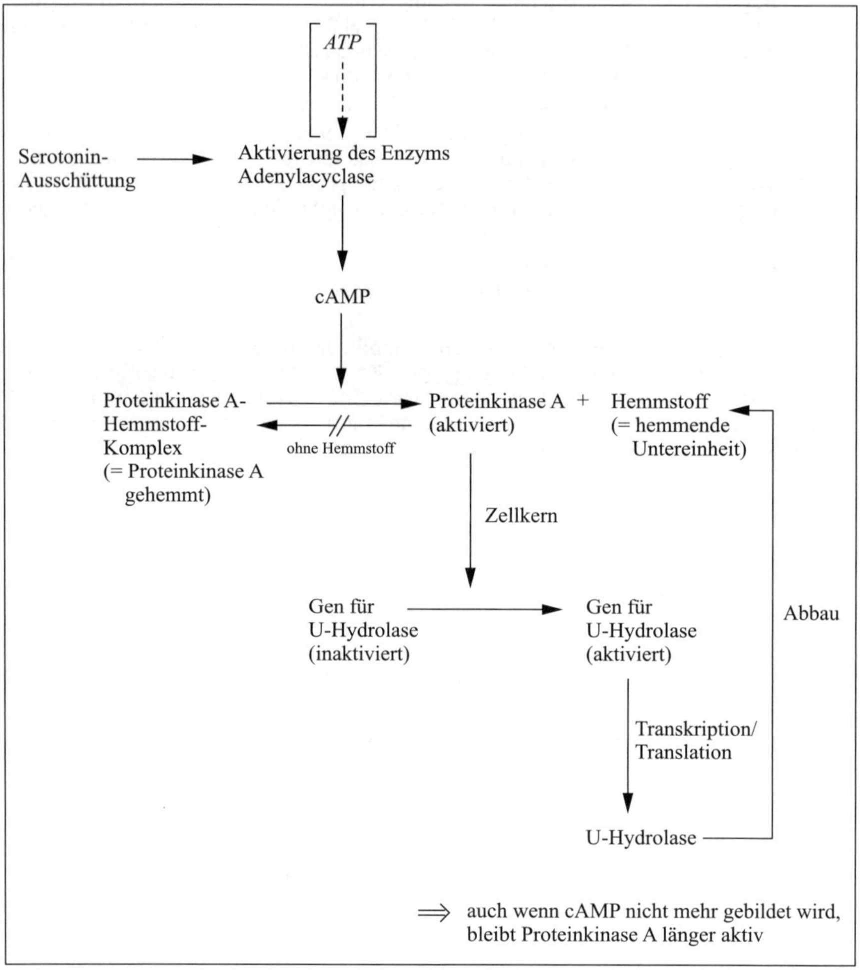

3.2 *Im Lehrplan ist kein bestimmtes Modell zur Regulation der Genaktivität vorgeschrieben. Deshalb dürfen Sie die Antwort auf der Basis Ihres Kenntnisstands geben. Meist wird das Operon-Modell von Jacob-Monod bekannt sein, das die Regulation von Bakterien-Genen erklärt. Es würde aber auch genügen, wenn man allgemein von Stoffen ausgeht, die die Transkription bzw. Translation hemmen oder aktivieren.*

Nach dem Operon-Modell verändert die Proteinase A *(allosterisch)* die Tertiärstruktur des Repressorproteins, sodass dieses nicht mehr an den Operator vor dem Gen für die U-Hydrolase binden kann. Die RNA-Polymerase kann nun (vom Promotor ausgehend) das U-Hydrolase-Gen ablesen und die Proteinbiosynthese des Enzyms U-Hydrolase kann somit beginnen.

Mögliche Modellvorstellungen <u>ohne</u> Operon-Modell:

- *Proteinkinase A könnte einen Transkriptionshemmstoff (der den Zugang zum Gen blockiert) inaktivieren, dadurch kann die RNA-Polymerase das Gen ablesen.*
- *Proteinkinase A könnte die Bildung des Enzyms U-Hydrolase dadurch steuern, dass die Translation der zugehörigen mRNA in das Protein aktiviert wird.*

3.3 Der Schutz der Kiemen ist für die Schnecke lebenswichtig, allerdings muss die Schnecke nicht auf alle Berührungen gleich heftig reagieren. In ihrem natürlichen Biotop muss sie zwischen zufälligen, harmlosen Berührungskontakten mit Pflanzen oder Korallen, die z. B. nur an der Atemröhre erfolgen, und großflächigen Angriffen von Fressfeinden auf ihren Körper unterscheiden können. Nur für den letzteren Fall ist es sinnvoll, den Schutzreflex zu verstärken und lang anhaltend in die Schutzstellung zu gehen.

Würde die Schnecke auf alle, sicher häufig erfolgenden, zufälligen Berührungen derart stark reagieren, könnte sie auf die Dauer nicht überleben. Dies zeigt auch die Gewöhnung, die *Aplysia* auf mehrfache, einfache Reizung des Siphons aufweist: Damit die Schnecke nicht unnötig von ihren Lebensfunktionen wie Futterbeschaffung, Fortpflanzung etc. abweichen muss, reagiert sie auf wiederholte harmlose Reizung bald nicht mehr. Wird sie dagegen von einem Fressfeind am ganzen Körper bedroht, zeigt sie in jedem Fall die vermutlich lebensrettende verstärkte Rückziehreaktion.

Profil-/Neigungsfach Biologie (Baden-Württemberg): Abituraufgaben 2006
Aufgabe III: Evolution, Verwandtschaftsanalyse

Der Übergang vom Landleben zum Leben im Wasser vollzog sich bei den Vorfahren der heutigen Wale im frühen Tertiär vor etwa 50 Millionen Jahren und dauerte nur rund 8 Millionen Jahre. In dieser „kurzen" Zeit erfolgten Anpassungen an das Leben im Wasser. Heute kennt man mehr als 80 Walarten.

1.1 Nennen Sie unter Zuhilfenahme der Abbildungen 1 und 2 ausgehend vom Urhuftier sechs Veränderungen, die als Anpassungen an die Lebensweise im Wasser zu verstehen sind. (3 VP)

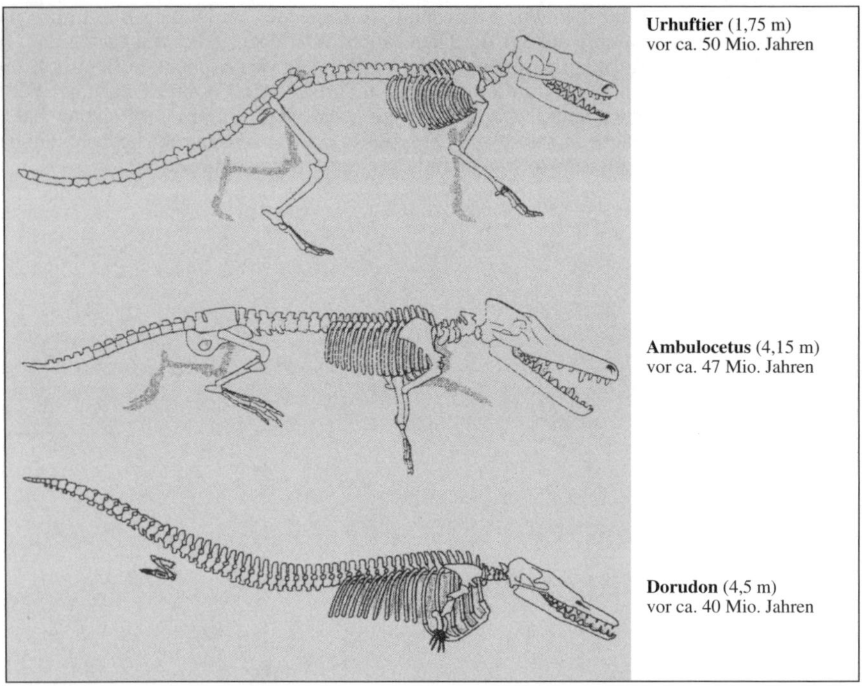

Abb. 1: Vorfahren der heutigen Wale

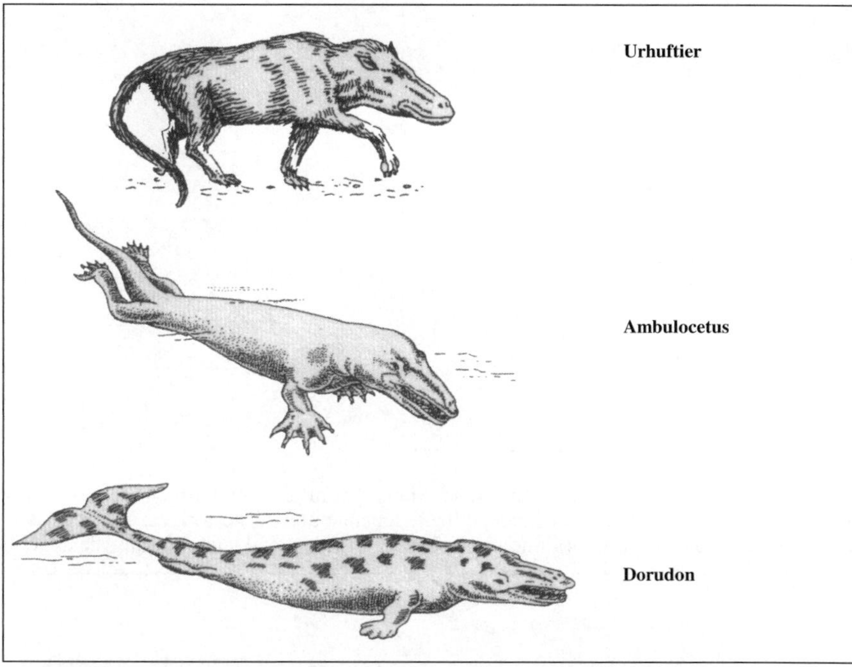

Abb. 2: Vorfahren der heutigen Wale (Rekonstruktionen)

1.2 Entwickeln Sie eine Hypothese, wie sich eines der von Ihnen unter 1.1 genannten Merkmale im Verlauf der Evolution verändert haben könnte. Benutzen Sie dabei die Begriffe Mutation, Selektion, Gendrift und Isolation. (4 VP)

Die mehr als 80 verschiedenen Walarten lassen sich auf eine Stammform zurückführen. Heute sind Wale über alle Ozeane verbreitet und unterscheiden sich nicht nur in der Größe, sondern auch in der Art der Ernährung.

1.3 Geben Sie eine Erklärung für die Entstehung so vieler unterschiedlicher Walarten in relativ kurzer Zeit. (3 VP)

Der Fund eines nahezu vollständigen Ambulocetusskeletts veranlasste einen Forscher zu der Aussage, dieser Fund sei für die Erforschung der Walevolution ebenso bedeutend, wie der *Archaeopteryx* für die Evolution der Vögel. Abbildung 3 zeigt *Archaeopteryx*. Er ist deshalb so bedeutend, weil er als Brückentier Merkmale zweier Wirbeltierklassen aufweist.

2.1 Nennen Sie diese Wirbeltierklassen und entnehmen Sie aus der Abbildung 3 je zwei Merkmale, welche für diese Wirbeltierklassen typisch sind.

2.2 Diskutieren Sie unter Verwendung der Abbildungen 1 und 2, ob auch Ambulocetus als Brückentier angesehen werden kann. (3 VP)

Abb. 3:
Archaeopteryx

In einem Museum ist der hypothetische Stammbaum der Walartigen dargestellt (Abbildung 5). Abbildung 4 zeigt verschiedene heute lebende und ausgestorbene Vertreter der Wale, die in diesem Stammbaum vorkommen. Neben Zahnwalen sind auch Bartenwale abgebildet.

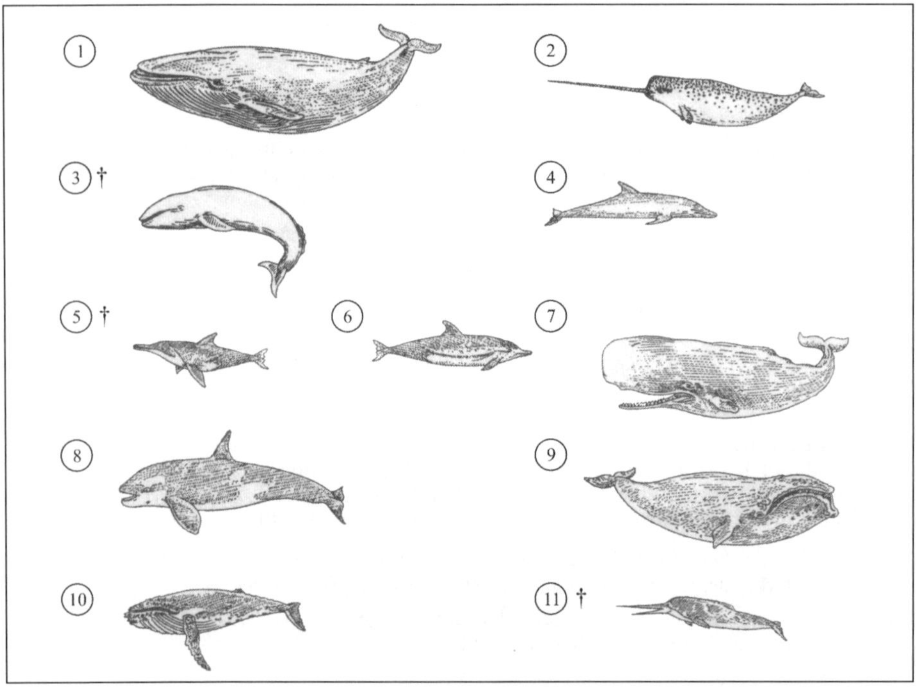

Abb. 4: Verschiedene Walarten (Erläuterung: † bedeutet ausgestorben)

3 Übertragen Sie den Stammbaum (Abbildung 5) in Ihre Reinschrift.
Ordnen Sie unter Angabe der Ziffern die einzelnen Vertreter in den Stammbaum ein.
Benennen Sie die Kriterien für diese Zuordnung.
Begründen Sie Ihre Zuordnung. (4 VP)

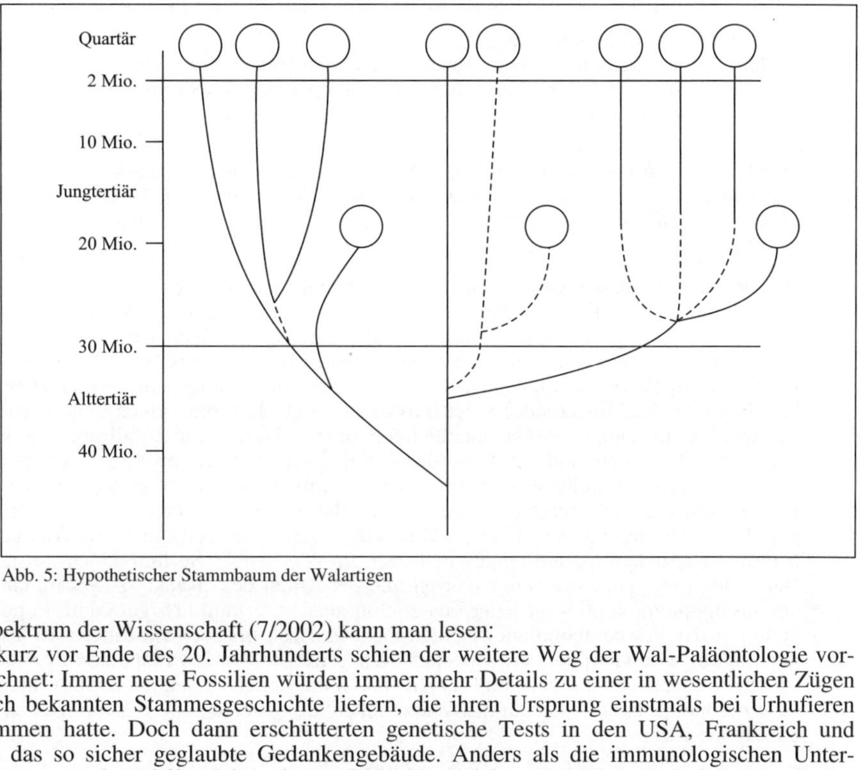

Abb. 5: Hypothetischer Stammbaum der Walartigen

Im Spektrum der Wissenschaft (7/2002) kann man lesen:
„Bis kurz vor Ende des 20. Jahrhunderts schien der weitere Weg der Wal-Paläontologie vorgezeichnet: Immer neue Fossilien würden immer mehr Details zu einer in wesentlichen Zügen endlich bekannten Stammesgeschichte liefern, die ihren Ursprung einstmals bei Urhufieren genommen hatte. Doch dann erschütterten genetische Tests in den USA, Frankreich und Japan das so sicher geglaubte Gedankengebäude. Anders als die immunologischen Untersuchungen aus den 1960er Jahren legten DNA-Vergleiche nahe: Wale sind nicht nur mit den Paarhufern näher verwandt als mit allen anderen Säugern –Wale sind Paarhufer. Kein Urhuftier stand am Anfang ihrer Entwicklung, sondern ein Urpaarhufer, vermutlich ein Urflusspferd.“

Kate Wong „Wale der Urzeit“, Spektrum der Wissenschaft 7/2002

4 Immunologische Methoden (z. B. der Präzipitintest) sind heute weitgehend durch molekularbiologische Methoden abgelöst worden. Erläutern Sie eine solche molekularbiologische Methode zur Verwandtschaftsanalyse. (3 VP)

(20 VP)

Lösungen

1.1 *Von den nachstehenden Merkmalen sollen Sie insgesamt sechs nennen:*

Veränderungen am Skelett:
Vorderextremitäten werden kürzer (Ruderarm); Hinterextremitäten verkümmern fast; Beckenknochen verkümmern; Schwanzwirbel werden kräftiger; Brustkorb wird länger

Veränderungen am Körperbau:
Bildung einer Schwanzflosse; Haare verschwinden; äußere Ohren verschwinden; Schwimmhäute entstehen; Entstehung der Torpedoform (Stromlinienform); Nasenöffnung wandert nach oben

1.2 *Suchen Sie sich ein relativ einfaches Merkmal aus, dessen Abwandlung mit wenigen Annahmen mit den vorgegebenen Begriffen der synthetischen Evolutionstheorie (Mutation, Selektion, Gendrift und Isolation) erklärt werden kann, wie z. B. der Verlust des Haarkleids:*

Das Fell der Urhuftiere variierte je nach Genotyp in seiner Länge und Dichte bei jedem Individuum. Für landlebende Tiere sind Haare lebensnotwendig als Wärmeisolation und Schutz (UV-Licht, Verletzung, Tarnung). Ein zufälliger genetischer Defekt, d. h. eine **Mutation**, kann den Haarwuchs hemmen. Dieses (vermutlich rezessive) „Nackt"-Allel wird im Genpool der landlebenden Urpaarhufer-Arten nur eine sehr geringe Häufigkeit haben, da die (stabilisierende) **Selektion** dafür sorgt, dass Individuen ohne Haare eine geringere Fortpflanzungswahrscheinlichkeit haben. Durch ein Zufallsereignis könnte eine kleine Teilpopulation von Urhuftieren z. B. auf eine Insel verschlagen worden sein. Darunter könnte zufällig ein Familienverband mit dem „Nackt"-Allel gewesen sein. Durch dieses Zufallsereignis ist der Anteil des Gens im Genpool dieser Gründerpopulation sprunghaft gestiegen (= **Gendrift**). Beim Versuch, auch im Wasser nach Nahrung zu suchen, ist ein langes Fell eher ein Hindernis. Die Individuen mit nackter Haut hatten nun einen Selektionsvorteil und der Anteil des „Nackt"-Allels im Genpool der Inselpopulation stieg in jeder Generation an. Diese räumlich getrennte Population hatte mit der Festlandpopulation keinen Genaustausch mehr (= **räumliche Isolation** = Separation). Die Genpools entwickelten sich getrennt. Die Inselpopulation passte sich (durch weitere Mutationen und einen kontinuierlichen Selektionsdruck) in vielen Generationen immer besser an das Wasserleben an, bis eine neue Art mit nackter Haut entstanden war.

1.3 Die Entstehung der 80 Walarten aus einer Stammform in relativ kurzer Zeit durch Einnischung wird am besten mit der **adaptiven Radiation** erklärt:
Die Gründerpopulation – relativ hoch entwickelte gleichwarme Säugetiere im Vergleich zu Fischen (durch ihre leistungsfähigen Gehirne und Sinnesorgane sowie ihre Unabhängigkeit von der Wassertemperatur) – hatte bei der Eroberung des Wassers als Lebensraum ideale Voraussetzungen: In dem riesigen neuen Lebensraum mit einem ebenso riesigen Futterangebot konnte zunächst eine starke Vermehrung stattfinden. Dies führte aber zu einer Zunahme der innerartlichen Konkurrenz und damit zu einem zunehmenden Selektionsdruck, um diese Konkurrenz zu vermeiden. Durch **Einnischung** (Spezialisierung in der Nahrung, in der Art der Fortbewegung unter Wasser) und **Separation** (= räumliche Isolation) entstanden mit großer Geschwindigkeit durch die Aufspaltung der Stammform viele Rassen und schließlich Arten, da viele freie **ökologischen Nischen** zur Verfügung standen.

2.1 Archaeopteryx ist ein Bindeglied zwischen der Wirbeltierklasse der Reptilien und der der Vögel.
- Reptilienmerkmale von Archaeopteryx: Zähne; Krallen an den Fingern; lange Schwanzwirbelsäule
- Vogelmerkmale von Archaeopteryx: Federn; Fuß mit Zehe nach hinten; Flügel;

2.2 *Der Begriff „Brückentier" ist synonym mit „Zwischenform", „Übergangsform", „Mosaikform", „missing link" oder „connecting link". Die im Vortext der Aufgabe 2.1 genannte Definition, wonach Brückentiere Mermale von zwei Tier**klassen** aufweisen müssen, ist nicht verbindlich. Oft findet man auch Formulierungen wie „Übergangsform, die Merkmale von zwei Entwicklungslinien vereint", oder „Fossilien zwischen heute getrennten Tiergruppen" oder „Bindeglied in einer evolutiven Fossilienreihe" oder „Übergangsform zwischen systematisch getrennten Tiergruppen". Je nach Definition, die Sie Ihrer Diskussion zugrunde legen, können Sie also zu verschiedenen Schlussfolgerungen gelangen.*

Ambulocetus kann insofern als Brückentier betrachtet werden, dass er eine Zwischenform zwischen heute systematisch getrennten Tiergruppen darstellt: Ambulocetus ist eine Übergangsform zwischen den Huftieren und Waltieren. Mit den stammesgeschichtlich älteren Huftieren hat er z. B. noch die relativ langen Vorder- und Hinterextremitäten sowie die ausgeprägten Beckenknochen. Als Merkmal der Waltiere zeigt Ambolucetus u. a. die fehlende Behaarung, die fehlenden äußeren Ohren, die nach oben verschobene Nasenöffnung und die Schwimmhäute.

Ambulocetus ist aber kein „echtes" Brückentier, wenn die Definition im Vortext zu Aufgabe 2.1 zugrunde gelegt wird: Huftiere und Waltiere gehören zu verschiedenen **Tierordnungen,** aber zur gleichen **Tierklasse** der Säugetiere.

3 *Das Hauptkriterium der Einordnung wird bereits im Vortext genannt: Zahnwale und Bartenwale, d. h. schnelle Jäger unter Wasser oder große Planktonfresser. Mit dieser Hilfe ist es nicht schwer, eine grobe Zuordnung zu finden. Viel schwieriger und auch z. T. mehrdeutig ist dann die genaue Anordnung der Nummern innerhalb der Gruppen. Deshalb sind hier alle Varianten richtig, die einleuchtend begründet werden.*

Kriterien der Zuordnung:
- Körper- und Schädelform: schlanke schnelle Schwimmer mit spitzer Schnauze (4, 5, 6, 8?, 11) oder langsame Planktonfresser mit stumpfer Schädelform (1, 2, 3, 7, 9, 10)
- Rückenflosse (Kennzeichen schneller Schwimmer): vorhanden (4, 5, 6, 8) oder nicht vorhanden (1, 2, 3, 7, 9, 10, 11)
- Zähne, Kieferform: riesiger Unterkiefer mit Barten (1, 3, 9, 10) oder Kiefer mit Zähnen (2, 4, 5, 6, 7, 8, 11?)

Begründung der Zuordnung:
Ausgehend von dem vorgegebenen Stammbaum-Schema müssen drei Gruppen gebildet werden mit je einem fossilen Vertreter. Zwei Gruppen sind klar vorgegeben: Bartenwale und Zahnwale und eine „Sondergruppe".
- Die **Zahnwale** sind gut an ihrer Rückenflosse zu erkennen. Deshalb gehören 4, 6, 8 und 5† zusammen. (Der männliche Narwal (2) hat zwar einen riesigen Zahn, aber keine Rückenflosse. Der Schwertwal (= Orca) (8) hat eine typische Rückenflosse trotz wenig spitzer Schnauze. Der Pottwal (7) hat zwar Zähne, aber keine Rückenflosse und einen sehr stumpfen Schädel).
- Die Gruppe der **Bartenwale** ist die zweite Vierergruppe: 1, 9, 10,und 3†.
- Übrig bleibt eine Dreiergruppe, die nicht sehr überzeugend in einem gemeinsamen Stammbaum-Ast steht: 2, 7 und 11†. Sie haben keine Rückenflosse und Zähne.

Da die Zahnwale wahrscheinlich die stammesgeschichtlich ältere Gruppe sind (Abb. 1: der Vorfahre der Wale hatte Zähne), sollte die frühere (linke) Abzweigung den Zahnwalen zugeordnet sein.)

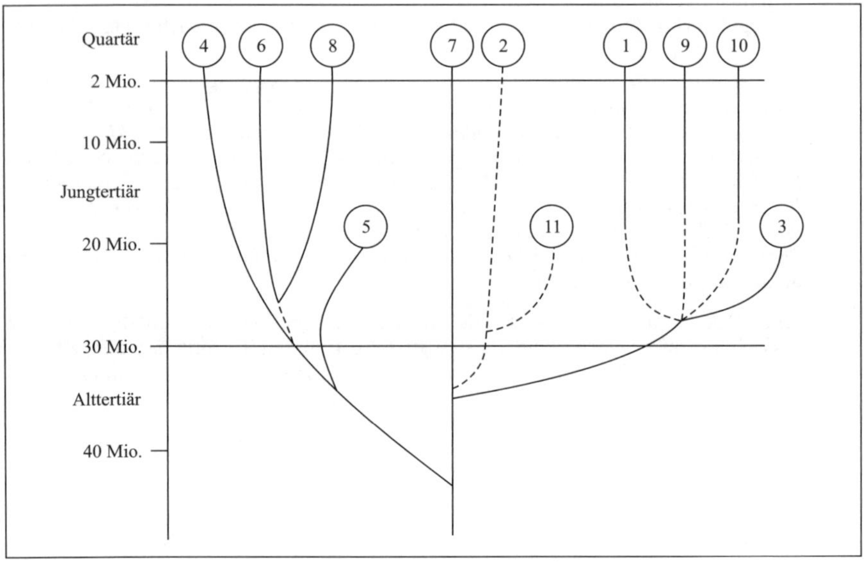

4 *In Frage kommen folgende molekularbiologischen Methoden:*

- *DNA-Hybridisierungstest*
- *DNA-Sequenzanalyse/Basensequenzanalyse (Gesamt-DNA oder wichtige Gene)*
- *Aminosäure-Sequenzanalyse wichtiger Proteine*

Für die Erläuterung wurde im Folgenden die DNA-Hybridisierung am Beispiel Mensch-Schimpanse gewählt (vereinfacht):

Zunächst wird aus den Zellen von Mensch und Schimpanse die DNA isoliert. Von beiden Proben der artreinen DNA wird der Schmelzpunkt bestimmt. (Bei Menschen und Schimpansen liegt er bei 88,2 °C.) Gemessen wird er z. B. durch Messung einer charakteristischen Viskositätsänderung (= „Zähflüssigkeit" der DNA-Lösung), die durch die Spaltung der Doppelstränge in Einzelstränge (Öffnung der H-Brücken) bewirkt wird.
Dann erfolgt die Mischung der beiden DNA-Proben. Die Misch-DNA-Probe wird in Einzelstränge aufgeschmolzen. Beim Abkühlen bilden sich Hybridstränge aus Menschen- und Schimpansen-Einzelsträngen. Der Schmelzpunkt dieser Hybridstränge wird bestimmt und mit dem der artreinen DNA verglichen.
Hybrid-DNA schmilzt früher, weil wegen der genetischen Distanz nicht jede Base im Einzelstrang des Menschen einen komplementären Partner im Einzelstrang des Schimpansen findet. Je entfernter die Verwandtschaft, desto weniger Basen können sich paaren, desto weniger H-Brücken halten die Hybrid-Doppelstränge zusammen, desto niedriger ist der Schmelzpunkt, z. B. Mensch/Schimpanse: 86,4 °C

Folgerung: Je näher der Schmelzpunkt der Hybrid-DNA dem Schmelzpunkt der artreinen DNA liegt, desto ähnlicher ist die DNA d. h. desto enger ist die Verwandtschaft.

Profil-/Neigungsfach Biologie (Baden-Württemberg): Abituraufgaben 2006
Aufgabe IV: Proteinbau, DNA-Sequenzierung, Gentherapie

Mukoviszidose (Cystische Fibrose – CF) ist eine weit verbreitete, erbliche Erkrankung des Menschen. Molekular beruht sie auf der Mutation des CFTR-Gens, welches ein Chloridionen transportierendes Kanalprotein kodiert. Bei dieser Krankheit kommt es u. a. zur Bildung von zähflüssigem Schleim in den Lungen, wodurch das Atmen erschwert wird.

1.1 Beschreiben Sie den Aufbau eines Proteins unter Verwendung von Fachausdrücken! (2 VP)

1.2 Stellen Sie dar, warum Genmutationen zu Funktionsstörungen von Proteinen führen können. (2 VP)

Um maßgeschneiderte Medikamente gegen genetisch bedingte Krankheiten wie die Mukoviszidose entwickeln zu können, ist die Kenntnis der Basensequenz der betroffenen Gene von großer Bedeutung.
Experimentell kann diese Sequenzanalyse nach der Abbruchmethode von Frederick Sanger durchgeführt werden. Hierbei wird der zu sequenzierende DNA-Abschnitt zunächst in Einzelstränge aufgetrennt. In vier verschiedenen experimentellen Ansätzen (Abbildung 3) werden diese Einzelstränge dann repliziert. Jeder Ansatz enthält neben den notwendigen Enzymen auch kurze Primerstücke, welche den Start der Replikation ermöglichen. Allen Ansätzen werden weiterhin alle vier (radioaktiv markierten) Nukleotide sowie jeweils ein spezifisches Nukleotidanalogon zugefügt, welches in Konkurrenz zu den normalen Nukleotiden statistisch in die DNA eingebaut wird und dann zum Abbruch der Replikation führt.

2 Erläutern Sie anhand der Strukturformeln in den Abbildungen 1 und 2 worauf die Abbruchmethode molekularbiologisch beruht. (2 VP)

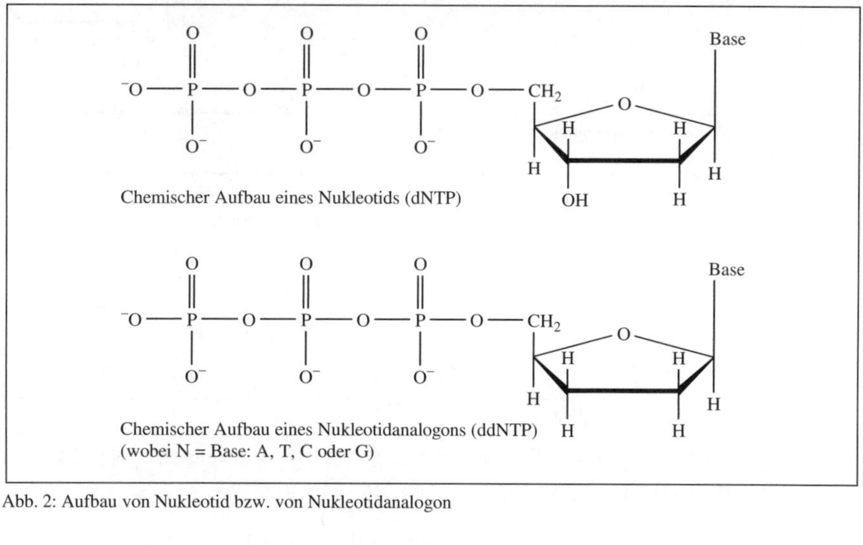

Abb. 2: Aufbau von Nukleotid bzw. von Nukleotidanalogon

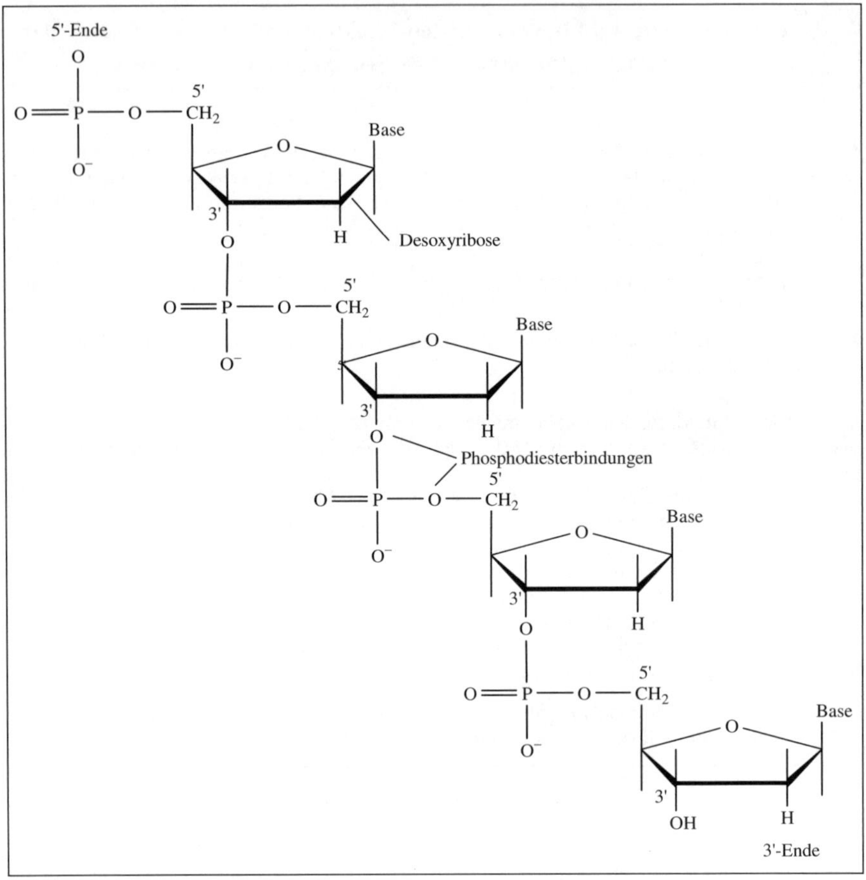

Abb. 1: Nukleotidverknüpfung im DNA-Einzelstrang

Pufferlösung mit vielen Kopien der zu untersuchenden DNA-Einzelstränge / kurzes Primerstück / DNA-Polymerase			
+	+	+	+
dATP, dTTP dGTP, dCTP	dATP, dTTP dGTP, dCTP	dATP, dTTP dGTP, dCTP	dATP, dTTP dGTP, dCTP
+ dd**A**TP	+ dd**G**TP	+ dd**C**TP	+ dd**T**TP
Ansatz 1	Ansatz 2	Ansatz 3	Ansatz 4

Abb. 3: Experimentelle Durchführung

Folgender Genabschnitt soll anhand der Sanger-Methode sequenziert werden:

~~~~~~~T – A – G – A – A – A – C – C – A~~~~~~~~

Primer

3 Welche DNA-Abbruchstränge sind für die Ansätze 3 und 4 zu erwarten? (3 VP)
~~~~~~~

Um die Unterschiede zwischen dem normalen und mutierten CFTR-Gen zu untersuchen, werden entsprechende Teilabschnitte der beiden Gene mit der Sanger-Methode sequenziert.
Die vier verschiedenen Ansätze, in denen jeweils verschieden lange Abbruchstränge enthalten sind, werden im Anschluss gelelektrophoretisch nebeneinander aufgetrennt. Bei diesem Verfahren erfolgt eine Trennung des entstandenen DNA-Gemischs nach der Größe der Stränge. Kleine Moleküle wandern im elektrischen Feld sehr weit, große Moleküle legen nur eine geringe Strecke zurück und können aufgrund ihrer radioaktiven Markierung sichtbar gemacht werden. Aus dem erhaltenen Auftrennungsmuster (Abbildung 4) kann anhand der Laufstrecken indirekt die Basensequenz des untersuchten Abschnitts abgelesen werden.

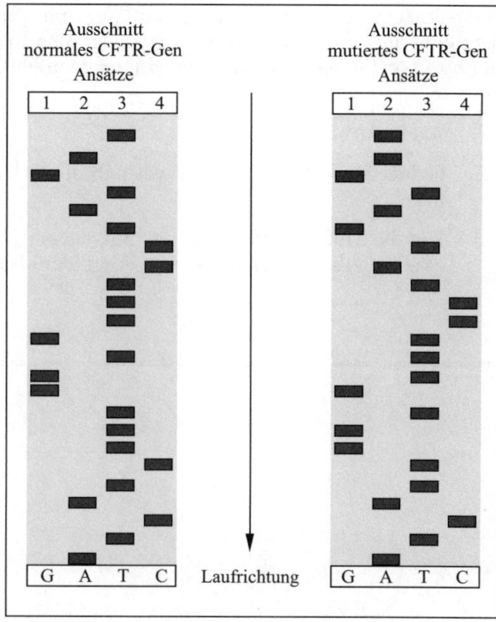

Abb. 4: Gelelektrophoretisches Ergebnis einer CFTR-Analyse nach der Sanger-Methode

4 Geben Sie anhand der Abbildung 4 die Basenabfolge der beiden radioaktiv markierten „Sanger-Stränge“ an. Leiten Sie daraus die Basenabfolge des hierzu komplementären Strangs ab und übertragen Sie diese mithilfe der Abbildung 5 in eine Aminosäuresequenz. Vergleichen Sie die Sequenzen. (5 VP)

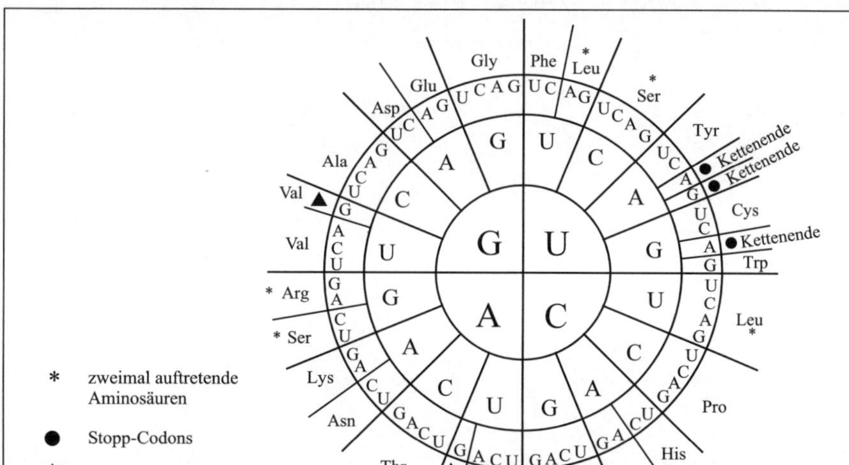

Abb. 5: Codesonne

Heutzutage versucht man die Erkrankung mithilfe der Gentherapie zu behandeln. Zur Behandlung der Lungensymptome verwendet man Inhalationssprays, die das intakte CFTR-Gen in Form von DNA-Lipid-Vesikeln (Liposomen) enthalten.

5.1 Begründen Sie, weshalb man in Liposomen verpackte Gene in Zellen einschleusen kann.

5.2 Geben Sie eine Erklärung, weshalb diese Therapie laufend wiederholt werden muss. (3 VP)

5.3 Um die Mukoviszidose bei nachfolgenden Generationen auszuschließen ist auch eine Keimbahntherapie denkbar. Schildern Sie eine mögliche Vorgehensweise. (3 VP)

(20 VP)

Lösungen

1.1 Proteinmoleküle sind Riesenmoleküle aus unverzweigten Aminosäureketten. Sie falten und „knäueln“ sich zu komplizierten Raumstrukturen (= Konformation).
Man unterscheidet

- **Primärstruktur:** Die Abfolge der Aminosäuren in der Kette wird auch als Aminosäuresequenz bezeichnet. Die einzelnen Aminosäuren der Polypeptidkette sind über Peptidbindungen miteinander verknüpft.
- **Sekundärstruktur:** Die Polypeptidkette liegt nicht vollständig gestreckt, sondern teilweise in Schraubenform (α-Helix) vor. Die Bindungskräfte, die die Sekundärstruktur festlegen, sind H-Brücken zwischen benachbarten Peptidbindungen. In der β-Faltblattstruktur werden mehrere, entfernt voneinander liegende Abschnitte der Polypeptidketten durch H-Brücken zusammengehalten.
- **Tertiärstruktur:** Die schraubenförmigen, gefalteten oder auch gestreckten Abschnitte der Polypeptidketten liegen ihrerseits in einer übergeordneten Raumstruktur gebogen und „geknäuelt“ vor. Diese Konformation ist abhängig von der Primärstruktur. Je nachdem, welche Aminosäuren an bestimmten Kettenpositionen liegen, kommt es zu verschiedenen chemisch-physikalischen Wechselwirkungen zwischen den Aminosäureresten (H-Brücken, Ionenbindungen, Van der Waals-Kräfte, Disulfid-Bindungen).

1.2 Genmutationen sind Mutationen, die nur ein Gen betreffen. (*Man unterscheidet Basenaustausch-Mutationen und Rastermutationen*). Folge einer Genmutation kann sein, dass die Abfolge der Aminosäuren in einem Protein (= Primärstruktur) verändert wird (*z. B. Austausch einer Aminosäure, Einschub neuer Aminosäure(n), Verlust einer Aminosäure oder völlig neue Sequenz).* Durch die Änderung der Aminosäuresequenz kann es zu einer veränderten Tertiärstruktur kommen. Durch die Konformationsänderung kann das Protein seine spezifische Funktion in der Zelle (z. B. als Enzym) nicht mehr erfüllen.

2 *Im Lehrplan ist die Kenntnis chemischer Formeln der DNA nicht verlangt. Mit Hilfe der vorgegebenen Formeln und den Informationen im Vortext sowie mit Ihren Kenntnissen grundlegender Prinzipien des DNA-Baus können Sie die Transferfrage zum Thema Replikation aber relativ einfach beantworten.*

Ein **Nukleotidanalogon** ist ein „falscher“ DNA-Baustein, der sich während der Replikation zunächst wie ein „normaler“ Baustein verhält, dann aber den Ablauf der DNA-Verdopplung stoppt. Wird ein ddNTP *(= **Did**esoxy**n**ukleosid**t**ri**p**hosphat)* in die Nukleotidkette eingebaut, so kann aufgrund des Fehlens des O-Atoms (der OH-Gruppe) an Position 3' im Desoxyribose-Ring keine Verlängerung des neuen DNA-Strangs durch die DNA-Polymerase mehr erfolgen (denn es ist keine Verknüpfung (*Veresterung*) mit der Phosphatgruppe des nächsten Nukleotids möglich). Es kommt zum Kettenabbruch und die Replikation wird gestoppt.

3 *Der angegebene „Genabschnitt“ enthält keine Leserichtung. Sie sollten deshalb davon ausgehen, dass die Basenfolge des Abbruchstranges einen Einzelstrang darstellt, der am Primer beginnend von links nach rechts abgelesen wird:*

zu sequenzierender DNA-Einzelstrang 3' ~~~~~~T – A – G – A – A – A – C – C – A~~~~~~ 5'
Synthese des Abbruchstranges 5' Primer ———► 3'
DNA-Polymerase

Da der Einbau der „Abbruch-Nukleotide" nur statistisch erfolgt, sind auch komplette DNA-Stränge zu erwarten. Diese sollen aber laut Aufgabenstellung nicht berücksichtigt werden. Es genügt auch die bloße Angabe der Basensequenz ohne Primer und Leserichtung, die unten der Vollständigkeit halber angegeben sind.

Ansatz 3: Zugabe von dd**C**TP (C*)

Genabschnitt 3'~~~~~~T – A – G – A – A – A – C – C – A~~~~~~ 5'
Abbruchstrang 5' Primer A – T – C* 3'

Ansatz 4: Zugabe von dd**T**TP (T*)

Genabschnitt 3'~~~~~~T – A – G – A – A – A – C – C – A~~~~~~ 5'
mögl. Abbruchstränge 5' Primer A – T* 3'
5' Primer A – T – C – T* 3'
5' Primer A – T – C – T – T* 3'
5' Primer A – T – C – T – T– T* 3'
5' Primer A – T – C – T – T – T –G –G – T* 3'

4 *Die DNA-Sequenzierung nach Sanger ist nicht im Lehrplan verlangt. Wenn Ihr Lehrer diese Methode besprochen hat, dann tun Sie sich mit dieser Frage natürlich leichter. Ansonsten ist die Information, die im Vortext gegeben wird, sehr knapp, um die Abbildung 4 zu interpretieren. Zum besseren Verständnis folgt hier ein Schema, das die DNA-Sequenzierung nach Sanger und die anschließende Gelelektrophorese für den in Aufgabe 3 vorgegebenen Strang erklären soll:*

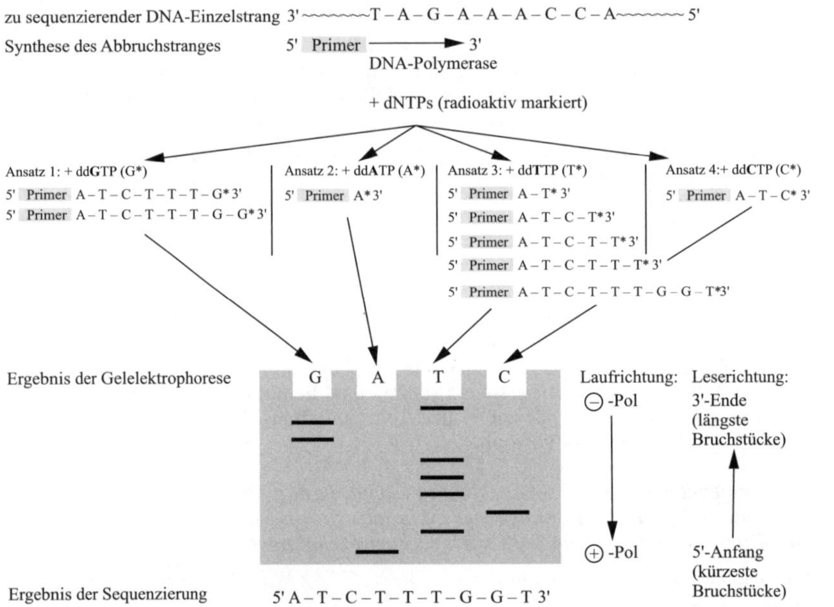

*Man erkennt, dass man einfach **von unten nach oben** die Basenabfolge ablesen kann, weil der kürzeste Abbruchstrang den Anfang markiert. (Vorsicht: Die Reihenfolge der Ansätze 1–4 ist anders als bei der Abbildung 3!)*

Angewendet auf Abbildung 4 ergibt sich beim Ablesen der Basensequenz von unten nach oben der (radioaktiv markierte) Abbruch-Strang für das normale CFTR-Gen und der (radioaktiv markierte) Abbruch-Strang für das mutierte CFTR-Gen. Erst der daraus abgeleitete komplementäre Strang ist dann der ***codogene DNA-Strang*** *für die Ermittlung der mRNA und des CFTR-Proteins. Die Richtigkeit Ihrer mRNA können Sie übrigens leicht überprüfen, wenn Sie bedenken, dass die Sequenz der mRNA (bis auf die Vertauschung von T und U) derjenigen des „Sanger-Stranges" entsprechen muss (beide sind schließlich komplementär zum codogenen Strang!).*

normales CFTR-Gen:

Basensequenz des „Sanger"-Strangs	5'	ATC	ATC	TTT	GGT	GTT	TCC	TAT	GAT	3'
komplementäre Sequenz des codogenen Strangs:	3'	TAG	TAG	AAA	CCA	CAA	AGG	ATA	CTA	5'
mRNA-Sequenz	5'	AUC	AUC	UUU	GGU	GUU	UCC	UAU	GAU	3'
Aminosäure-Sequenz		Ile –	Ile –	Phe –	Gly –	Val –	Ser –	Tyr –	Asp –	

mutiertes CFTR-Gen:

Basensequenz des „Sanger"-Strangs	5'	ATC	ATT	GGT	GTT	TCC	TAT	GAT	GAA	3'
komplementäre Sequenz des codogenen Strangs:	3'	TAG	TAA	CCA	CAA	AGG	ATA	CTA	CTT	5'
mRNA-Sequenz	5'	AUC	AUU	GGU	GUU	UCC	UAU	GAU	GAA	3'
Aminosäure-Sequenz		Ile –	Ile –	Gly –	Val –	Ser –	Tyr –	Asp –	Glu –	

Vergleich der Aminosäure-Sequenzen:
Im mutierten CFTR-Protein fehlt die Aminosäure Phenylalanin (Phe), sonst sind die Abschnitte gleich.

Basensequenz des „Sanger"-Strangs 5' ATC AT**T** **GG**T GTT TCC TAT GAT GAA 3'

Der Verlust der drei markierten Basen führt dazu, dass die Aminosäure Phe nicht mehr codiert wird.

Obwohl hier ein Basenverlust stattfindet, handelt es sich nicht um eine Rastermutation, denn das Ableseraster verschiebt sich nur um ein Triplett. Das Leseraster bleibt durch den Sonderfall, dass 3 Basen verloren gehen, „im Tritt", sodass sich die weitere Aminosäuresequenz des Proteins nicht ändert.

5.1 *Liposomen müssen aus dem Unterricht nicht bekannt sein. Die Umschreibung „DNA-Lipid-Vesikel“ muss genügen, um zu erschließen, dass es sich um künstliche Vesikel mit Zellmembran ähnlicher Lipidhülle handelt.*

Zwei mögliche Mechanismen sind möglich, um den Liposomen-Inhalt in eine Zelle zu schleusen *(nur einer ist verlangt):*
- Verschmelzung: Die Doppellipid-Schicht der Liposomen verschmilzt mit der Doppellipid-Schicht der Zellmembran und entlässt ihren Inhalt in die Zelle.
- Endozytose: Das ganze Liposom wird von der Zelle aufgenommen (pinozytiert) wie ein Nahrungspartikel (und verschmilzt mit einem Lysosom, *ähnlich wie viele Viren mit vergleichbarem Lipidmantel*).

5.2 Durch die Inhalation erreicht man nur die äußeren Schleimhautzellen. Diese „reparierten“ Zellen sterben aber regelmäßig ab und werden durch neue Zellen ersetzt, die den Gendefekt wieder in sich tragen. Die Therapie müsste also ständig wiederholt werden.

oder: Das zelleigene Reparatursystem könnte die eingeschleuste CFTR-DNA als „fremd“ erkennen und eliminieren. Die Therapie müsste ständig wiederholt werden.

5.3 Keimbahntherapie bedeutet, dass nicht Körperzellen sondern Keimzellen therapiert werden. Dadurch wäre die Erbkrankheit Mukoviszidose in der nächsten Generation verschwunden, da alle Zellen des Kindes – also auch dessen zukünftige Keimzellen – das intakte CFTR-Gen besitzen.

Eine mögliche Vorgehensweise für eine Keimbahntherapie würde mit der Gewinnung von Eizellen einer Frau mit Gendefekt beginnen. In diese Einzellen wird dann das intakte CFTR-Gen eingeschleust (z. B. in einem Virus). Nach der Auslese der Eizelle(n) mit erfolgreichem Einbau des CFTR-Gens (= Präimplantationsdiagnostik, PID) erfolgt dann die Befruchtung im Reagenzglas (= In-vitro-Fertilisation, IVF) und die Einpflanzung der Zygote in die Gebärmutter.

oder:
- *Einschleusung des CFTR-Gens in Samenzellen, weitere Vorgehensweise wie oben*
- *Einschleusung des CFTR-Gens in eine befruchtete Eizelle (Zygote) oder in Blastulazellen, weitere Vorgehensweise wie oben.*

Profil-/Neigungsfach Biologie (Baden-Württemberg): Abituraufgaben 2007
Aufgabe I: Proteine, Enzyme, Molekulargenetik

Proteine sind an vielen Strukturen und Funktionen eines Organismus beteiligt. Eine Zelle enthält mehrere tausend verschiedene Proteine. Eines davon ist das Ubiquitin (Abbildung 1).

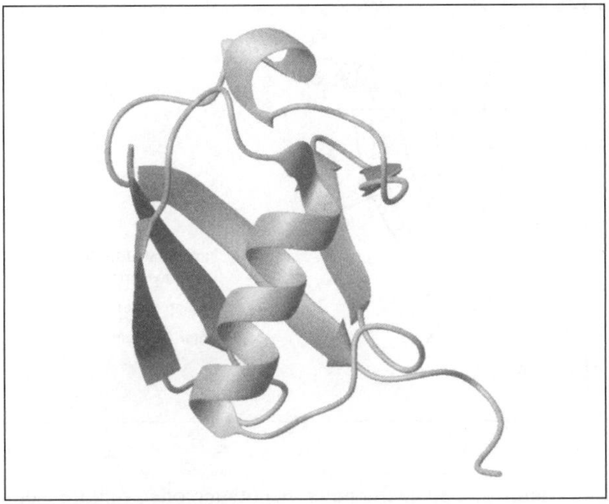

Abb. 1: Ubiquitin

1.1 Nennen Sie vier unterschiedliche Funktionen, die Proteine im Körper erfüllen, und geben Sie jeweils ein Beispiel an. (2 VP)

1.2 Beschreiben Sie, wie die Primärstruktur eines Proteins in der Zelle codiert ist, und erläutern Sie, wie davon ausgehend ein Protein synthetisiert wird. (6 VP)

1.3 Beschreiben Sie die in Abbildung 1 gezeigten Strukturen des Ubiquitin-Proteins und erläutern Sie, wie diese stabilisiert werden. (2 VP)

Ubiquitin besteht aus 76 Aminosäuren. Abbildung 2 zeigt einen Ausschnitt des Ubiquitinmoleküls.

– Phe – Ala – Gly – Lys – Gln – Leu –
45 (Phe) … 50 (Leu)

Abb. 2: Ausschnitt aus dem Ubiquitinmolekül

2.1 Geben Sie unter Verwendung der Abbildung 3 eine mögliche Nukleotidsequenz des zugehörigen codogenen Strangs der DNA an.

2.2 Durch eine Mutation kommt es an der Stelle 48 zu einem Austausch von Lysin gegen Arginin.
Geben Sie alle DNA-Tripletts an, die für Arginin (Arg) codieren.
Welche dieser Tripletts für Arginin entstehen bei dieser Mutation mit der größten Wahrscheinlichkeit? Begründen Sie. (3 VP)

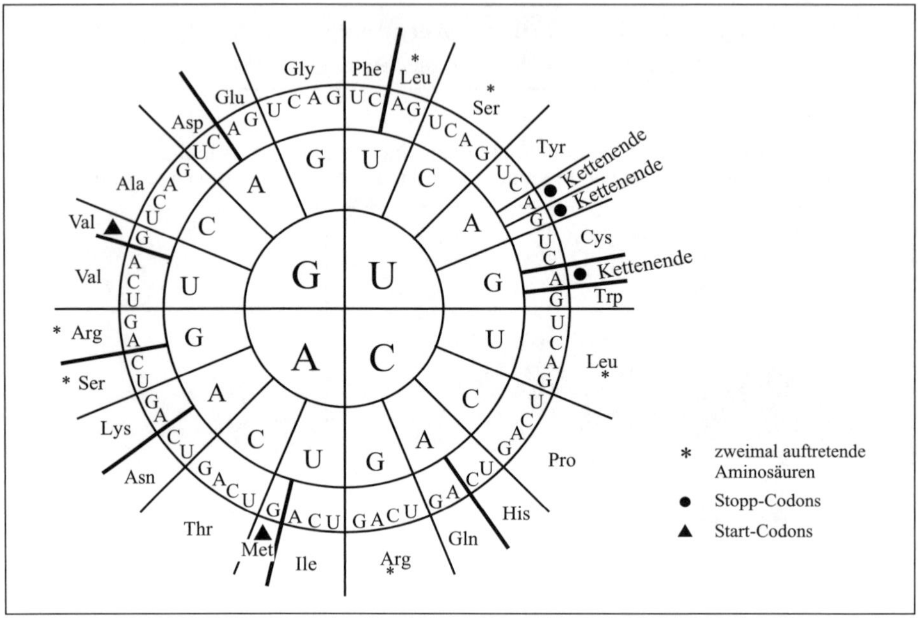

Abb. 3: Codesonne

Ubiquitin spielt eine wichtige Rolle beim Abbau nicht mehr benötigter oder funktionsunfähiger Proteine. Den über Ubiquitin vermittelten „Todeskuss für Proteine" entdeckten Chiechanover, Hershko und Rose, die Nobelpreisträger für Medizin des Jahres 2004.

Hiernach bindet zunächst unter ATP-Verbrauch das Enzym E_1 an ein Ubiquitinmolekül. Das Ubiquitinmolekül wird dadurch aktiviert. Anschließend bindet dieser Komplex an ein Enzym E_2, wobei das Ubiquitin auf E_2 übertragen und E_1 frei wird. Der E_2-Ubiquitin-Komplex bindet nun an ein Enzym E_3, welches zuvor schon das abzubauende Protein gebunden hat. Das Ubiquitin wird dadurch von E_2 auf dieses Protein übertragen und beide Enzyme E_2 und E_3 werden wieder frei. Das so markierte Protein wird nun zu den zelleigenen „Müllverwertern", den Proteasomen, transportiert. In diesen zylinderförmigen Proteasomen wird das Protein unter ATP-Verbrauch zerlegt, wobei Ubiquitin vorher wieder abgehängt wird. Die freigewordenen Enzyme E_1, E_2 und E_3 werden zum Abbau weiterer Proteine eingesetzt.

3.1 Stellen Sie den im Text beschriebenen ubiquitinabhängigen Proteinabbau als Schema dar (Größe mind. ½ Seite). (5 VP)

3.2 Erläutern Sie das Prinzip der „energetischen Kopplung" anhand des oben genannten Sachverhalts. (2 VP)

(20 VP)

Lösungen

1.1 *Der Operator „Nennen Sie" bedeutet die Aufzählung von Proteinfunktionen ohne Erklärung. Alle verlangten Beispiele werden Ihnen in den vier Abitur-Aufgaben geliefert (z. B. Enzyme, Regulationsproteine, Antikörper, Membranproteine)!*

- Enzyme: z. B. Urease, Telomerase, Ligase *(siehe Aufgabe III, IV)*
- Regulationsproteine: z. B. Repressor, Genregulationsprotein, Ubiquitin *(Aufgabe I, III)*
- Hormone: z. B. Insulin
- Membranprotein: z. B. Rezeptor, Na^+/K^+-Pumpe
- Immunprotein: z. B. Antikörper
- Speicherprotein: z. B. Milcheiweiß
- Strukturprotein: z. B. Haar (Keratin), Haut (Kollagen)
- Transportprotein: z. B. Hämoglobin

1.2 Codierung der Primärstruktur eines Proteins:

- Basensequenz in der DNA: Die Information über die Abfolge der Aminosäuren in einem Protein (= Aminosäuresequenz) steckt in der Abfolge der Nukleotide in der DNA (= Basensequenz).
- Triplettcode: Immer drei Basen(paare) legen dabei fest, welche von den 20 natürlichen Aminosäuren in das Proteinmolekül eingebaut wird.

Erwartet werden in der zweiten Teilfrage, dass die ***wesentlichen*** *Schritte in* ***richtiger Fachsprache*** *dargestellt werden. Nicht verlangt sind Details der Transkriptions-Regulation oder Unterschiede in der Transkription von Pro- und Eukaryoten (splicing, caping). Sinnvoll ist es, die Vorgänge zu gliedern.*

Proteinbiosynthese: Die Synthese eines Proteins erfolgt in 2 Teilschritten

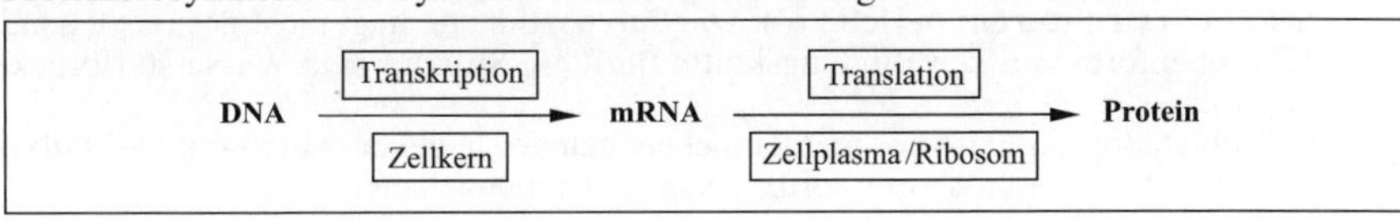

Transkription: Umschreibung der genetischen Information eines Gens von der Basensequenz der DNA in die Basensequenz der mRNA im Zellkern. (mRNA als transportable „Genkopie").

Ablauf der Transkription: (vereinfacht)

1 Öffnung des DNA-Doppelstrangs auf die Länge eines Gens durch Enzym.
2 Anlagerung komplementärer RNA-Nukleotide an den codogenen Strang.
3 Verknüpfung zur mRNA durch das Enzym RNA-Polymerase.
4 Ablösung der mRNA von der DNA und Ausschleusung in das Zellplasma.

Translation: Übersetzung der Basensequenz der mRNA in die Aminosäuresequenz eines Proteins im Zellplasma

Ablauf der Translation: (vereinfacht)

1 Die mRNA fädelt mit dem Starttriplett in das Ribosom ein, dort finden zwei Basentripletts Platz.
2 Zwei tRNA-Moleküle (mit Aminosäuren beladen) lagern sich, wenn ihr Anticodon komplementär passt, an die mRNA-Tripletts (= Codon) an.
3 Die beiden mitgebrachten Aminosäuren werden durch eine Peptidbindung verknüpft.

4 Das Ribosom rückt um ein Triplett weiter, die tRNA an erster Position wird freigesetzt und wird im Zellplasma erneut mit ihrer spezifischen Aminosäure beladen. An das freie nachgerückte mRNA-Codon „dockt“ ein weiteres tRNA-Molekül mit passendem komplementären Anticodon an.
5 Erneute Peptidbindung zwischen den Aminosäuren, aus dem Dipeptid wird ein Tripeptid usw.
6 Am Ende der mRNA befindet sich ein Stopp-Triplett. Das Ribosom setzt die mRNA frei und zerfällt in 2 Untereinheiten.
7 Die entstandene Aminosäurekette faltet sich je nach Aminosäuresequenz = Primärstruktur zu einer spezifischen Sekundär- und Tertiärstruktur auf.

1.3 In Abbildung 1 sieht man das Ubiquitin-Molekül in seiner biologisch wirksamen Raumstruktur. Diese setzt sich zusammen aus der unverzweigten Aminosäurekette (= Primärstruktur), die sich durch Faltung und Spiralisierung (= Sekundärstruktur) zur fertigen Raumstruktur (= Tertiärstruktur) aufbaut.

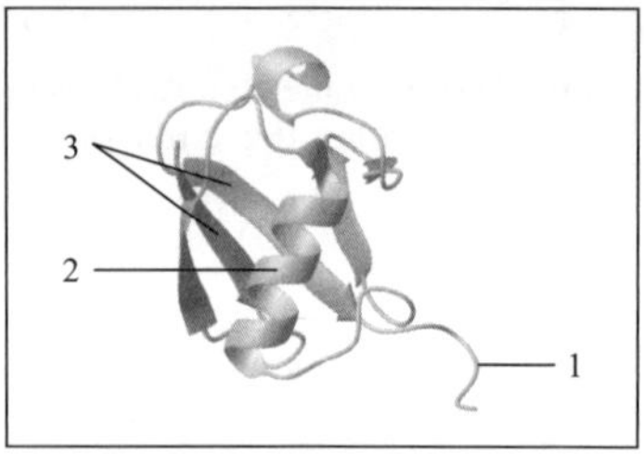

Primärstruktur: Die Abfolge der Aminosäuren in der Kette, die Aminosäuresequenz (1), wird durch Peptidbindungen als Bindungstyp verknüpft.

Sekundärstrukturen: α-Helix (2): Die Polypeptidkette liegt nicht gestreckt, sondern in Schraubenform vor. Die Bindungskräfte für diese Struktur sind Wasserstoffbrückenbindungen.
β-Faltblattstruktur (3): Hier werden nebeneinander liegende Abschnitte der Polypeptidkette ebenfalls durch Wasserstoffbrücken zusammengehalten.

Tertiärstruktur: Die schraubenförmigen bzw. gefalteten Polypeptidketten liegen ihrerseits in einer übergeordneten Raumstruktur „geknäuelt“ vor. Diese Konformation ist abhängig von der Primärstruktur. Je nachdem, welche Aminosäuren an bestimmten Kettenpositionen liegen, kommt es zu verschiedenen chemisch-physikalischen Wechselwirkungen zwischen den Aminosäureresten.
Bindungskräfte :
- H-Brücken (polare Aminosäurereste)
- Ionenbindungen (geladene Aminosäurereste)
- Van-der-Waals-Kräfte (unpolare Aminosäurereste)
- Disulfid-Bindungen (Atombindung zw. Cys-Resten)

2.1 Aufgrund der Degeneration des genetischen Codes kann man ausgehend von der Aminosäuresequenz viele mögliche Basensequenzen des codogenen Strangs ermitteln:

Aminosäuresequenz	**Phe**	**Ala**	**Gly**	**Lys**	**Gln**	**Leu**
mRNA (5'–3')	UUU	GCC	GGG	AAA	CAA	UUA
codogener DNA-Strang (3'–5')	**AAA**	**CGG**	**CCC**	**TTT**	**GTT**	**AAT**

2.2 Mögliche Tripletts, die für Arginin codieren:

mRNA-Codonen für Arginin	AGG	AGA	CGG	CGA	CGU	CGC
DNA-Tripletts für Arginin	**TCC**	**TCT**	**GCC**	**GCT**	**GCA**	**GCG**

Für eine Mutation, die durch einen Basenaustausch zu einem Aminosäuretausch von Lys zu Arg führt, kommen für Arginin nur die beiden Tripletts TCC und TCT in Betracht. Eine Mutation verändert mit der größten Wahrscheinlichkeit nur eine einzige Base. Im Triplett für Lys muss nur die mittlere Base von T nach C mutieren, um die neue Aminosäure Arg zu codieren.

Triplett für Lys: TTT → TCT Triplett für Arg
(oder: TTC → TCC)

3.1 *„Schema" kann bedeuten, dass Sie einfach versuchen, den Text mithilfe von Abkürzungen in ein Pfeilschema umzusetzen. Sie können jedoch auch ein Funktionsschema entwerfen, indem z. B. Enzyme, Rezeptoren, Kanäle ect. graphisch dargestellt werden. Beide Ansätze sind richtig.*

a) Pfeilschema:

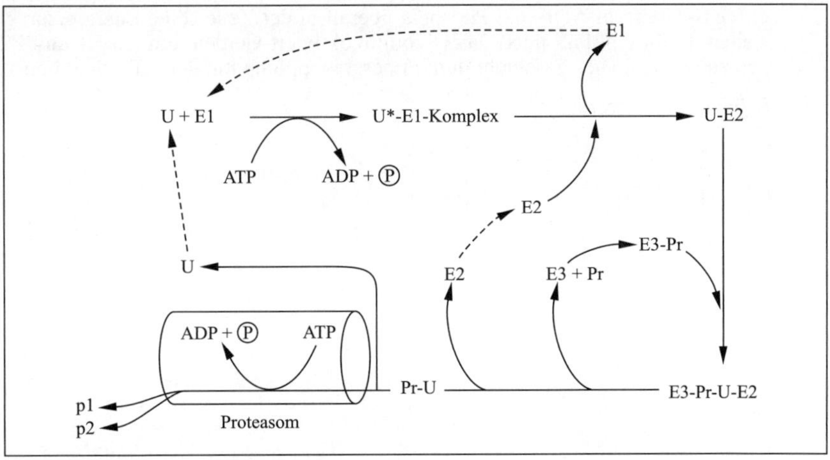

U = Ubiquitin; U* = Ubiquitin aktiviert; Pr = Protein; p1, p2 = Abbauprodukte der Proteine *(kurze Peptide)*; E1, E2, E3 = Enzyme

b) Funktionsschema, z. B.:

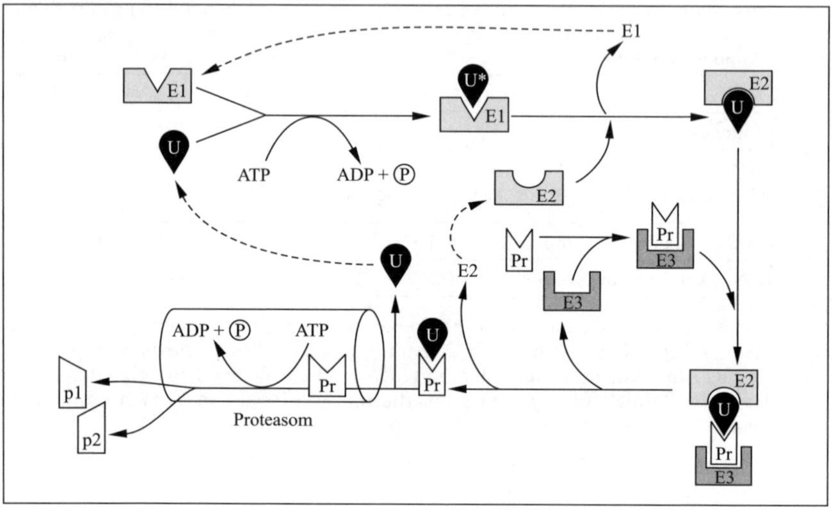

U = Ubiquitin; U* = Ubiquitin aktiviert; Pr = Protein; p1, p2 = Abbauprodukte der Proteine *(kurze Peptide)*; E1, E2, E3 = Enzyme

3.2 **Energetische Kopplung:** Stoffwechselreaktionen, die Energie benötigen (endergonische Reaktionen) werden über Enzymkomplexe mit Energie liefernden Reaktionen (exergonische Reaktionen) gekoppelt. Durch diese Energieübertragung kann die endergonische Reaktion ablaufen. Als transportabler chemischer Energiespeicher kann ATP durch Spaltung in ADP und Phosphat überall in der Zelle seine Energie zur Verfügung stellen. In diesem Fall muss das Ubiquitin aktiviert werden, um auf E1 und E2 übertragen zu werden. Dies geschieht durch Energiekopplung mit der ATP-Spaltungsreaktion.

Schema: (nicht verlangt)

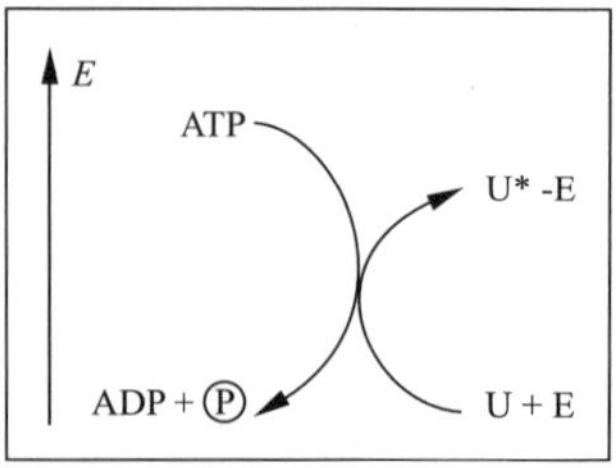

Materialien:

Zitteraale besitzen besondere elektrische Organe, mit denen sie Spannungen bis zu 1 000 V erzeugen können. Elektrische Grundelemente sind die Elektrozyten, das sind umgewandelte Muskelzellen, die als abgeplattete, längliche Zellen hintereinander liegen. Abbildung 1 zeigt schematisch die Lage der Elektrozyten im Körper eines Zitteraals. Im Ausschnitt ist die Anordnung der Elektrozyten dargestellt. Auffallend ist ihre unsymmetrische Form: Eine Seite der Zelle ist nahezu glatt und besitzt viele Synapsen; die Gegenseite zeigt viele Membranauffaltungen.

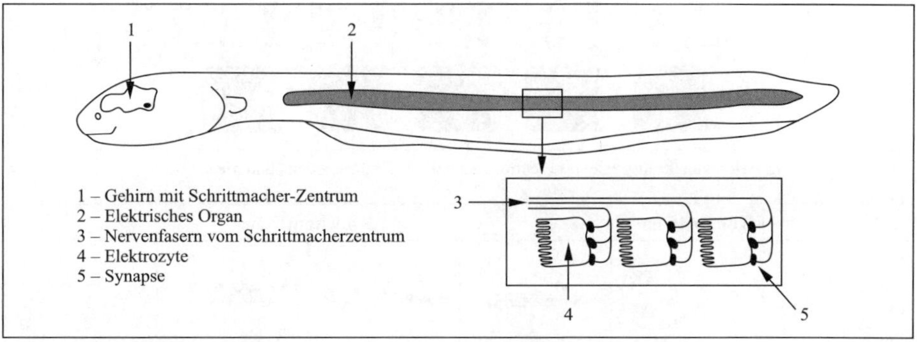

Abb. 1: Lage des elektrischen Organs und Anordnung de Elektrozyten (stark vereinfacht)

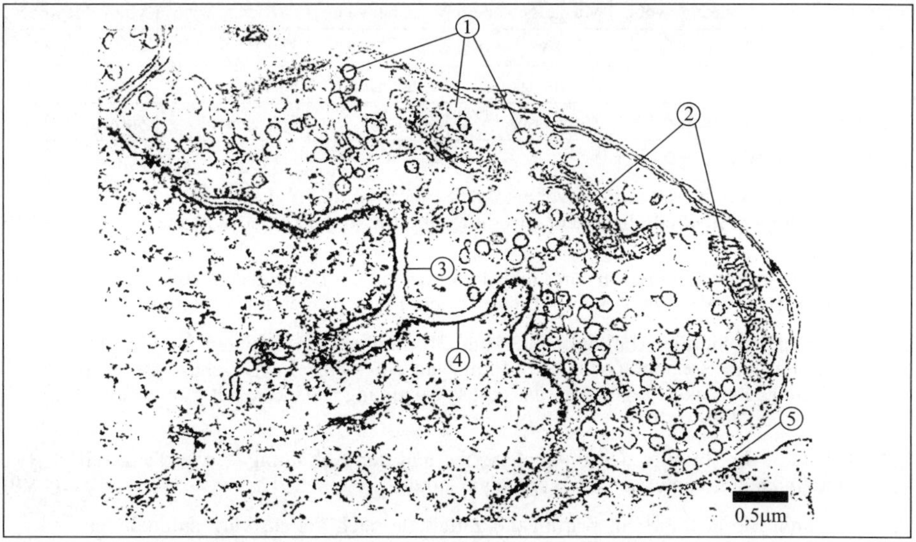

Abb. 2: Elektronenmikroskopische Aufnahme einer Synapse im elektrischen Organ

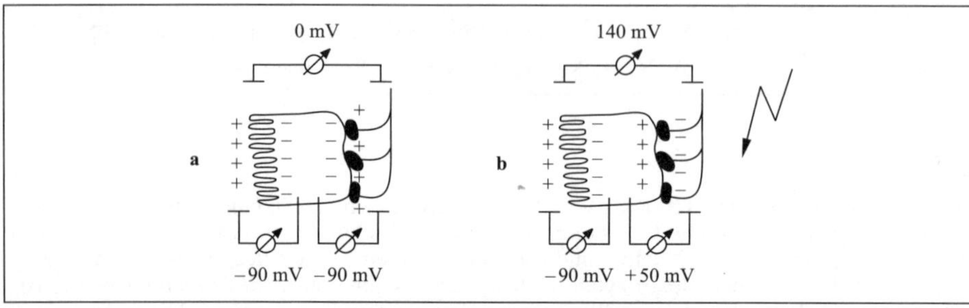

Abb. 3: a – Elektrozyte im unerregten Zustand; b – Elektrozyte nach Erregung

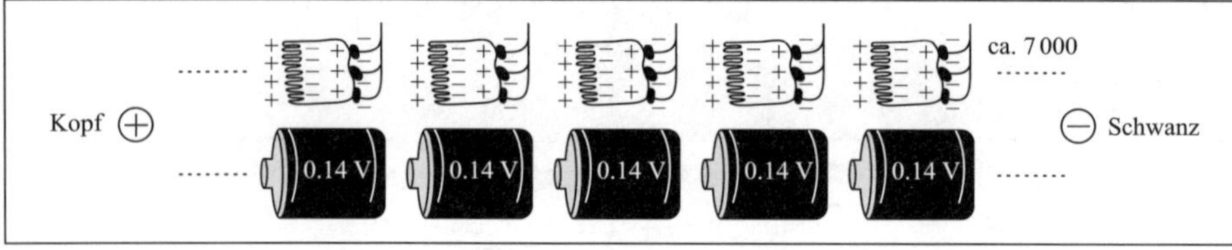

Abb. 4: Anordnung vieler, gleichzeitig erregter Elektrozyten und Erklärungsmodell (Batterien)

	Knorpelfische	**Knochenfische**			
Lage der elektrischen Organe (dunkel markiert)	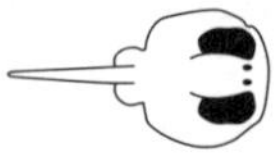 Zitterrochen	 Zitteraal	 Messerfisch	 Zitterwels	 Nilhecht
Gewebe	Muskelgewebe	Muskelgewebe	Nervengewebe	Drüsengewebe	Muskelgewebe
Spannung	200 V	1 000 V	wenige Volt	350 V	wenige Volt
Verbreitung	trop. Meere	Südamerika	Südamerika	Afrika	Afrika
Vorkommen	Salzwasser	Süßwasser	Süßwasser	Süßwasser	Süßwasser

Tab. 1: Fische mit elektrischen Organen

1 Benennen Sie die mit Ziffern versehenen Strukturen in Abbildung 2. Beschreiben Sie die Schritte der Erregungsübertragung an einer Synapse. (4 VP)

Durch das Schrittmacherzentrum im Gehirn werden die zu den Elektrozyten führenden Nervenfasern aktiviert. Abbildung 3 zeigt Elektrozyten im unerregten und erregten Zustand.

2.1 Vergleichen Sie die Abbildungen 3a und 3b miteinander. Erklären Sie die Entstehung einer Spannung von ca. 140 mV an einer einzelnen Elektrozyte nach Erregung. Berücksichtigen Sie, dass diese Spannung stets kurzzeitig und immer in gleicher Höhe auftritt.

2.2 Erläutern Sie mithilfe des Eingangstextes und der Abbildung 4, wie der Fisch eine Spannung von ca. 1 000 V erzeugen kann. (4 VP)

2.3 Erklären Sie ausführlich, warum die Zitteraale nach vielen, kurz aufeinanderfolgenden Entladungen gefahrlos mit der Hand berührt werden können. (2 VP)

Um einen kurzen Elektroschock zu erzeugen, müssen die Elektrozyten alle gleichzeitig erregt werden, das heißt, die Erregung muss trotz unterschiedlicher Weglängen an allen Elektrozyten gleichzeitig ankommen. Da die Erregung von einem Schrittmacherzentrum im Gehirn ausgelöst wird, ist der Weg zum hinteren Abschnitt des Fischkörpers im Extremfall zwei Meter länger als zu Elektrozyten nahe am Kopf.

3 Erläutern Sie zwei Möglichkeiten, wie die zuführenden Nervenfasern anatomisch differenziert sein könnten, damit die Erregung gleichzeitig an der vordersten und an der hintersten Elektrozyte ankommt. (4 VP)

Evolutionsforscher beschäftigen sich mit folgendem Problem: Sind elektrische Organe bei Fischen mehrfach unabhängig voneinander entstanden oder haben sie einen gemeinsamen Ursprung?

4 Treffen Sie anhand der Angaben in Tabelle 1 eine begründete Entscheidung für eine der beiden Hypothesen. (3 VP)

Zitteraale leben in schlammigen, sauerstoffarmen Tümpeln und müssen etwa alle 15 Minuten an der Wasseroberfläche „Luft schnappen". Anatomische Untersuchungen ergaben folgende Besonderheiten: Sie besitzen spezielle Blutgefäße in der Mundhöhle (Mundhöhlenatmung) und ihre Kiemen sind verkümmert.

5 Erläutern Sie die Entstehung dieser Besonderheiten im Sinne der synthetischen Evolutionstheorie. (3 VP)

(20 VP)

Lösungen

1 Beschriftung:
1 = synaptische Vesikel, 2 = Mitochondrien, 3 = präsynaptische Membran, 4 = postsynaptische Membran, 5 = synaptischer Spalt

Ablauf der Erregungsübertragung: (am Beispiel einer neuromuskulären Synapse)

1 Ein einlaufendes AP depolarisiert die Membran im Bereich des Endknöpfchens.
2 Dadurch werden *(spannungsgesteuerte)* Ca^{2+}-Kanäle geöffnet, die Folge ist ein Ca^{2+}-Einstrom.
3 Als Folge wandern synaptische Vesikel zur präsynaptischen Membran und entleeren den Transmitter Acetylcholin in den synaptischen Spalt.
4 Diffusion der Transmittermoleküle zur postsynaptischen *(subsynaptischen)* Membran.
5 Dort binden sie an Rezeptoren, die mit Na^+-Ionenkanälen gekoppelt sind. Bei Besetzung öffnen sich die Na^+-Kanäle, es erfolgt ein Na^+-Einstrom. Dieser verursacht die Depolarisierung der postsynaptischen Membran. Es entsteht ein Endplattenpotenzial (EPP) oder erregendes postsynaptisches Potenzial (EPSP). Bei Erreichen eines Schwellenwerts kommt es zu einem Muskel-AP und der dadurch vermittelten Zuckung (Kontraktion).
6 Der Transmitter wird sehr schnell durch das Enzym (Acetyl)cholinesterase in unwirksame Bruchstücke zerlegt. Daraufhin schließen die Na^+-Kanäle wieder.
7 Die Bruchstücke werden von der präsynaptischen Membran wieder aufgenommen, unter ATP-Aufwand zu Acetylcholin resynthetisiert und wieder in Vesikeln gespeichert.

2.1 *Bei dieser Frage ist es wichtig, dass Sie folgende Probleme erkennen:*
1. Was wird gemessen?
*Gemessen werden Membranspannungen („Membranpotenziale“). Spannung ist die Folge von Potenzial**differenzen** d. h. von Ladungsunterschieden entweder zwischen Außen- und Innenseite einer Membran oder zwischen glatter und gefalteter Außenseite der Elektrozyte.*
2. Wie wird gemessen?
*Beachten Sie die verschiedenen Messmethoden. Die Membranspannungen auf der glatten bzw. der gefalteten Seite werden jeweils **intra**zellulär (innen gegen außen) gemessen („abgeleitet“). Die Spannung zwischen glatter und gefalteter Außenseite der Elektrozyten wird **extra**zellulär gemessen.*

Vergleich der Elektrozyten:

Abb. 3a: Unerregte Zelle
Sowohl auf der glatten Seite mit den Synapsen als auch auf der gegenüberliegenden Seite mit Mikrovilli herrscht Ruhepotenzial (–90 mV innen gegenüber außen). Da beide Seiten keinen Potenzialunterschied zeigen, beträgt die *(extrazellulär)* gemessene Spannung 0 mV.

Abb. 3b: Erregte Zelle
Durch die synaptische Erregung wird die glatte Seite von –90 mV nach +50 mV umgepolt *(intrazellulär gemessen)*.
Auf der glatten Seite herrscht also **negativer Ladungsüberschuss außen**.
Die gefaltete Zellseite bleibt aber unerregt, (RP = –90 mV) d. h. **positiver Ladungsüberschuss außen**. Zwischen der glatten Seite und der Gegenseite entsteht also kurzzeitig eine Spannung von 140 mV = 0,14 V (Potenzial-Differenz zwischen –90 mV und +50 mV). Dies entspricht einer winzigen „Batterie“ mit Pluspol (Kopfseite) und Minuspol (Schwanzseite).

Aus der Tatsache, dass diese Umpolung sehr kurz und immer mit gleicher Amplitude erfolgt (siehe Text) lässt sich folgern, dass auf der glatten Seite ein Aktionspotenzial (mit konstanter Amplitude) ausgelöst wurde.

2.2 Die Elektrozyten liegen wie Batterien in einem elektrischen Gerät in Reihenschaltung hintereinander. Die Spannungen addieren sich: $7\,000 \cdot 0{,}14\ V \sim 1\,000\ V$ zwischen Kopf und Schwanzspitze.
Dies gilt aber nur, wenn die Erregungen völlig synchron erfolgen, d. h. die Umpolungen müssen alle gleichzeitig stattfinden (siehe Aufgabe 3).

2.3 *Hier sind mehrere logische Erklärungen möglich:*

ATP-Mangel als Ursache: Jeder Elektroschock entspricht einer massenhaften Auslösung von Aktionspotenzialen. Das Aufladen entspricht der Depolarisierungsphase eines APs mit dem Na^+-Ionenstrom nach innen und jede Entladung entspricht der Repolarisierungsphase mit dem entsprechenden K^+-Ionenstrom nach außen. Um die Konzentrationsunterschiede dieser Ionen zwischen Innen- und Außenseite aufrecht zu erhalten, müssen unter Energieaufwand ständig die Na^+-K^+-Pumpen laufen. Der aktive Transport von Na^+-Ionen nach außen und von K^+-Ionen nach innen benötigt viel ATP in kurzer Zeit. Bei ATP-Mangel kann daher die Entladespannung nicht mehr (oder nur schwach) aufgebaut werden, sodass der nun harmlose Fisch angefasst werden kann.

Die starke Faltung der Gegenseite ist notwendig, um bei der Entladung den schnellen K^+-Ausstrom zu ermöglichen!

Andere Erklärung: Transmitter-Mangel als Ursache: Im Elektroorgan sind extrem viele Synapsen, die bei Erregung Transmitter entleeren. Wenn der Rücktransport, bzw. die Resynthese und Speicherung der Transmittermoleküle nicht schnell genug erfolgt, kommt es ebenfalls zu Erschöpfungserscheinungen.

3 Einfachste Möglichkeit:
Die Nervenfasern sind alle gleich lang und gleich dick , d. h. sie besitzen alle die gleiche Leitungsgeschwindigkeit, sodass alle Elektrozyten gleichzeitig erregt werden. Die „Verkabelung" der vorderen Elektrozyten müsste dann platzsparender verpackt sein (z. B. spiralig aufgewunden).

Zweite Möglichkeit: Variation der **Axonquerschnitte**
Je größer der Axonquerschnitt, desto größer ist die Geschwindigkeit der Erregungsleitung. Je weiter hinten die Elektrozyte liegt, desto dicker müsste die zuführende Nervenfaser sein.

Nicht verlangte Begründung:
Je größer der Axonquerschnitt, desto geringer ist der elektrische Widerstand der Ionenströmchen, die durch ein AP ausgelöst werden. Diese Ausgleichströmchen bewirken, dass benachbarte Membranbereiche ebenfalls überschwellig depolarisiert werden und ein AP erneut ausgelöst wird. Je geringer nun der elektrische Widerstand dieser Ionenströme ist, desto größer ist die Reichweite für die Auslösung eines erneuten APs auf der Axonmembran.

Dritte Möglichkeit: **Myelinisierung**
Durch elektrische Isolierung des Axons wird die Reichweite einer erneuten Auslösung eines APs vergrößert, da nur noch an den nicht isolierten „Schnürringen" ein AP ablaufen kann. Durch Variation der Länge der Myelinscheiden, bzw. durch Variation der Länge der nicht myelinisierten Abschnitte auf dem Axon lässt sich die Erregungslei-

tungs-Geschwindigkeit verändern. Z. B. Je weiter vorn die Elektrozyte liegt, desto mehr Teilabschnitte müssten zur Verlangsamung entmyelinisiert sein.

Vierte Möglichkeit: **Synapsenzeit**
Es vergehen etwa 0,5 bis 1 ms zwischen Eintreffen eines APs im Endknöpfchen und dem Entstehen des APs in der Membran der postsynaptischen Zelle.

Die zeitverbrauchenden Prozesse sind: Einstrom von Ca^{2+} in die Endknöpfchen, Freisetzung des Transmitters (Exozytose), Diffusion des Transmitters zur postsynaptischen Membran und Bindung an den Rezeptor, Entstehung des postsynaptischen APs.

Durch anatomische und chemische Veränderungen (z. B. Breite des synaptischen Spalts) lässt sich die Verzögerung der Erregungsübertragung variieren. Somit müssten Synapsen in Schwanznähe kürzere Synapsenzeiten besitzen.

4 *Die Frage, die Sie letztlich beantworten sollen lautet: Sind diese Elektroorgane **homologe Organe** oder sind sie eher das Ergebnis einer **konvergenten Entwicklung**, also **analoge Organe**? Entscheidungshilfen für Homologie sind die drei **Homologiekriterien.** Da diese Frage auch wissenschaftlich nicht eindeutig geklärt ist, werden beide Hypothesen akzeptiert, wenn Sie einleuchtende Argumente in der Tabelle finden.*

Mögliche Argumente für die Annahme, dass sich die Elektroorgane mehrfach unabhängig voneinander entwickelt haben:
- Die Lage der Organe ist nicht vergleichbar (vom Kopf beim Rochen bis zur Schwanzspitze beim Messerfisch).
- Die Gewebe, aus denen sich die Elektroorgane entwickeln sind nicht identisch (Drüsengewebe, Nervengewebe, Muskelgewebe).
- Die elektrischen Fische stammen aus ganz verschiedenen, nicht eng verwandten Fischgruppen bzw. aus verschiedenen Erdteilen.

Mögliches Argument für einen gemeinsamen Ursprung:
- Das Grundprinzip der „Biobatterie“ ist immer das gleiche: Synapsen, die synchron viele Elektrozyten in Reihenschaltung erregen *(Kriterium der spezifischen Qualität?).*

Die unterschiedliche Spannung ist kein Argument: Dies ist z. B. eine Anpassung an das Salzwasser (geringere Spannung, da sonst bei guter Leitfähigkeit des Salzwassers die Stromstärke zu groß würde), oder eine Anpassung an die Elektroortung. Die wenigen Volt dienen nicht als Waffe, sondern zur Orientierung und Kommunikation.

5 *Die synthetische Evolutionstheorie erklärt Anpassungen und Artbildung im Wesentlichen mit folgenden Evolutionsfaktoren:*
- *Mutation/Rekombination*
- *Selektion*
- *Isolation*
- *Gendrift*

*Mit diesen Vorgaben sollen Sie die schrittweise die **Entstehung der Mundhöhlenatmung** und die gleichzeitige **Verkümmerung der Kiemenatmung** als Anpassung an das Leben in sauerstoffarmen Gewässern erklären.*

Die Vorfahren der Zitteraale lebten in sauerstoffreichen Flüssen und hatten normale Kiemen. Durch Umweltänderung (Erwärmung) sowie zufällige geografische Isolation (Abtrennung eines Flussarms und Eintrocknung bis auf Restwassersenken) oder auch durch die Verdrängung aufgrund konkurrierender Arten könnte eine Anpassung an das Leben in sauerstoffarmen Tümpeln in vielen Generationen erfolgt sein.

In der Population der Vorfahren der Zitteraale sorgten **Mutation und Rekombination** für eine große genetische Vielfalt, die auch zu einer natürlichen Bandbreite des Merkmals „Durchblutung der Mundhöhle" bzw. „Kiemendurchblutung" führte. Mutationen produzieren ständig **neue Gene/Allele**, die durch sexuelle Fortpflanzung (Meiose und Befruchtung) rekombiniert werden. So entstehen in der Population immer neue Genkombinationen, die ihren Trägern mehr oder weniger gute Anpassung an ihre Umwelt erlauben. Also wird es zufällig auch Mutanten mit dichterem Adernetz im Mundraum gegeben haben. Ebenso gilt dies für die Qualität der Kiemendurchblutung. Während die mutierten Gene vor der Umweltänderung für ihre „Träger" eher nachteilig waren, sind sie jetzt **Präadaptationen**, die einen großen **Selektionswert** besitzen. Durch die Selektion wird jede Genkombination auf ihre „Fitness" geprüft. Tiere, die zusätzlich zur Kiemenatmung auch die Hautatmung durch „Luftschnappen" nutzen konnten überlebten besser und besaßen einen größeren Fortpflanzungserfolg. Daraufhin nahm der Anteil dieser Allele im **Genpool** dieser **Population** in jeder Generation zu und wurde durch **Rekombination** mit anderen mutierten Allelen, z. B. für schlechtere Kiemendurchblutung kombiniert. Bedingt durch das nur zweikammrige Herz der Fische muss der Blutdruck für zwei(!) Kapillarsysteme (Kiemen- **und** Körperkapillaren) reichen. Ein drittes Kapillarsystem im Mundboden würde zu einem totalen Blutdruckabfall im hinteren Körperbereich führen. Ein Nachkomme mit großem Adernetz im Mundboden **und** verkümmerten Adern im Kiemenbereich wäre die beste Anpassung an das Leben in O_2-armen Tümpeln. Dies bewirkte durch **transformierende/dynamische Selektion**, dass sich in vielen Generationen diese neue Atmungstechnik durchsetzte.

Aufgabe III: Molekulargenetik, Genregulation, Enzyme

Die Bundeszentrale für gesundheitliche Aufklärung informiert:

Rauchen kann Krebs verursachen und vorzeitig zum Tod führen!

In Deutschland sterben jährlich 110 000 bis 140 000 Menschen an den Folgen ihres Tabakkonsums. Im Tabakrauch sind rund 40 krebserregende Substanzen enthalten, unter anderem Nitrosamine, die nachweislich die DNA verändern.

1 Beschreiben sie den Aufbau der DNA und fertigen Sie mithilfe geeigneter Symbole eine Schemazeichnung eines DNA-Abschnitts an (Größe ca. ½ Seite). (3 VP)

Die mutagene Wirkung der Nitrosamine beruht unter anderem auf der Veränderung von Guanin. In Abbildung 1 ist ein Ausschnitt dargestellt, der die Veränderungen der DNA nach Einwirkung von Nitrosaminen und nach der ersten Replikation zeigt.

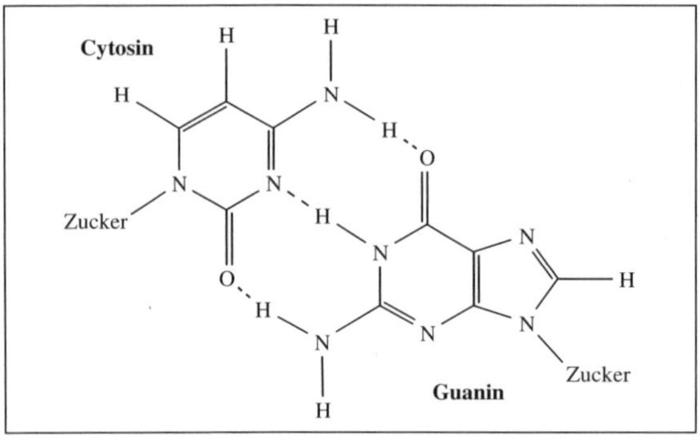

A: vor Einwirkung von Nitrosaminen

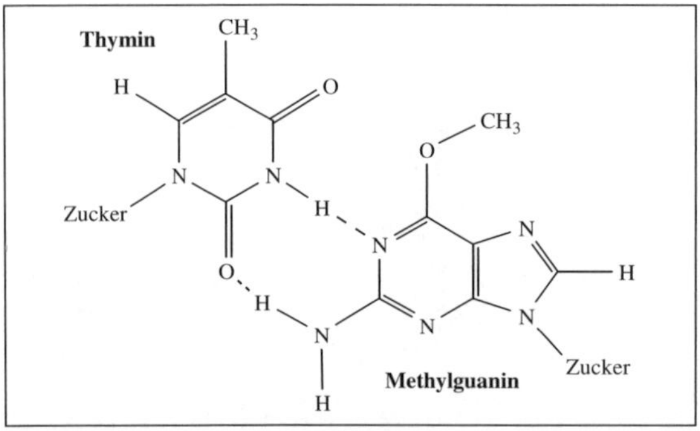

B: nach Einwirkung von Nitrosaminen und nach erster Replikation

Abb. 1

2 Erläutern Sie die mutagene Wirkung der Nitrosamine mithilfe der Abbildungen 1A und 1 B. (2 VP)

Durch das Rauchen ausgelöste Mutationen können dazu führen, dass Zellen sich unkontrolliert teilen, also zu Krebszellen werden.
Die Abbildung 2 zeigt Stoffwechselvorgänge, die zum Zellwachstum und anschließend zu kontrollierter oder zu unkontrollierter Zellteilung führen.

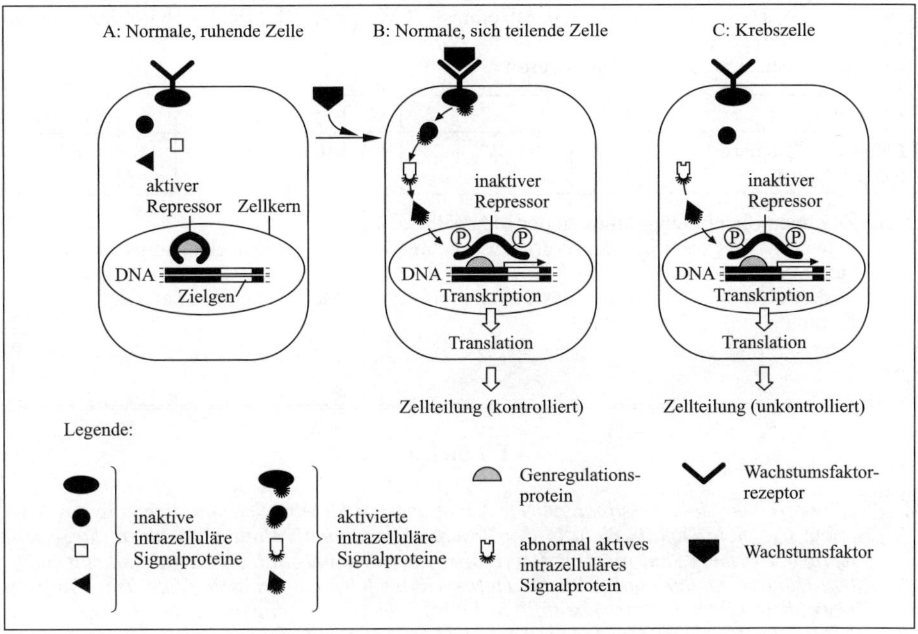

3 Beschreiben und erklären Sie anhand der Abbildungen 2 A und 2 B die Regulation der Genexpression in normalen Zellen, die schließlich zu kontrollierter Zellteilung führt.
Beschreiben Sie die in Abbildung 2 C dargestellten Prozesse und erklären Sie, wie es hier zu unkontrollierter Zellteilung kommen kann. (5 VP)

Bei allen Eukaryoten läuft die Zellteilung in gleicher Weise ab. Zuerst teilt sich der Zellkern (Mitose), dann das Zellplasma.

4 Schildern Sie den Ablauf der Mitose und erläutern Sie deren biologische Bedeutung. (3 VP)

Eukaryotische, chromosomale DNA-Moleküle haben an ihren Enden besondere Nukleotid-Sequenzen, die man Telomere nennt. Telomere bestehen aus kurzen, sich wiederholenden Nukleotid-Sequenzen, die keine Information enthalten. Die Zahl der Wiederholungen schwankt zwischen 100 und 1 000.
Bei jeder Zellteilung kommt es zu einer Verkürzung der Chromosomen beginnend an den Telomeren. Sobald nach vielen Zellteilungen die Telomere aufgebraucht sind, geht bei jeder nachfolgenden Zellteilung wesentliche Erbinformation verloren. Diesem Verlust wirkt das

Enzym Telomerase entgegen, indem es die Telomere verlängert. Dieses Enzym kommt in Krebszellen und in besonders teilungsaktiven Zellen, wie zum Beispiel Stammzellen, vor.

5.1 Welche biologische Bedeutung hat das Vorkommen der Telomerase in den oben genannten Zellen? (2 VP)

Zahlreiche Forscher sind auf der Suche nach Hemmstoffen für die Telomerase.
In einem Reagenzglasversuch wird die Aktivität des Enzyms Telomerase experimentell untersucht. Nach 6 Minuten wird der Hemmstoff X, nach 10 Minuten wird Substrat im Überschuss zugegeben.
Hierbei ergeben sich folgende Messwerte:

Zeit (min)	0	1	2	3	4	5	6	7	8	10	12
Länge der Telomere (rel. Einheiten)	0	0,9	1,7	2,7	3,5	4,2	4,7	4,8	4,8	4,8	4,8

5.2 Zeichnen Sie ein Diagramm zu der Messreihe.
Erläutern Sie mithilfe des Versuchsergebnisses den Wirkmechanismus des Hemmstoffs.
Diskutieren sie den Einsatz des Hemmstoffs X als Medikament in der Krebstherapie. (5 VP)
(20 VP)

Lösungen

1 *„Beschreiben Sie den Aufbau der DNA und fertigen Sie eine Schemazeichnung ...“ lässt offen, wie viele Details nicht in der Beschreibung, sondern nur im Schema dargestellt werden. Formeln sind nicht verlangt, aber auch Symbole sollten Sie durchdacht wählen. Häufige Fehler sind z. B.: für Desoxyribose wird ein Sechsring und kein Fünfring gewählt (einfach „Z“ ist ebenfalls erlaubt), die Basen hängen an den Phosphatsymbolen oder H-Brücken werden mit Strichen (= Atombindung!) und nicht mit punktierter Linie gezeichnet, die Polarität der DNA sollte ein Phosphatsymbol am Kettenbeginn und ein Zuckersymbol am Kettenende kennzeichnen. Chemische Details wie „Purinbasen/Pyrimidinbasen, Polynukleotidstränge, Phosphodiesterbindungen“ sind nicht verlangt.*

Beschreibung des DNA-Baus: Das DNA-Molekül besteht aus zwei komplementären, antiparallelen Nukleinsäure-Einzelsträngen, die zu einer Doppelhelix verdreht sind („verdrehte Strickleiter“). Die Bausteine der Einzelstränge sind die Nukleotide. Jedes Nukleotid besteht aus einem Zuckermolekül (= Desoxyribose), einem Phosphorsäuremolekül und einer von vier organischen Basen (A, T, G oder C). Die Einzelstränge werden über Wasserstoffbrücken zwischen den komplementären Basenpaaren (A–T und G–C) zusammengehalten. (Zucker und Phosphorsäure bilden die „Holme der Strickleiter“, während die Basen sich über H-Brücken komplementär paaren und so die „Sprossen der Strickleiter“ bilden.)

Schematischer Ausschnitt aus dem DNA-Molekül:

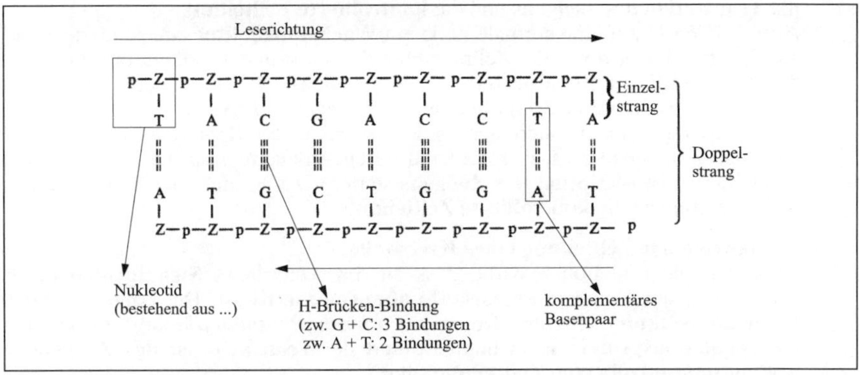

2 Die Einwirkung von Nitrosaminen bewirkt, dass an der Base Guanin eine CH_3-Gruppe (Methylgruppe) angehängt wird *(Methylierung des Carbonylsauerstoffs)*. Dadurch wird eine der drei Wasserstoffbrücken, die G und C zu einem komplementären Basenpaar verbindet, zerstört. Das Methylguanin verhält sich nun bei der Basenpaarung wie Adenin.
Da bei der Replikation der Doppelstrang getrennt wird, lagert sich an den „mutierten" Einzelstrang mit Methylguanin nicht Cytosin, sondern ein Thymin-Nukleotid an (*zwei Wasserstoffbrücken*). In der replizierten DNA kommt es also zu einem Basentausch und somit zu einer Punktmutation (Basenaustauschmutation).

Schema: (nicht verlangt)

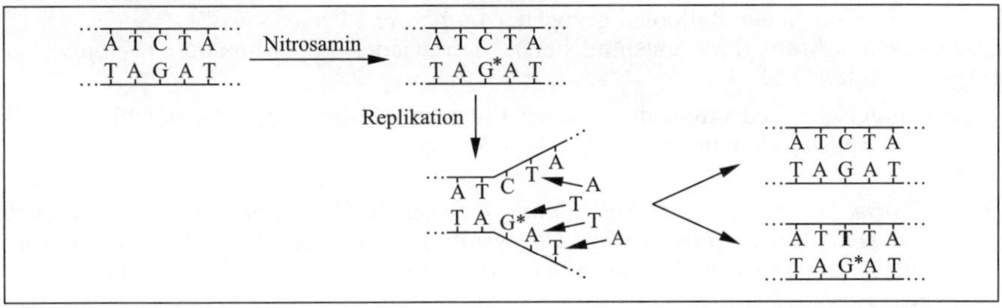

3 *Diese Frage sieht zunächst sehr schwierig und komplex aus, ist aber sehr leicht zu beantworten, wenn man Schritt für Schritt mit möglichst vielen Originalzitaten die drei Abbildungen „abarbeitet". Um zu verdeutlichen, wie viele Begriffe und Formulierungen den Abbildungen und der Legende entnommen sind, wurden alle Zitate fett gedruckt.*

Um eine Zellteilung zu starten, müssen bestimmte Gene „angeschaltet" werden, d. h. die **Transkription** eines **Zielgens** muss von einem **Genregulationsprotein** aktiviert werden.

Beschreibung und Erklärung der Steuerung einer normalen Zellteilung:
Abb. 2 A: In einer **normalen ruhenden Zelle** (ohne Einwirkung eines Wachstumsfaktors) sind alle **intrazellulären Signalproteine** inaktiv. Nur das Repressormolekül ist aktiv und ist fest an das **Genregulationsprotein** gebunden. Dadurch ist das Genregu-

lationsprotein gehemmt und kann die Transkription nicht aktivieren. Somit unterbleiben die **Translation des Zielgens** und die **kontrollierte Zellteilung**.
Abb. 2B: Wirkt auf eine normale Zelle ein **Wachstumsfaktor** ein, so bindet er an einen spezifischen **Rezeptor** in der Zellmembran. Dies löst in der Zelle mithilfe von **aktivierten intrazellulären Signalproteinen** eine Signalkaskade aus, an deren Ende ein Signalstoff in den **Zellkern** eindringt und den **Repressor inaktiviert**. Durch Anlagerung von zwei Phosphatgruppen ändert sich die Raumstruktur des Repressors und gibt das aktive **Genregulationsprotein** frei. Jetzt kann durch Anlagerung an die DNA im Promotorbereich die **Transkription des Zielgens** starten. Das Produkt der **Translation** ermöglicht nachfolgend die **kontrollierte Zellteilung**.

Unkontrollierte Zellteilung einer Krebszelle:
Abb. 2C: Die Mutation bewirkt, dass ein **intrazelluläres Signalprotein** auch ohne Aktivierung durch andere Signalstoffe **abnormal aktiv** ist. Die Folge ist: Auch ohne **Wachstumsfaktor** wird der **Repressor** (*durch Phosphorylierung*) **inaktiviert**. Das **Genregulationsprotein** kann unkontrolliert die **Transkription des Zielgens** starten, was zur **unkontrollierten Zellteilung** führt.

4 *Da die genauen Vorgänge bei der Mitose wohl nur noch als Wiederholung und Anknüpfung aus Klasse 9–11 bekannt sind, wird nur der prinzipielle Ablauf und das Ergebnis (im Vergleich zur Meiose) vorausgesetzt. Die Zuordnung zu den Namen der Mitosephasen wird nicht verlangt.*

Prinzipieller Ablauf der Mitose (nur auf die DNA bezogen):
- Die bereits replizierten DNA-Fäden (= Chromatin) werden zur Transportform aufspiralisiert, es entstehen Zweichromatid-Chromosomen. *(Prophase: „Einpacken")*
- Die Zweichromatid-Chromosomen ordnen sich in der Äquatorebene an. Spindelfasern nehmen Kontakt mit den Zentromeren auf. *(Metaphase: "Sortieren")*
- Die Zweichromatid-Chromosomen teilen sich der Länge nach. Die Chromatiden werden zu den Zellpolen gezogen. *(Anaphase: "Verschicken")*
- Die Chromatiden entspiralisieren sich wieder *zu Chromatin. (Telophase: "Auspacken")*

Biologische Bedeutung der Mitose: Entstehung erbgleicher Tochterzellen für Wachstum, Regeneration und vegetative Vermehrung.

5.1 *„Normale" spezialisierte Zellen ohne Telomerase können also nur eine begrenzte Zahl von Zellteilungen durchlaufen. Unspezialisierte Stammzellen sollen jedoch ein Leben lang teilungsaktiv bleiben und ständig für Erneuerung von Zellen sorgen.*

Die Telomerase verhindert, dass die Telomere bei jeder Zellteilung kürzer werden, sodass an den Chromosomenenden keine wesentliche Erbinformation verloren geht. Stammzellen können sich weiter teilen und gehen nicht durch Erbgut-Schädigung zugrunde. Das Gleiche gilt jedoch auch für Krebszellen, deren Teilungsaktivität endlos weitergehen kann.

5.2

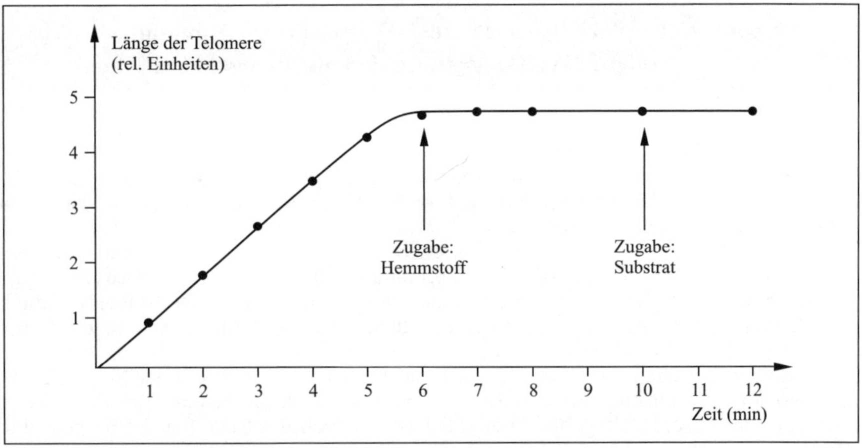

Wirkmechanismus des Hemmstoffs: Ohne Hemmstoff arbeitet die Telomerase mit einer bestimmten Reaktionsgeschwindigkeit, d. h. die Telomere werden pro Zeiteinheit um einen bestimmten Betrag verlängert. Die Hemmstoffzugabe bewirkt, dass keine Verlängerung der Telomere mehr erfolgt. Das Enzym Telomerase ist gehemmt und zeigt keine Enzymaktivität mehr. Da auch eine Substratzugabe im Überschuss die Hemmung nicht aufhebt, kann es sich nicht um eine kompetitive Hemmung handeln. Es könnte sich um eine irreversible Hemmung des Enzyms Telomerase handeln (z. B. durch Schwermetall-Ionen, die die Tertiärstruktur und damit das aktive Zentrum irreversibel verändern) oder um eine allosterische Hemmung. Bei der allosterische Hemmung bindet ein Inhibitor an ein allosterisches Zentrum der Telomerase und verändert reversibel die Tertiärstruktur des Enzyms. Diese Hemmung ist ebenfalls nicht durch Erhöhung der Substratkonzentration aufzuheben.

Eignung als Medikament in der Krebstherapie:
Da sich Krebszellen schnell und häufig teilen, wäre der Hemmstoff ein gutes Medikament, weil die Krebszellen bereits nach wenigen Teilungen durch Verlust von wesentlichem Erbgut absterben würden. Da jedoch auch Stammzellen und andere teilungsaktive Zellen absterben würden, wären schwere Nebenwirkungen zu erwarten (Blutbildung, Immunsystem, Haarwuchs, …).

Profil-/Neigungsfach Biologie (Baden-Württemberg): Abituraufgaben 2007
Aufgabe IV: Zytologie, Gentechnik, Immunbiologie

Nobelpreis für Medizin 2005:
Ausgezeichnet wurden die Australier Barry Marshall und Robin Warren für die Entdeckung des Bakteriums *Helicobacter pylori* und seiner Rolle bei der Entstehung einer Gastritis (Magenschleimhautentzündung).
Anfang der 80er Jahre stieß Robin Warren bei seinen Untersuchungen auf eine mögliche Erklärung für die Entstehung von Magenschleimhautentzündungen. In etwa der Hälfte aller Gewebeproben der Magenschleimhaut entdeckte er kleine, gekrümmte Bakterien, die besonders den unteren Bereich des Magens besiedelten. Dort, wo die Bakterien anzutreffen waren, gab es auch Anzeichen einer Entzündung.
Diese Bakterien besitzen in ihrer Membran das Enzym Urease, das in der Magenschleimhaut aus Harnstoff Kohlenstoffdioxid und basischen Ammoniak produziert. Auf diese Weise wird die Säure der näheren Umgebung neutralisiert, wodurch die Bakterien im Magen überleben können.
Abbildung 1 zeigt das Schema einer Belegzelle, welche im Magen für die Produktion der Salzsäure zuständig ist. In Abbildung 2 sind die Transport- und Stoffwechselvorgänge dieser Belegzelle dargestellt, welche zur Abgabe der Salzsäure ins Mageninnere führen.

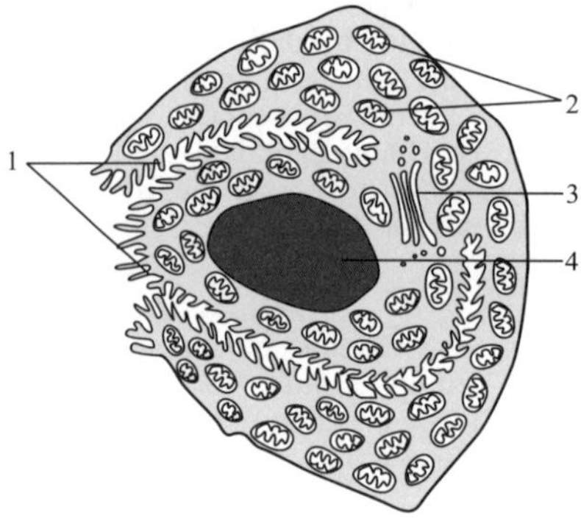

Abb. 1

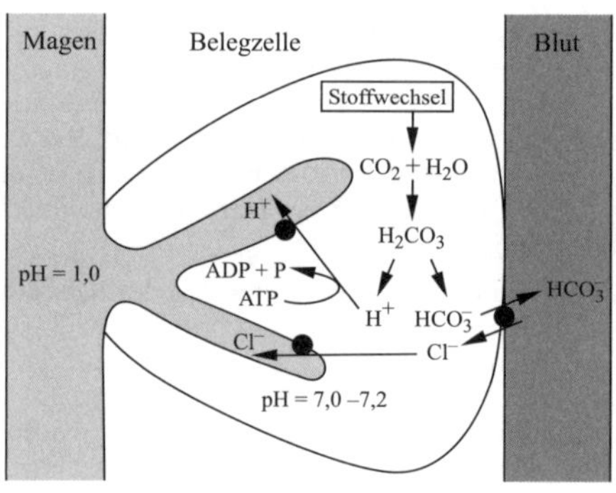

Abb. 2

1.1 Welche Bedeutung hat die im Magen gebildete Salzsäure für den menschlichen Organismus (zwei Angaben)?

1.2 Benennen Sie die Strukturen 1 bis 4 in Abbildung 1. Erläutern Sie die Bedeutung der Strukturen 1 und 2 für die Funktion dieser Belegzelle. (4 VP)

2.1 Beschreiben Sie die in Abbildung 2 dargestellten Vorgänge, die zur Bildung der Säure im Magen führen.

2.2 Formulieren sie die Reaktionsgleichung (Wortgleichung) zu dem Stoffwechselprozess, bei dem Kohlenstoffdioxid und Wasser entstehen, und benennen Sie diesen. (3 VP)

Zur Diagnose einer *Helicobacter pylori* Infektion kann man dem Patienten endoskopisch ein kleines Gewebsstück aus seinem Magen entnehmen und mit diesem einen Test auf Urease-aktivität durchführen.

3 Wie kann durch einen solchen Test festgestellt werden, ob das Gewebe infiziert ist? Beschreiben und erläutern Sie ein experimentelles Vorgehen. (4 VP)

Weitergehende Untersuchungen von Gewebeproben zeigten, dass es drei unterschiedliche Helicobacterstämme gibt. Diese lassen sich mikroskopisch nicht unterscheiden.

4 Beschreiben Sie ein molekularbiologisches Verfahren, wie man ausgehend von Reinkulturen die drei Bakterienstämme unterscheiden und eindeutig identifizieren kann. (3 VP)

Ein typisches Protein aller Helicobacterstämme ist das Enzym Urease, das als Antigen verwendet werden kann.
Seit Anfang der neunziger Jahre arbeiten Wissenschaftler des Max-Planck-Instituts an der Entwicklung eines Lebendimpfstoffs, wobei Bakterien als Impfstoffträger eingesetzt werden. Man verwendet hierzu abgeschwächte Salmonellen, die den Darm besiedeln.
Mittels gentechnischer Verfahren kann man die Bauanleitung für das Enzym Urease von *Helicobacter* in das Salmonellengenom einfügen. Auf diese Weise erhält man einen Lebendimpfstoff, der mittels Schluckimpfung verabreicht wird.

5.1 Beschreiben Sie die wesentlichen Schritte zur gentechnischen Herstellung des Lebendimpfstoffs.

5.2 Erläutern Sie, was für die Auswahl von Urease als Antigen spricht (2 Angaben).

5.3 Entwickeln Sie eine Hypothese, wie die Ureaseaktivität durch Antikörper beeinflusst werden könnte. (6 VP)

(20 VP)

Lösungen

1.1 Bedeutung der Magensäure:
- Abtötung von Krankheitserregern
- Denaturierung von Proteinen
- pH-Optimum für Pepsin; Enzymaktivierung

1.2 Beschriftung: 1 = Zellmembran mit Faltungen (Mikrovilli); 2 = Mitochondrien; 3 = Dictyosom (Golgi-Apparat); 4 = Zellkern

Bedeutung von 1: Oberflächenvergrößerung zur verstärkten HCl-Freisetzung (Einbau einer größeren Zahl von Ionenpumpen und Ionenkanäle in die Membran)

Bedeutung von 2: Mitochondrien liefern die Stoffwechselenergie in Form von ATP z. B. für den aktiven Transport von H^+-Ionen in den Magen.

2.1 *Achten Sie auf den Operator "Beschreiben Sie". Also: Keine Erklärungen – nur Herkunft und Weg der beteiligten Stoffe beschreiben! Chemisches Vorwissen wird z. T. im Vortext geliefert: Magensäure ist Salzsäure. Wer nicht weiß, dass H_2CO_3 Kohlensäure ist und dass HCO_3^--Ionen Hydrogencarbonat-Ionen heißen, sollte im Text einfach nur die Formel zitieren. Erkenntnis aus Abb. 2: Die ätzende Salzsäure wird nicht schon in der Belegzelle produziert, sondern entsteht erst im durch Schleim geschützten Magen aus H^+-Ionen und Cl^--Ionen.*

Herkunft und Weg des H^+-Ions und des Cl^--Ions:
Im Stoffwechsel entstehen Kohlendioxid und Wasser, die zu Kohlensäure (H_2CO_3) reagieren. H_2CO_3 zerfällt in H^+-Ionen und HCO_3^--Ionen. Die H^+-Ionen (Protonen) werden unter ATP-Verbrauch d. h. aktiv ins Mageninnere gepumpt. Die Hydrogencarbonat-Ionen werden durch die Zellmembran ins Blut transportiert *(keine Angabe nötig, ob aktiv oder passiv)*. Im Gegenzug (Cotransport) werden Cl^--Ionen in die Belegzelle transportiert und nach Durchquerung der Belegzelle (Diffusion) in den Magen abgegeben (passiver Transport durch Ionenkanäle).

2.2 Es handelt sich um den Stoffwechselprozess der Zellatmung. (Oxidativer Glukoseabbau, Aerobe Dissimilation)

Wortgleichung:
Glukose + Sauerstoff ⟶ Kohlendioxid (Kohlenstoffdioxid) + Wasser + *Energie*

3 *Der Vortext gibt die Information, dass der Test auf Urease**aktivität** erfolgen soll. Alle Lösungsversuche, die die Anwesenheit von Bakterien auf andere Weise als durch Ureaseaktivität nachweisen wollen (z. B. mikroskopisch), sind thematisch verfehlt!*
*Wenn das entnommene Schleimhaut-Gewebe von Helicobacter besiedelt ist, dann muss es auch Ureaseaktivität zeigen. Dieser Enzymtest benötigt also das **Substrat** der Urease: Harnstoff**lösung**. Außerdem benötigt man eine **Nachweismethode** für die Harnstoffspaltung. Diese Informationen werden alle im Anfangstext vorgegeben: Harnstoffspaltung produziert basischen (alkalischen) Ammoniak, der Säure neutralisiert.*

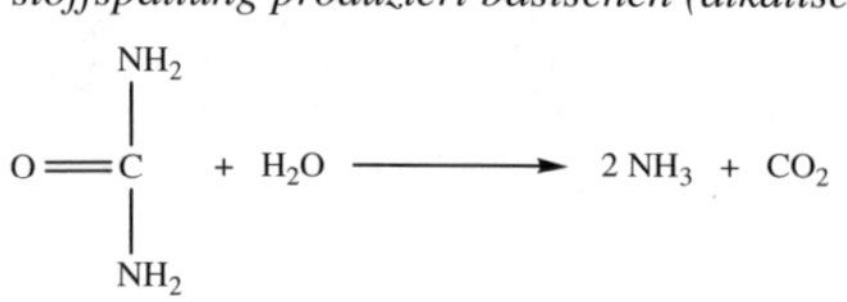

(Formel nicht verlangt)

Harnstoff Ammoniak

In wässeriger Lösung bilden sich Ammonium- und Hydroxidionen:
$NH_3 + H_2O \longrightarrow NH_4^+ + OH^-$
Die Hydroxid-Ionen machen die Lösung alkalisch und beide Ionen machen die Lösung elektrisch leitfähig.

Das entnommene Gewebestückchen wird in Harnstofflösung gelegt. Bei Anwesenheit von Helicobacter kommt es zur Harnstoffspaltung in Ammoniak und CO_2 durch das Enzym Urease. Nachgewiesen wird die Urease-Aktivität z. B. durch den entstandenen basischen Ammoniak. Es erfolgt eine Indikatorverfärbung durch pH-Erhöhung *(z. B. Phenolphthaleinlösung färbt sich von farblos nach rot).*

Oder: Durch die entstandenen Ionen steigt die elektrische Leitfähigkeit der Lösung mit der Zeit an. Eine Überprüfung erfolgt durch die Messung der Leitfähigkeit nach Zugabe des Gewebestückchens zur Harnstofflösung.

Kontrollversuch: Nicht infiziertes Gewebe darf keine Urease-Aktivität zeigen.

Denkbar wären auch andere Testmethoden, die entsprechend beschrieben und erläutert werden müssen:

- Auf Gewebestückchen einige Tropfen Salzsäure (pH ~ 1) geben und mit Indikator versetzen. Bei Infektion mit Helicobacter müsste die Indikatorfarbe nach kurzer Zeit einen pH-Wert im Neutralbereich signalisieren.
- Einsatz von Harnstoff, der mit radioaktivem ^{13}C-Isotop markiert wurde. Nachweis von radioaktivem Kohlendioxid-Gas ($^{13}CO_2$) als Produkt der Harnstoffspaltung.

4 *"Beschreiben Sie" bedeutet, dass Sie nur in Stichworten die wesentlichen Schritte des jeweiligen Verfahrens beschreiben sollen – aber ohne chemisch-physikalische Erklärung z. B. der Grundlagen der Gelelektrophorese oder der PCR-Technik.*

Es gibt eine ganze Reihe molekularbiologischer Analyseverfahren, die zur Identifizierung von Krankheitserregern, Fleischsorten, Erbkrankheiten, Vaterschaften, Antigenen, Verwandtschaftsgraden dienen.

einige Beispiele:
a Analyse spezifischer Proteine eines Lebewesens
b Analyse der DNA
c Nachweis spezifischer Gene eines Lebewesens
d Nachweise auf Grund der Spezifität der Antikörper-Antigen-Reaktion (ELISA-Test).

Für jedes Verfahren gibt es wiederum eine Reihe verschiedener Techniken.

Zu a: Proteinfingerprint-Technik
Die Bakterienzellen werden „aufgeschlossen", d. h. die Zellen werden zerlegt und aus den Fragmenten werden z. B. die Membran-Proteine abgetrennt. Diese werden dann direkt (oder nach weiterer Aufspaltung durch Proteasen, die nach bestimmten Aminosäuren spalten) durch Gelelektrophorese der Größe nach aufgetrennt. Ergebnis ist je nach Proteinzusammensetzung ein Bandenmuster, das so unverwechselbar ist wie ein „Fingerabdruck".

Zu b: DNA-Fingerprint-Technik
Die Bakterienzellen werden „aufgeschlossen", d. h. die DNA wird abgetrennt. Durch bestimmte Restriktionsenzyme wird die DNA in Fragmente zerlegt, die nach Auftrennung durch Gelelektrophorese ein typisches Bandenmuster ergeben.

Zu c: z. B. Einsatz von Gensonden (radioaktiv markierte, zu einem bestimmten DNA-Abschnitt (Gen) komplementäre DNA) oder gezielte Klonierung und Nachweis eines Gens durch die Polymerasekettenreaktion (PCR) und Nachweis durch Gelelektrophorese.

Zu d: ELISA-Technik (**E**nzyme-**L**inked-**I**mmunosorbent-**A**ssay)
Jeder Bakterienstamm unterscheidet sich durch spezifische Oberflächen-Antigene. Gegen diese werden jeweils Antikörper gewonnen und auf einer Unterlage (z. B. Teststreifen) fixiert. Befinden sich in einer Lösung die gesuchten Bakterien oder Zellfragmente mit passenden Antigenen, dann werden diese fest an den Teststeifen gebunden (Antigen-Antikörper-Reaktion). Durch Zugabe von künstlich hergestellten Antikörpern, die ebenfalls an das Antigen binden aber zusätzlich mit einem Enzym gekoppelt sind, das eine Farbreaktion katalysiert, lässt sich die Anwesenheit eines bestimmten Bakterienstammes durch positive Farbreaktion nachweisen.

5.1 Ablauf der Plasmidtechnik zur Herstellung des Lebendimpfstoffs: (vereinfacht)

1 Gewinnung des Urease-Gens aus Helicobacter
2 Isolierung von Plasmid-DNA aus Bakterien
3 Aufschneiden der Plasmide durch Restriktionsenzyme und Einbau des Urease-Gens („sticky ends"-Methode). Da das Gen mit dem gleichen Restriktionsenzym geschnitten wurde wie der Plasmidring, fügt sich das Spender-Gen passend in die Schnittstelle ein. Mit dem Enzym Ligase werden die Schnittstellen geschlossen.
4 Einbau der rekombinierten Plasmide (= Hybridplasmid) in die Salmonellen (= Transformation)
5 Selektion der erfolgreich transformierten Salmonellenzellen (*z. B. durch Marker-Gene*)
6 Vermehrung der Salmonellen als Lebendimpfstoff

5.2
- Urease kommt nur bei Helicobacter in größerer Menge vor und zwar bei allen drei Stämmen und nicht bei den anderen Darmbakterien, die nicht bekämpft werden sollen.
- Urease ist als Membranprotein auf der Zelloberfläche gut als Antigen für die Immunzellen erkennbar.
- Urease ist ein Antigen, das sich durch Mutation kaum ändern kann, da es für die Bakterien lebenswichtig ist.

5.3
- Die Antikörper könnten direkt am aktiven Zentrum der Urease andocken und damit die Ureaseaktivität blockieren.
- Die Antikörper könnten an anderen Stellen des Enzymmoleküls gebunden werden und indirekt die Tertiärstruktur der Urease so verändern, dass das Substrat nicht mehr im aktiven Zentrum gebunden werden kann.

Aufgabe I: Aktionspotenzial, Genmutation, Biomembran

BE

Viele Tiere schützen sich mit hochgiftigen Substanzen gegen Fressfeinde, so auch der kalifornische Gelbbauchmolch *Taricha torosa.* Seine Haut enthält Tetrodotoxin (TTX), ein Alkaloid, das in kurzer Zeit zum Tod führt.
Untersuchungen ergaben, dass bereits ein einziges Molekül Tetrodotoxin (TTX) die Funktion eines Ionenkanals elektrisch erregbarer Zellen beeinflusst. Die zu den Nesseltieren zählende Seeanemone produziert ebenfalls ein Nervengift, das Anemonentoxin (ATX).

Abb. 1: *Taricha torosa*

In Experimenten wurden die in Abbildung 2 dargestellten Spannungsverläufe am Axon ermittelt:
Kurve a zeigt den Spannungsverlauf eines Aktionspotenzials,
Kurve b den Spannungsverlauf unter Einwirkung von Tetrodotoxin (TTX),
Kurve c den Spannungsverlauf unter Einwirkung von Anemonentoxin (ATX).

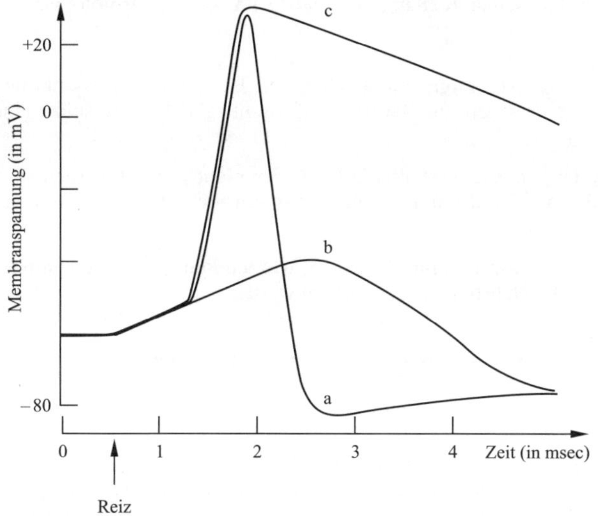

Abb. 2

1.1 Stellen Sie den Versuchsaufbau zur Ableitung der Spannungsverläufe (Abbildung 2) in einer beschrifteten Zeichnung dar (Größe ½ Seite).
Beschreiben und erläutern Sie den Verlauf eines Aktionspotenzials unter Berücksichtigung der Vorgänge an der Axonmembran. 4

1.2 Interpretieren Sie den Kurvenverlauf unter dem Einfluss von Tetrodotoxin (Abbildung 2, Kurve b) und erläutern Sie die Wirkung des Giftes auf Fressfeinde.

1.3 Entwickeln Sie unter Verwendung von Abbildung 2 (Kurve c) eine Hypothese zur Wirkungsweise von ATX am Axon. Beschreiben Sie auch die Folgewirkung an der Synapse. 4

In Kalifornien gibt es Schlangen, die den giftigen Molch *Taricha torosa* fressen. Um herauszufinden, warum diese Schlangen resistent gegen das Gift sind, untersuchten amerikanische Wissenschaftler (GEFFENEY und Kollegen von der Utah State University) vier Populationen der amerikanischen Strumpfbandnatter *(Thamnophis sirtalis)*, die alle in Feuchtgebieten leben. Eine der vier Populationen war nicht resistent gegen TTX, diese Tiere fraßen die Molche nicht. Die anderen drei Populationen waren in unterschiedlichem Maß resistent.
Wissenschaftler fanden heraus, dass nur eine einzige Aminosäure (Glutaminsäure = Glu) von insgesamt 1 800 im Kanalprotein ausgetauscht werden muss, um den Ionenkanal gegen den Giftstoff weniger empfindlich zu machen.

2.1 Geben Sie unter Zuhilfenahme der Codesonne (siehe Anlage) die kleinstmögliche Veränderung im Bereich der DNA an, die zu der oben beschriebenen Veränderung führen kann.

2.2 Erstellen Sie eine beschriftete Zeichnung eines Membranausschnittes mit Ionenkanälen, welche die Ursache der Resistenz deutlich macht (Größe ½ Seite). 4

2.3 Entwickeln Sie eine Hypothese, die das Auftreten von unterschiedlich starken Resistenzen der amerikanischen Schlangen gegen TTX molekularbiologisch erklärt. 2

Der Gelbbauchmolch stellt das Nervengift nicht selbst her. Es stammt von symbiontisch mit ihm lebenden Bakterien, die er durch die Nahrung aufnimmt. Die Molche selbst sind gegen das Gift unempfindlich.

3.1 Formulieren Sie eine Hypothese, weshalb die Bakterien nicht verdaut werden. Definieren Sie den Begriff der „Symbiose“ und erläutern Sie diesen an einem weiteren Beispiel. 3

3.2 Entwickeln Sie eine Versuchsreihe, mit der belegt werden kann, dass die symbiontischen Bakterien über die Nahrung aufgenommen werden. 3

20

Lösungen

1.1 *Wenn Sie Abbildung 2 betrachten, dann erkennen Sie in Kurve a ein normales monophasisches Aktionspotenzial. Diesen Spannungsverlauf mit nur einer Umpolungsphase erhält man bei einer intrazellulären Ableitung, d. h. bei einer Messanordnung mit einer Mess-Elektrode im Zellinneren und einer (geerdeten) Bezugselektrode im Außenmilieu. Um die Nervenfaser zu einem Aktionspotenzial (AP) zu veranlassen, muss sie durch eine zusätzliche Reiz-Einheit erregt werden. Dazu benützt man im einfachsten Fall eine Gleichspannungsquelle mit zwei Reizelektroden, die durch einen Schalter unter Spannung gesetzt werden können. Die intrazellulären Elektroden sind meist fein ausgezogene Glaskapillaren, die mit Salzlösung leitfähig gemacht werden.*

Schemazeichnung einer intrazellulären Ableitung (mit Reizelelektroden)

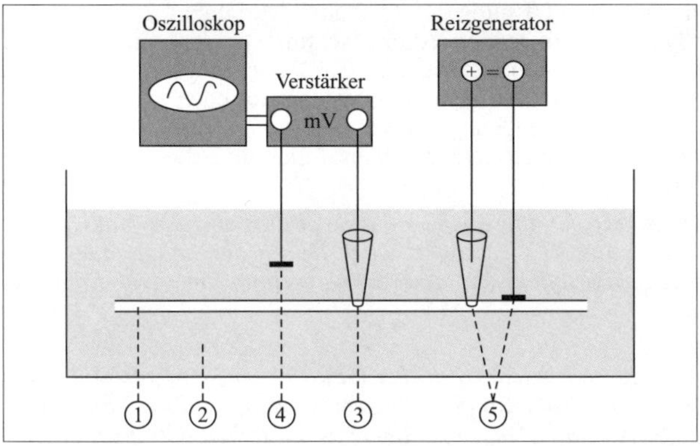

1 = Axon, 2 = physiologische Kochsalzlösung, 3 = Messelektrode (Glaskapillare mit Elektrolyt), 4 = Bezugselektrode, 5 = Reizelektroden

*Geht man von einem freipräparierten **sensiblen (sensorischen)** Axon aus, könnte die Reizeinheit auch weggelassen werden, da dann z. B. die Haut mechanisch gereizt wird und nur die Antwort der sensiblen Faser intrazellulär abgeleitet werden muss.*

Verlauf eines AP unter Berücksichtigung der elektrophysiologischen Membranvorgänge: Die Reizung bewirkt, dass Na^+-Kanäle geöffnet werden, durch die Na^+-Ionen (gemäß Konzentrationsgefälle) in das Zellinnere strömen. Dadurch verringert sich das Ruhepotenzial (RP) wie in Abbildung 2 dargestellt von ca. –60 mV auf ca. –50 mV. Wird diese **Schwellenspannung (Schwellenwert)** erreicht, läuft nach dem „Alles-oder-nichts-Prinzip" stereotyp das **Aktionspotenzial** (AP) ab:

a) **Depolarisierungsphase:** Es öffnen sich schlagartig zusätzliche spannungsgesteuerte Na^+-Kanäle. Der daraus resultierende starke Na^+-Einstrom (gemäß Konzentrationsgefälle) führt zu einer kurzzeitigen Umpolung der betroffenen Membranstelle von ca. –60 mV auf ca. +30 mV (innen gegenüber außen).
b) **Repolarisierungsphase:** Die Na^+-Kanäle schließen sich (zeitgesteuert) sofort wieder. Dafür öffnen sich spannungsgesteuerte K^+-Kanäle. In Folge dessen strömen K^+-Ionen nach außen (gemäß Konzentrationsgefälle) bis die Ruhespannung wieder erreicht ist. Kurzfristig kommt es sogar zu einer Hyperpolarisierung bis auf ca. –80 mV durch überschießenden Kaliumausstrom („K^+-overshoot").

Zusammengenommen dauern Depolarisierungs- und Repolarisierungsphase ca. 1–2 ms.

*Nun ist zwar der alte **Ladungsunterschied** zwischen dem Zellinneren und dem extrazellulären Raum wieder hergestellt, nicht aber der alte **Konzentrationsunterschied** zwischen K^+-innen und K^+-außen bzw. zwischen Na^+-innen und Na^+-außen, der für die Erhaltung des RP notwendig ist. Die Wiederherstellung des Konzentrationsunterschieds wird durch die **K^+-Na^+-Pumpen** gewährleistet, die im Hintergrund permanent unter Energieaufwand K^+-Ionen zurück in die Zelle bzw. Na^+-Ionen aus der Zelle heraus befördern. Direkt nach Ablauf des AP ist an der gleichen Membranstelle kein erneutes AP auslösbar, weil die spannungsgesteuerten Na^+-Kanäle für kurze Zeit inaktiviert sind **(Refraktärzeit).***

1.2 Wirkung des TTX: Die Depolarisationsphase wird durch Blockierung der spannungsgesteuerten Na^+-Kanäle gehemmt.
Folge: Der Schwellenwert wird zwar erreicht, aber das „Alles-oder-nichts"-Ereignis kann nicht ablaufen, da fast alle Na^+-Kanäle blockiert sind. Da sich keine Aktionspotenziale bilden können, ist keine Erregung der Nervenfaser möglich. Der Tod durch (Atem-)Lähmung ist die Folge.

1.3 Wirkung des ATX: Die Repolarisierungsphase und damit das AP wird durch teilweise Blockierung oder durch verzögerte Öffnung der K^+-Kanäle verlängert.

Folgewirkung für die Synapse: Am letzten Axonabschnitt vor dem Endknöpfchen bewirkt dieses verlängerte AP auch einen verlängerten Ca^{2+}-Einstrom (durch spannungsabhängige Ca^{2+}-Kanäle). Dadurch wandern mehr synaptische Bläschen zur präsynaptischen Membran und größere Transmittermengen werden in den synaptischen Spalt entleert. Daraus folgt eine stärkere Erregung der postsynaptischen Zelle durch die größere Amplitude des postsynaptischen Potenzials (PSP).

Die verzögerte Repolarisierung könnte auch dadurch erklärt werden, dass die Schließung der Na^+-Kanäle durch das ATX verzögert wird. Durch den anhaltenden Na^+-Einstrom wäre der Repolarisierungseffekt (K^+-Ausstrom) verlangsamt. Der Effekt auf die Synapse wäre der gleiche.

2.1 *Achtung, diese Frage bezieht sich wieder auf das Gift TTX aus Aufgabe 1.2! Da nicht verraten werden soll, dass in 1.2* ***Na^+-Kanäle*** *blockiert werden, wird nur von „Kanalprotein und Ionenkanälen" gesprochen. Die folgenden Fragen behandeln also die* ***Na^+-Kanäle*** *in den Nervenfasern von Schlangen, die gegen das Nervengift ihrer Beutetiere (Molche) resistent sind.*

Die kleinstmögliche Veränderung in der DNA ist der Austausch einer einzigen Base im codogenen Triplett, das für die Aminosäure Glu codiert (Genmutation, Basenaustauschmutation). Das Resultat soll in folgendem Beispiel die Codierung einer anderen Aminosäure (Lysin) sein.

Aminosäure	Glu	**Lys** ↑
mRNA-Triplett = Codon	GAA	AAA ↑
DNA-Triplett = Codogen	CTT ⟶	TTT
Mutation	Austausch z. B. der 1. Base durch T	

2.2 *Beachten Sie, dass in Ihrer Skizze erkennbar wird, dass TTX normalerweise an einer bestimmten Bindestelle am Kanalprotein andockt und dadurch die Öffnung des Na^+-Kanals hemmt. Diese Bindestelle ist so verändert, dass sich TTX nicht mehr anlagern kann, d. h., dass TTX den Na^+-Kanal nicht mehr blockieren kann.*

Skizze der Axonmembran mit Na^+-Kanal

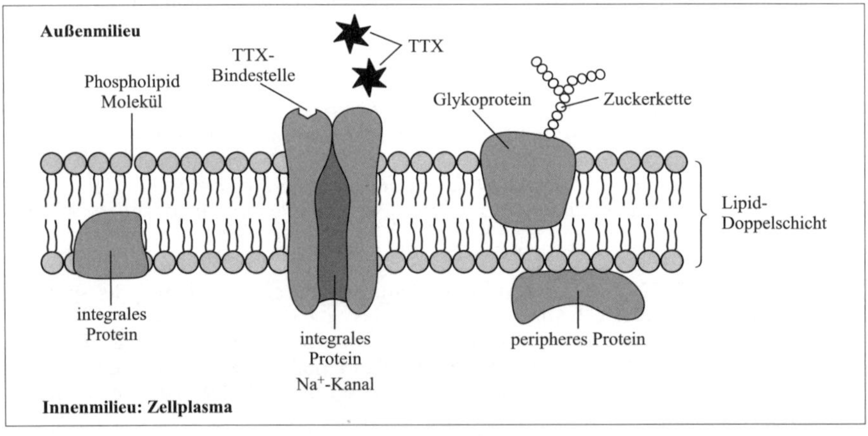

2.3 Mögliche Hypothesen *(nur eine verlangt):*

- Mutationen, die die Raumstruktur der Bindestelle für TTX betreffen und das Schlüssel-Schloss-Prinzip stören, z. B.: Die unterschiedliche Resistenz der Schlangenpopulationen entstand durch jeweils **eine** Mutation im für die Kanalproteine kodierenden Gen. Diese Veränderungen betreffen aber in jeder der Populationen unterschiedliche Bereiche innerhalb dieses Gens. Dadurch ergeben sich unterschiedlich starke Auswirkung auf die Raumstruktur der Bindestelle bzw. auf die Anziehungskräfte zwischen der Bindestelle und dem TTX-Molekül, was eine unterschiedliche Giftresistenz zur Folge hat.
  Oder: **mehrere** Mutationen im für die Kanalproteine kodierenden Gen. Je mehr Aminosäuren ausgetauscht werden, desto schlechter passt der Giftstoff ins „Schloss" und umso größer ist die Giftresistenz.
- Die Mutationen betreffen die Raumstruktur des gesamten Kanalproteins in der Art, dass auf unterschiedliche Weise der „Schließmechanismus" des Ionenkanals trotz unveränderter Bindestelle betroffen ist. Das Gift bindet zwar an das Kanalprotein, kann aber den Ionenkanal je nach Ort der Mutation nur noch unvollständig verschlossen halten, woraus sich ein unterschiedlicher Grad der Giftresistenz ergibt.

3.1 Hypothesen *(nur eine verlangt):*

- Die Bakterien schützen sich vor der Magensäure und Verdauungsenzymen durch eine schützende Schleimkapsel.
- Die Bakterien sind in der Lage, die für sie gefährlichen Stoffe im Verdauungstrakt aktiv zu bekämpfen, z. B. Neutralisation der Magensäure durch Ausscheidung von Lauge.

Symbiose bezeichnet die Lebensgemeinschaft zweier **Arten** von Lebewesen zu beiderseitigem Nutzen.

- Flechten bestehen aus einem Pilz, der Schutz und Feuchtigkeit bietet und Grünalgen, die ihm dafür Nährstoffe liefern.
- Baum (liefert Kohlenhydrate) und Mykorrhizapilz (liefert Wasser und Mineralien)
- Clownfisch (liefert Nahrungsreste) und Seeanemone (bietet Schutz)
- *E. coli*-Bakterien im Darm der Säugetiere; Elefant und Putzervögel; Hai und Putzerfische; Blüten und ihre Bestäuber

3.2 *Hier müssen Sie erst überlegen, wie sich Molche (Amphibien) entwickeln bzw. wie sie sich ernähren: sowohl die Larven als auch die erwachsenen Tiere leben räuberisch. Es ist also nicht einfach, Experimente z. B. mit bakterienfreier Nahrung von „Geburt an" zu planen.*

- Zuerst müssen Versuchstiere bakterienfrei aufgezogen werden *(Eier in sterilem Wasser schlüpfen lassen und Larven mit sterilem Futter ernähren).*
  Resultat: Die Haut dieser Tiere dürfte kein TTX enthalten.
- Dann wird eine Teilgruppe mit natürlichem Futter weiterernährt.
  Resultat: Bei diesen Tieren müsste sich nach einiger Zeit TTX in der Haut nachweisen lassen.
- Eine **Kontrollgruppe** wird weiter mit sterilem Futter ernährt.
  Resultat: Kein TTX ist nachweisbar.

Oder: Erwachsene, natürlich ernährte Molche werden mit geeigneten Antibiotika behandelt, bis sich keine Darmbakterien mehr nachweisen lassen.
Resultat: Die TTX- Konzentration in der Haut müsste sich verringern.
Oder: Wenn die chemische Formel des TTX bekannt ist bzw. wenn man das Bakterium, das TTX herstellt kennt, könnte man durch radioaktive Markierung den Weg der Nahrung/des Giftmoleküls analysieren.

Profil-/Neigungsfach Biologie (Baden-Württemberg): Abituraufgaben 2008
Aufgabe II: Zelle, Signaltransduktion, ELISA, Rastermutation

BE

Doping-Test bei Heras positiv

Der Sieger der Spanien-Rundfahrt (Vuelta) 2005 war auf der vorletzten Etappe positiv auf das Blutdopingmittel (EPO) getestet worden. EPO ist ein körpereigenes Peptidhormon, das wie alle Botenstoffe im Blut transportiert wird und in Zellen mit spezifischen Rezeptoren eine bestimmte Wirkung auslöst.

Quelle: http://commons.wikimedia.org/wiki/image:050905_heras menchov_5.jpg

1.1 Benennen Sie die im elektronenmikroskopischen Bild (Abbildung 1) mit Ziffern versehenen Zellstrukturen.

1.2 Nennen Sie die mögliche Funktion der abgebildeten Zellen. Begründen Sie mit Hilfe dargestellter Zellstrukturen in Abbildung 1. 4

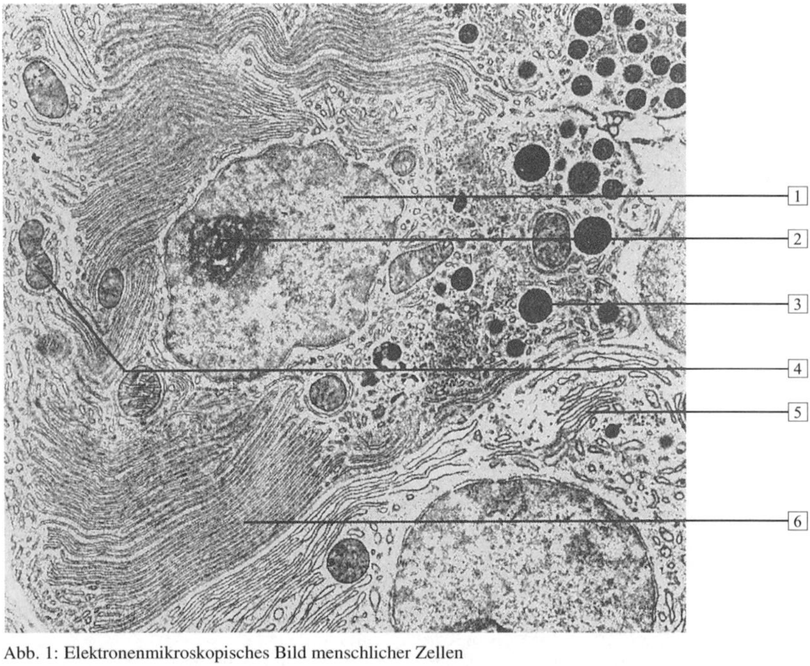

Abb. 1: Elektronenmikroskopisches Bild menschlicher Zellen

Die Bindung zwischen EPO und einem Membranrezeptor (EPO-R) der Stammzellen des roten Knochenmarks bewirkt, dass in diesen Zellen Prozesse in Gang gesetzt werden, die zu einer erhöhten Teilungsaktivität führen (siehe Abbildung 2).

1.3 Bilden Sie eine Hypothese, die auf molekularbiologischer Ebene die Auslösung und die Steuerung der Teilungsaktivität erklärt. 2

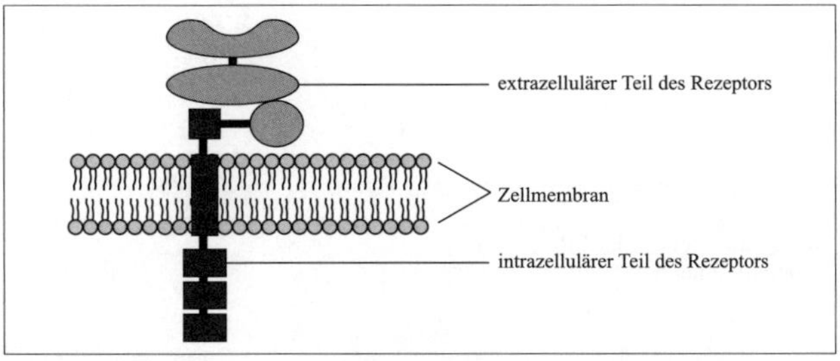

Abb. 2: Schematischer Aufbau eines Hormonrezeptors in der Zellmembran

EPO stimuliert die Produktion von Erythrozyten (roten Blutkörperchen). Die erhöhte Erythrozytenzahl verbessert die Sauerstoffaufnahmekapazität des Blutes und steigert damit die Ausdauerleistungsfähigkeit des Sportlers. Daher hat das Internationale Olympische Komitee (IOC) das Blutdoping durch gentechnisch hergestelltes EPO (r-hu-EPO) verboten.
Heras drohte nach dem positiven Test die Aberkennung des Sieges und eine zweijährige Sperre. Er kündigte an, das Ergebnis der Probe anfechten zu wollen. „Ich habe niemals gedopt. Ich habe es weder bei der Vuelta noch sonst irgendwann getan", beteuerte der Rad-Profi.
Heras und sein Anwalt bauten ihre Verteidigungsstrategie von Anfang an darauf auf, die Zuverlässigkeit des EPO-Nachweises in Zweifel zu ziehen. Voraussetzung für den Beweis eines Blutdopings ist die Unterscheidung zwischen körpereigenem EPO und r-hu-EPO. Seit 2001 ist dies mittels eines Urintests möglich. Die Methode des Urintests ist in Abbildung 3 schematisch dargestellt.

2 Beschreiben und erläutern Sie die Funktionsweise des Urintests anhand der Schritte A bis D (Abb. 3). 4

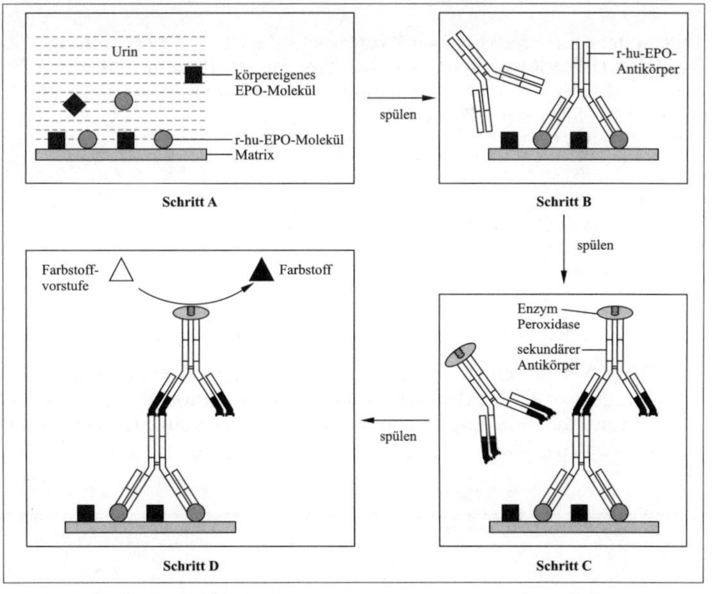

Abb. 3: Schematischer Ablauf des Urintests

Um die Wirksamkeit dieses Testverfahrens (gemäß Abbildung 3) zu überprüfen, wurde eine Versuchsreihe durchgeführt, deren Ergebnisse in der Abbildung 4 dargestellt sind.

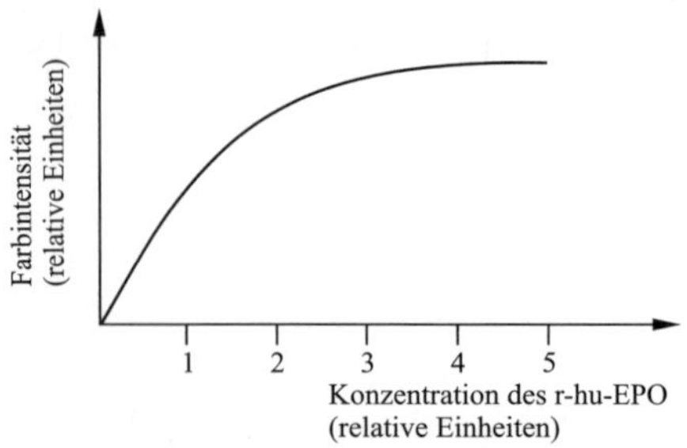

Abb. 4

3 Beschreiben und interpretieren Sie den Kurvenverlauf in Abbildung 4. Erläutern Sie das Vorgehen bei der Durchführung der Versuchsreihe, mit der man den dargestellten Kurvenverlauf ermitteln kann (Hinweis: Antikörper im Überschuss und Farbstoffvorstufe in definierter Menge vorhanden). 4

Als Geheimtipp, EPO-Testergebnisse zu manipulieren, gilt die Einnahme großer Mengen Ascorbinsäure (Vitamin C) vor einem Wettkampf. Ascorbinsäure ist ein wasserlösliches Vitamin. Der Tagesbedarf eines Erwachsenen beträgt ca. 100 mg. Überschüssige Ascorbinsäure wird mit dem Urin ausgeschieden.

4 Erstellen Sie eine Hypothese, wie die Einnahme von mehreren Gramm Ascorbinsäure vor dem Wettkampf das Ergebnis des EPO-Tests bei einem gedopten Radsportler verfälschen könnte. 2

Eine seltene Erbkrankheit wird verursacht durch eine Mutation des Gens, das für den EPO-Rezeptor (EPO-R) codiert. Der Rezeptor ist ein Protein, das aus 508 Aminosäuren besteht. Bei der Mutation handelt es sich um eine Deletion (Verlust) von 7 Nukleotiden, die die Position 5985 bis 5991 des EPO-R-Gens einschließt.

5980
↓
… TCG AAA CGA GAT TGA GCC ATG AAT TTG TGC …

Abb. 5: Ausschnitt aus dem nicht mutierten EPO-R-Gen

5.1 Erläutern Sie mit Hilfe der Codesonne (siehe Anlage) die Auswirkungen der beschriebenen Mutation auf Struktur und Funktion des Rezeptorproteins.

5.2 Der DNA-Abschnitt, der für das EPO-Rezeptorprotein codiert, besitzt eine Länge von über 6 000 Nukleotiden, während das funktionell wirksame EPO-Rezeptorprotein nur aus 508 Aminosäuren besteht. Entwickeln Sie eine Hypothese, die dieses Phänomen erklärt. 4

20

Lösungen

1.1 1 = Zellkern; 2 = Nucleolus (Kernkörperchen); 3 = (Golgi-) Vesikel (Lysosom); 4 = Mitochondrium; 5 = Dictyosom (Golgi-Apparat); 6 = ER (Endoplasmatisches Retikulum)

Falls Sie Ribosomen vermissen: Da die Auflösung der Abbildung nicht groß genug ist, kann man nur vermuten, dass es sich um „raues" ER handelt. Auch wenn es wie eine massive Kugel aussieht, kann Nr. 3 auf keinen Fall ein Ribosom sein, da es viel zu groß ist.

1.2 Die Zelle besitzt ein ausgeprägtes (raues) ER für die Eiweißsynthese und den Eiweißtransport. Die Dictyosomen mit vielen (Golgi-)Vesikeln lassen auf hohe Sekretherstellungs- und Sekrettransport-Aktivität schließen.
Folgerung: Diese Zelle ist wahrscheinlich eine Drüsenzelle, die Sekrete nach außen schleust. Dafür spricht auch, dass die Vesikel an der Zellgrenze (am rechten Bildrand) gehäuft auftreten.

Gegen Nahrungsvesikel, die in Gegenrichtung von außen aufgenommen wurden spricht, dass die Zellmembran, die an das Außenmilieu grenzt (rechter Bildrand) keine Oberflächenvergrößerung durch Faltung zeigt.

1.3 *Erst jetzt wird der Bezug zum Eingangstext wieder aufgenommen. Auch wenn das Thema Hormone nicht Abiturstoff ist, sollte man in Abbildung 2 sofort das Prinzip der* ***Signalübermittlung durch Rezeptoren und sekundäre Botenstoffe*** *erkennen: Ein hormoneller, hydrophiler Botenstoff, der in Zielzellen eine bestimmte Stoffwechselreaktion starten soll, kann nicht selbst durch die Zellmembran in die Zelle gelangen, sondern benötigt einen „zweiten" Botenstoff innerhalb der Zelle. Erst dieser intrazelluläre sekundäre Botenstoff löst die Aktivierung bestimmter Stoffwechselschritte aus (= second-messenger-Prinzip).*

Hypothese zur molekularbiologischen Wirkung von EPO:
- EPO bindet an den extrazellulären Teil des Hormonrezeptors in der Zellmembran der Stammzelle (Schlüssel-Schloss-Prinzip).
- Dies bewirkt eine räumliche Veränderung des intrazellulären Teils des Rezeptors, wodurch weitere Moleküle/Enzyme aktiviert werden.
- Es wird ein sekundärer Botenstoff (Second Messenger) hergestellt, der bestimmte **Enzyme** aktiviert und/oder, der im Zellkern die **Transkription** bestimmter Gene aktiviert, die für die Zellteilung benötigt werden.
- Die Stammzellen der roten Blutzellen teilen sich. Es werden vermehrt rote Blutkörperchen gebildet.

2 *Abbildung 3 zeigt einen typischen ELISA-Test (**E**nzyme-**L**inked **I**mmuno**S**orbent **A**ssay = Enzymgekoppelter Immunadsorptionstest) zum Nachweis von Proteinen mithilfe der Spezifität der Antigen-Antikörper-Reaktion (AG–AK). Etwas verwirrend könnte sein, dass die EPO-Moleküle nicht von spezifischen „Anti-EPO"-Antikörper-Molekülen (die auf dem Teststreifen fixiert sind) gebunden werden, sondern dort „von selbst" haften.*

Ablauf des Urintests:
Schritt A: Urin wird auf einen Teststreifen (Matrix) gegeben, der die EPO-Moleküle (natürliche = körpereigene EPO-Moleküle und künstliche = gentechnisch produzierte rhu-EPO-Moleküle) bindet. Die Spülung entfernt alle freien, nicht an die Matrix gebundenen, EPO-Moleküle.

Schritt B: Es werden r-hu-EPO-Antikörper zugegeben, die (mit ihrer AG-Bindestelle) spezifisch an die fixierten r-hu-EPO-Moleküle binden (= Antigen-Antikörper-Reaktion). Erneutes Spülen entfernt ungebundene Antikörper-Moleküle.

Schritt C: Nun gibt man die mit Enzymen (Peroxidasen) gekoppelten sekundären Antikörper hinzu. Sie binden spezifisch an einer bestimmten Stelle der r-hu-EPO-Antikörper. Die nächste Spülung ist notwendig um alle nicht fixierten sekundären Antikörper zu entfernen.

Schritt D: Die Zugabe der farblosen Farbstoffvorstufe (= Substrat) zum Enzym Peroxidase startet die Farbstoffsynthese.

Auswertung: Bleibt die Lösung bzw. der Teststreifen farblos, dann muss der r-hu-EPO-Nachweis als negativ gewertet werden.

Begründung: Ist kein Farbumschlag zu erkennen, bedeutet dies, dass keine Enzyme vorhanden sind und demnach auch keine sekundären AK gebunden waren. Dies weist wiederum darauf hin, dass keine r-hu-EPO-Antikörper vorhanden waren da keine r-hu-EPO-Moleküle in der Matrix fixiert waren und dass sich somit keine r-hu-EPO-Moleküle im Urin befinden.

Oder:
Verfärbt sich der Teststreifen, dann muss der EPO-Nachweis als positiv gewertet werden.
Begründung: Der Farbstoff bildet sich nur bei Anwesenheit des Enzyms. Durch die Kopplung mit AK-Molekülen und die Spezifität der AG-AK-Reaktion ist dies nur möglich, wenn r-hu-EPO-Moleküle (aus dem Urin) in der Matrix fixiert waren.

3 *Beachten Sie, dass die Frage aus drei Operatoren besteht: „Beschreiben", „interpretieren" und „erläutern". Es ist ratsam, dass Sie bei der Beantwortung solcher Fragen jeden Operator mit Überschrift „abhaken", da der Korrektor seine Punkteverteilung ebenfalls nach dieser Gliederung ausrichtet. Zur Beschreibung einer Grafik gehört grundsätzlich, dass man zuerst deren Aussage entsprechend der Koordinaten benennt. (z. B. „die Grafik zeigt die Veränderung von y = … in Abhängigkeit von x = …"). Dann sucht man nach wichtigen Kurvenabschnitten z. B. Start: Ursprungskurve? Mittelteil: Anstieg z. B. linear oder exponentiell? Optimum/Mittelwert/Maximum?, Endteil: langsamer oder abrupter Abfall gegen Null oder Plateau/Sättigung?*

Beschreibung des Kurvenverlaufs:
Die Graphik zeigt die Abhängigkeit der Farbintensität von der Konzentration des r-hu-EPO. Die Kurve beginnt bei Null, steigt dann nahezu linear an und flacht schließlich zu einem Plateau ab.

Interpretation des Kurvenverlaufs:
Nullpunkt: Die r-hu-EPO-Konzentration liegt bei 0. Daraus folgt, dass die Enzymkonzentration und damit auch die Farbstoff-Konzentration ebenfalls bei 0 liegen.
Anstieg: Die r-hu-EPO-Konzentration verhält sich proportional zur Farbstoff-Konzentration. Daraus ergibt sich ein linearer Kurvenanstieg.
Plateau: Ab einer bestimmten r-hu-EPO- und damit Enzymkonzentration kann innerhalb der **festgelegten Zeitspanne bis zum Ablesen der Farbintensität** die Farbstoff-Konzentration nicht mehr zunehmen, da wegen der großen Zahl der Enzymmoleküle und der begrenzten Zahl der Substratmoleküle (siehe Aufgabentext) alle Farbstoffvorstufen-Moleküle in Farbstoff-Moleküle umgewandelt sind. Wenn also die Konzentration der Peroxidase-Moleküle sehr groß ist und deshalb die Reaktionsgeschwindigkeit, d. h. die Umsatzrate an Substratmolekülen sehr hoch geworden ist, dann sind innerhalb der Testzeit längst alle Farbstoffvorstufen-Moleküle zu Farbstoff-Molekülen umgesetzt, d. h. die chemische Reaktion ist beendet. Die Farbintensität ist maximal und ändert sich nicht mehr.

Nur wenn der Hinweis auf AK im Überschuss fehlen würde, könnte auch ein Mangel an Antikörpermolekülen und damit Enzymmangel als Begründung des Plateaus gelten. Es liegt also ***keine Sättigungskurve*** *vor, bei der die Reaktionsgeschwindigkeit deshalb konstant bleibt, weil alle Enzymmoleküle mit maximaler Umsatzrate arbeiten. In diesem Fall müsste die Bezeichnung der Ordinate „Enzymaktivität" oder „Änderung der Farbintensität pro Zeit" lauten.*

Erläuterung der Versuchsreihe:
Man setzt mehrere Testreihen an, wobei nur die r-hu-EPO-Konzentration variiert wird und alle anderen Versuchsparameter konstant gehalten werden müssen:
- Temperatur, (pH siehe Aufgabe 4)
- Reaktionszeit = Zeit bis die Farbtiefe bestimmt wird
- Antikörper, bzw. enzymgekoppelte AK im Überschuss
- Farbstoffvorstufe in definierter Menge

Nach Zugabe der Farbstoffvorstufe wird mit der Stoppuhr eine bestimmte Zeit abgewartet. Danach wird die Farbintensität gemessen (z. B. mit einem Photometer).

Theoretisch könnten Sie die Versuchsreihe auch mit ***Testpersonen*** *durchführen, denen unterschiedlich hohe EPO-Dosen gespritzt werden. Bei ebenfalls gleichen Bedingungen werden dann Urintests durchgeführt und ausgewertet. Das Plateau könnte dann z. B mit Stoffwechseleffekten wie Hormonabbau bei hoher Dosierung erklärt werden.*

4 *Sie müssen nichts über die Wirkung und den Bau von Ascorbinsäure wissen. Dennoch können Sie aus dem Namensteil „Säure" ihre Schlüsse ziehen, wenn es um den Einfluss des pH-Werts auf die Enzym/Protein-Funktion geht.*

Überschüssige Ascorbinsäure wird mit dem Urin ausgeschieden. Die Säure gelangt also zusammen mit dem EPO in den Testablauf. Falls die Säure in/an die Matrix gebunden wird, kann jeder einzelne Teilschritt gestört und so die Beweiskraft des Tests eingeschränkt werden.
Hypothesen *(nur eine verlangt):*
- Ascorbinsäure blockiert (kompetitiv) die Fixierung der r-hu-EPO-Moleküle an die Matrix. Dies hat zur Folge, dass weder der primäre noch der sekundäre Antikörper an die Moleküle binden können und somit keine Farbreaktion erfolgt.
- Ascorbinsäure verändert die Tertiärstruktur des Peptidhormons EPO durch Säuredenaturierung, wodurch es nicht mehr an die Matrix binden kann.
- Fixierte Ascorbinsäure diffundiert aus der Matrix und stört – trotz Spülung – z. B. die Enzymreaktion.

5.1 *Bei Fragen dieser Art passieren die meisten Fehler durch mangelnde Sorgfalt beim bloßen Abzählen der Basen und Anwenden der Codesonne. Wenn Sie sich auch nur um eine Base vertun, wird das Ergebnis verfälscht. Deshalb: Text ganz genau lesen und mit einem Stift alle notwendigen Basen durchnummerieren, Tripletts umrahmen und auch in der Codesonne z. B. mit Marker arbeiten.*

Nicht mutiertes Gen (codogener Strang):	… TCG AAA CGA GAT TGA GCC ATG AAT TTG TGC …
mRNA (Codonen):	AGC UUU GCU CUA ACU CGG UAC UUA AAC ACG
Aminosäuresequenz:	Ser – Phe – Ala – Leu – Thr – Arg – Tyr – Leu – Asn – Thr

Gen vor der Mutation:	… TCG AA A CGA GAT TGA GCC ATG AAT TTG TGC …
	Basen-Verlust
Gen nach der Mutation:	TCG AAT GAG CCA TGA ATT TGT GC
mRNA	AGC UUA CUC GGU ACU UAA ACA CG
Aminosäuresequenz:	Ser – Leu – Leu – Gly – Thr – Stopp

Der Basenverlust führte zu einer Rastermutation, d. h. das Ableseraster verschiebt sich, sodass sich eine völlig andere Triplett-Abfolge ergibt. Die neue Aminosäuresequenz hat eine veränderte Tertiärstruktur des Rezeptorproteins zur Folge. Dies könnte das Schlüssel-Schloss-Prinzip der Bindungsregion für EPO stören und damit zu deren Funktionsverlust führen. Auch die Lage des Rezeptorproteins in der lipophilen Membran könnte sich durch Aminosäuren mit anderer Polarität völlig verändern.
Im vorliegenden Fall entsteht durch die Mutation ein Stopp-Codon fast am Ende des Gens. Die daraus resultierende Verkürzung des Rezeptorproteins am intrazellulären Teil des Rezeptors (siehe Abb. 2) hat eventuell hemmende Wirkung auf die intrazellulären Aktivierungsvorgänge.

5.2 Bei 6 000 Nukleotiden wären fast 2 000 Aminosäuren zu erwarten, wenn jedes Basentriplett (außer den Stopp-Codonen) eine Aminosäure codieren würde.

Hypothese für die Codierung von nur 508 Aminosäuren *(nur eine ist verlangt):*
- Bei Eukaryoten gibt es in jedem Gen Bereiche ohne Information (Introns), die erst nach der Transkription aus der mRNA herausgeschnitten werden (Spleißung).Dadurch ist das translatierte Polypeptid kürzer als es der Nukleotidzahl nach zu erwarten wäre.
- Bei dem aus der Translation des EPO-Rezeptorgens entstandenen Polypeptid könnte es sich um ein sog. „Prä"- oder „Pro"-Protein handeln, das nach der Transkription „zurechtgeschnitten" wird, bevor es seine endgültige Funktion übernimmt.
- Zu einem Gen zählen auch DNA-Bereiche, die nicht codierend sind, sondern der Genregulierung bzw. der Steuerung der Transkription dienen.

BE

„Forever young …“

Es gibt zahlreiche Hypothesen, wie und warum Organismen altern.
Vor kurzem wurden Gene entdeckt, welche die Stressresistenz und Lebensspanne von Organismen beeinflussen und somit der Schlüssel zur Langlebigkeit sein könnten. Man fand ein spezielles Gen sir2, das in allen bisher untersuchten Lebewesen einschließlich des Menschen vorkommt und für das Enzym SIR2 codiert.
Die Wirkungsweise von SIR2 in Hefezellen ist im folgenden Auszug eines wissenschaftlichen Artikels dargestellt:

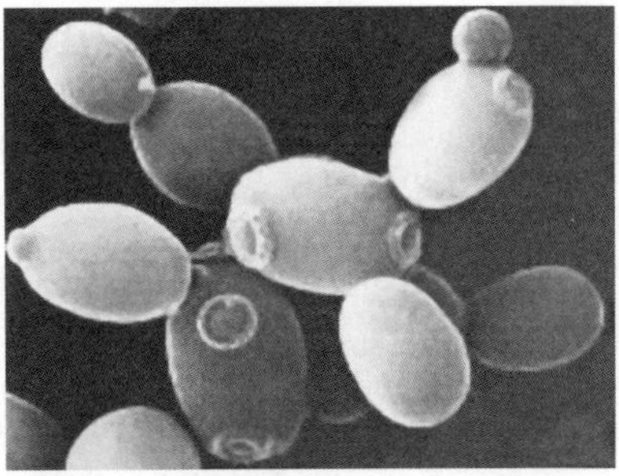
Abb. 1: Sprossende Hefezellen

„Mäßiger Stress verlängert die normale Lebensspanne von Hefezellen um ca. 30 Prozent durch verstärkte Aktivierung des Enzyms SIR2. Das Enzym SIR2 verändert die Verpackungsproteine der DNA, die Histone, durch Abspaltung einer Acetylgruppe. Dadurch wird die DNA zu einem dichteren Paket gepackt, was die Abschnürung von DNA-Ringen am Chromosomenende verhindert, wenn die Hefezelle ihr Genom vor der Sprossung (asymmetrische Teilung) kopiert. Die Ansammlung dieser DNA-Ringe belastet die Hefezelle nach etwa 20 Zellteilungen so sehr, dass diese schließlich abstirbt.

Was führt zur Aktivierung von SIR2?

Durch Stressfaktoren, wie zum Beispiel eingeschränktem Nahrungsangebot, schaltet die Hefezelle zur Energiegewinnung von Gärung auf Zellatmung um. So wird in den für die Zellatmung zuständigen Zellorganellen $NADH_2$ verstärkt zu NAD umgewandelt, welches das Enzym SIR2 aktiviert. Zudem wird durch Stressfaktoren das Gen pnc1 aktiviert, dessen Genprodukt das Protein PNC1 ist. Nicotinamid, ein Hemmstoff von SIR2, wird von PNC1 abgebaut.
Verstärkte SIR2-Aktivität schützt die Mutterzelle vor der Bildung dieser extrachromosomalen DNA-Ringe. Dadurch bleiben die Zellen länger jung und setzen ihre Sprossung länger fort.“

Text 1: verändert nach: Leonard Guarente, David A. Sinclair: Schlüssel zur Langlebigkeit, Spektrum der Wissenschaft 10/2006

1 Fassen Sie die beschriebenen Auswirkungen von Stressfaktoren auf Hefezellen in einem Verlaufsschema zusammen (Größe eine Seite). 4

Das Enzym SIR2 spielt folglich eine zentrale Rolle für die Langlebigkeit von Hefezellen.

2.1 Erläutern Sie die Arbeitsweise eines Enzyms am Beispiel von SIR2. 3

2.2 Erläutern Sie eine Möglichkeit der Hemmung des Enzyms SIR2 durch Nicotinamid. 2

2.3 Formulieren sie eine Hypothese, welche das Absterben der Mutterzelle nach 15–20 Teilungen durch Anhäufung extrachromosomaler DNA-Ringe erklärt 2

Durch geringe Nahrungszufuhr kommt es bei Hefen zur Aktivierung des Gens sir2 (siehe Text 1).

3 Erläutern Sie, wie die Aktivität dieses Gens reguliert werden könnte. 3

Eine verminderte Nahrungszufuhr bewirkt bei Hefezellen auch eine Änderung des Energiestoffwechsels (siehe Text 1). ATP wird dann nicht mehr durch Gärung, sondern durch Prozesse der Zellatmung produziert.

4.1 Benennen Sie das Zellorganell, in dem die Zellatmung stattfindet. Fertigen Sie eine beschriftete Schemazeichnung des elektronenmikroskopischen Bildes dieses Organells an.

4.2 Erläutern Sie an einem Beispiel das Prinzip der energetischen Kopplung. 4

5 Die Sprossung ist eine Form der vegetativen (ungeschlechtlichen) Vermehrung (siehe Abbildung 1). Geben Sie zwei weitere Möglichkeiten der vegetativen Vermehrung bei Pflanzen an und nennen Sie zwei Vorteile dieser Art der Vermehrung. 2

20

Lösungen

1 *Ein Verlaufsschema ist im Grunde nur eine Textzusammenfassung als Pfeilschema. Markieren Sie alle wichtigen Aussagen und Kausalzusammenhänge und übernehmen Sie die Original-Textbausteine in ihr Pfeildiagramm. Für eine Optimierung der Darstellung ist es ratsam, zuerst auf Konzeptpapier alle Textbausteine zu sammeln, um sie dann auf Seitengröße anzuordnen.*

Vorschlag:

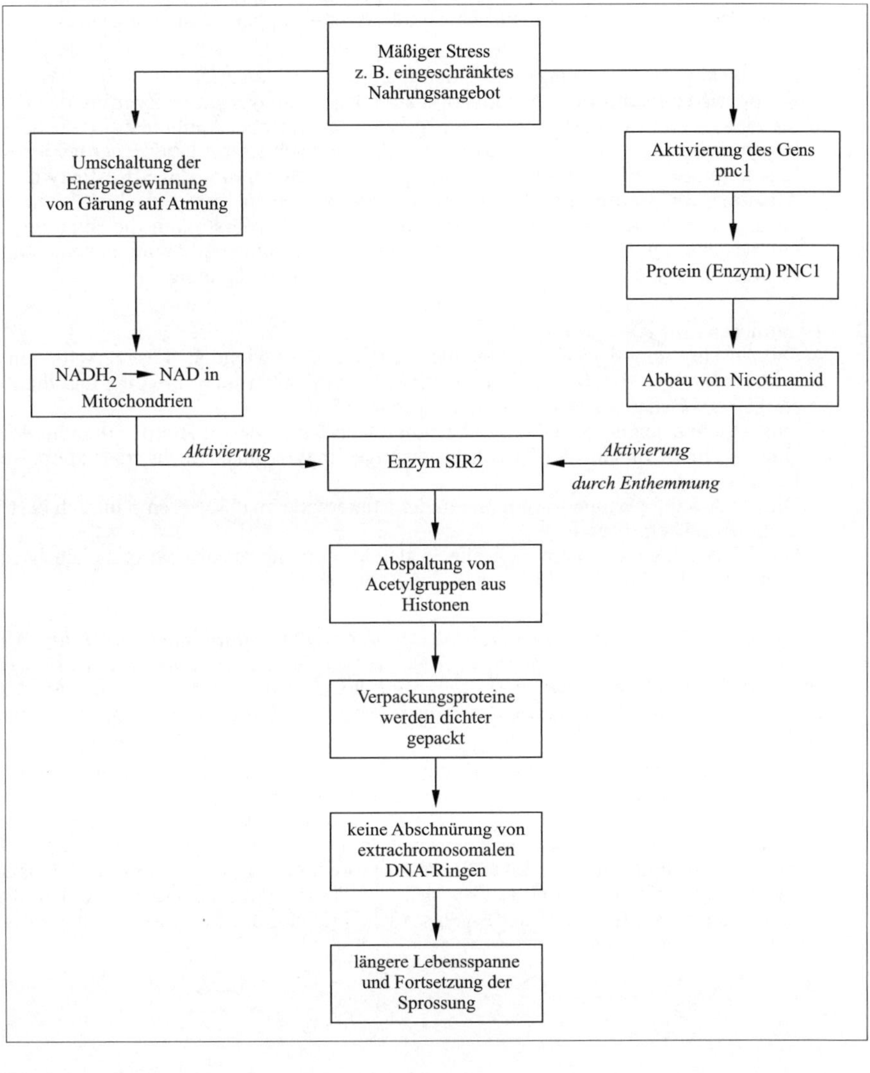

2.1 *Übersehen Sie nicht den Zusatz „am Beispiel von SIR2"!*

- SIR2 setzt die Aktivierungsenergie der Abspaltungsreaktion herab und beschleunigt dadurch diese Reaktion.
- SIR2 wirkt in winzigen Mengen, da es zwar an der Reaktion teilnimmt (Enzym-Substrat-Komplex), jedoch nicht verbraucht wird, sondern unverändert aus der Reaktion hervorgeht.
- SIR2 ist substratspezifisch, d. h. mit seinem aktiven Zentrum kann es nur Histone binden.
- SIR2 ist reaktionsspezifisch (= wirkungsspezifisch), d. h. es kann Histone nur nach einem bestimmten Reaktionsmechanismus (Acetylgruppen-Abspaltung) umsetzen.

2.2 Möglichkeiten der Hemmung durch Nicotinamid *(nur eine verlangt):*

- **Kompetitive Hemmung:** Nicotinamid konkurriert um das aktive Zentrum des Enzymmoleküls. Voraussetzung wäre eine gewisse chemische Ähnlichkeit zwischen dem Hemmstoffmolekül und dem Substratmolekül. Je nach Konzentration der beiden Moleküle kommt es zur (reversiblen) Hemmung oder Enthemmung des SIR2-Enzyms.
- **Allosterische Hemmung:** Nicotinamid bindet an einem „allosterischen Zentrum" an das Enzymmolekül und hemmt durch Änderung der Tertiärstruktur die Bindungsfähigkeit des aktiven Zentrums. Diese Hemmung ist nicht durch Erhöhung der Substratkonzentration, sondern nur durch Abbau des Hemmstoffs rückgängig zu machen.

2.3 Hypothesen *(nur eine verlangt):*

- Die Abschnürung der DNA-Ringe hat zur Folge, dass wichtige Gene zerschnitten werden. Dadurch ist die Translation wichtiger Enzyme nicht mehr möglich und die Zellen sterben auf Grund von Stoffwechselstörungen ab.
- Die Abschnürungen enthalten vollständige Gene, die aber in Ringform nicht ablesbar sind, wodurch für den Stoffwechsel wichtige Enzyme nicht mehr translatiert werden können.
- Die DNA-Ringe sammeln sich alle in der Mutterzelle an und stören räumlich bestimmte Stoffwechselprozesse.
- Die DNA-Ringe sammeln sich alle in der Mutterzelle an und verbrauchen bei jeder weiteren Zellteilung zu viel Energie und Ressourcen.

3 *Wenn Sie im Unterricht das Operon-Modell der Genregulation nach Jacob und Monod kennen gelernt haben, dann können Sie es hier im Sinne einer Substratinduktion erläutern. Da dieses Modell aber für Bakterien gilt und Hefen bekanntlich eukaryotische Zellen sind, genügt die Erläuterung der Transkriptionssteuerung durch allosterische Hemmstoffe.*

Durch Nahrungsmangel entsteht z. B. durch die Umstellung von Gärung auf Atmung ein Signal-Stoff, der im Zellkern ein Repressorprotein allosterisch in seiner Raumstruktur verändert. Dieses Repressorprotein blockiert im unveränderten Zustand die Region, in der die RNA-Polymerase mit der Transkription des sir2-Gens startet. Durch die Verbindung mit dem Signalstoff wird das Repressorprotein gehemmt, wodurch die Transkriptionshemmung aufgehoben wird. Das sir2-Gen kann somit abgelesen werden. Durch erneute Nahrungszufuhr wird der Signalstoff verbraucht, der Repressor wieder aktiv und das sir2-Gen abgeschaltet.

4.1 Das Organell der Zellatmung ist das Mitochondrium

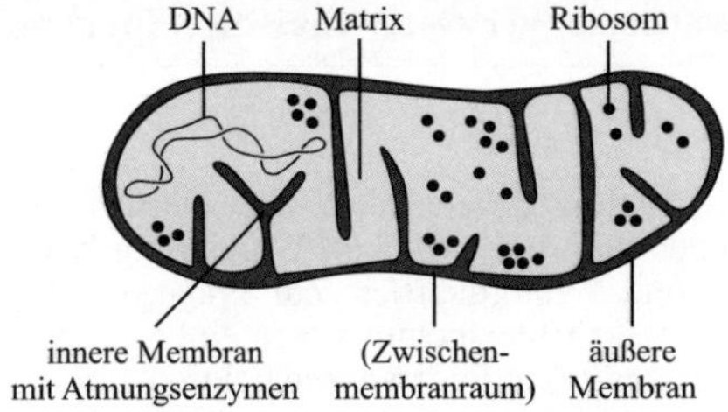

4.2 Eine chemische Reaktion, die Energie benötigt (= endergonische Reaktion), kann in der Zelle dadurch ermöglicht werden, dass sie mit einer Energie liefernden (= exergonischen) Reaktion zeitgleich und gekoppelt abläuft. Dafür muss es in der Zelle einen Energieträger geben, der transportabel ist und seine chemische Energie leicht übertragen kann: Das ATP-Molekül. Eine endergonische Reaktion wird dann mit der exergonischen Spaltung des ATP-Moleküls (in ADP und Phosphat) in einem gemeinsamen Enzymkomplex so gekoppelt, das die Energie z. B. für den Aufbau einer energiereichen Verbindung genutzt werden kann.

Beispiel: Glukoseaktivierung zur Stärkesynthese; Um Glukosemoleküle zu einem Vielfachzucker wie Stärke zusammenzubauen, ist Energie notwendig. In vielen Teilschritten wird die schon vorhandene Molekülkette um jeweils ein weiteres Glukosemolekül verlängert. Um diese endergonischen Teilschritte zu ermöglichen, wird die Glukose in einer ATP-gekoppelten Reaktion phosphoryliert, d. h. durch Anhängen einer Phosphatgruppe energetisch so weit angehoben, dass die Kettenverlängerung abläuft.

Vereinfachtes Schema *(nicht verlangt):*

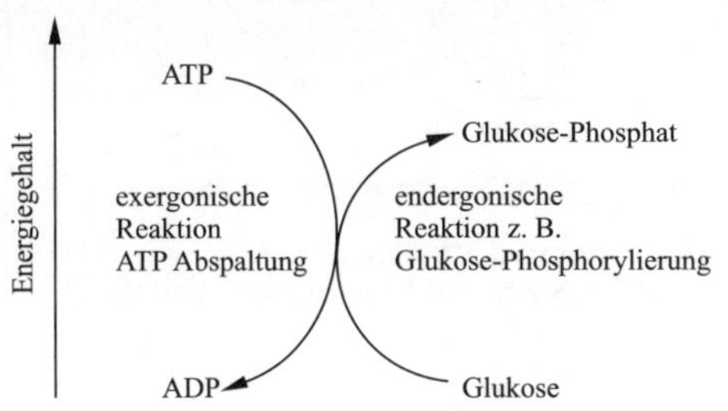

5 Möglichkeiten der vegetativen Vermehrung *(nur zwei verlangt):*
- Vermehrung durch Stecklinge
- Vermehrung durch Ableger, Ausläufer
- Vermehrung durch Zellkulturen, Kalluskulturen
- Vermehrung durch Tochterzwiebeln, Tochterknollen, Wurzelstockteilung

Vorteile *(nur zwei verlangt):*
- Schnelle Vermehrung
- Kein Geschlechtspartner bzw. keine Bestäubung durch Insekten notwendig
- Eine optimale Merkmalskombination bleibt erhalten, da keine Rekombination stattfindet

BE

Der Vogelzug ist eines der beeindruckendsten Phänomene in der Tierwelt. Lange Zeit herrschte Unklarheit über Ursache und Bedeutung der jährlichen Wanderungsbewegung von Millionen von Vögeln zwischen Sommer- und Winterquartier. Zur Frage, ob Zugverhalten angeboren ist oder erlernt wird, führte BERTHOLD Untersuchungen an einer teilziehenden Population von Mönchsgrasmücken *(Sylvia atricapilla)* in Südfrankreich durch.
Mönchsgrasmücken sind kleine insekten- und beerenfressende Singvögel mit einer durchschnittlichen Lebenserwartung von 2–3 Jahren.
Man spricht von Teilzug, wenn ein Teil der Individuen einer Population zieht und der andere Teil ständig im Brutgebiet bleibt. Diesen Sachverhalt untersuchte BERTHOLD an 267 handaufgezogenen Vögeln der Elterngeneration (P-Generation), die aus Ziehern und Nichtziehern bestand.
Tabelle 1 zeigt die Ergebnisse von Experimenten mit diesen Vögeln, bei denen stets Zieher mit Ziehern und Nichtzieher mit Nichtziehern gekreuzt wurden.

Generation	**Anteil der Zieher**	
	Kreuzung Zieher × Zieher	**Kreuzung Nichtzieher × Nichtzieher**
F1	83 %	50 %
F2	92 %	31 %
F3	100 %	19 %
F4	100 %	10 %
F5	100 %	10 %
F6	100 %	0 %

Tab. 1: Ergebnisse der Kreuzungsexperimente (F1, F2 … Folgegeneration)

1.1 Stellen Sie die Versuchsergebnisse in geeigneter Weise graphisch dar.

1.2 Beschreiben sie die Ergebnisse der Kreuzungsexperimente.
Was lässt sich hinsichtlich des Zugverhaltens aus den Ergebnissen schließen?
Erläutern Sie. 3

Über eine Population von Teilziehern wurde gesagt: „Der Vorteil des Ziehers ist der Nachteil des Nichtziehers und umgekehrt."

2 Beschreiben Sie zwei Beispiele, die diese Aussage belegen können.
Diskutieren Sie die Aussage von Wissenschaftlern: „Teilziehende Populationen besitzen einen Selektionsvorteil." 3

Seit einigen Jahren lässt sich eine Änderung im Zugverhalten der Mönchsgrasmücken beobachten, die darauf hinweist, dass immer mehr Vögel nach Nordwesten ziehen. Gegenwärtig überwintern im Süden der Britischen Inseln bereits tausende mitteleuropäische Mönchsgrasmücken und ihre Nachkommen, die dank britischer Ornithologen (intensivere Beobachtungstätigkeit und Fütterung als im übrigen Europa) auch registriert werden.

In Großbritannien brütende Mönchsgrasmücken und die Hauptmasse der mitteleuropäischen Population ziehen nach wie vor nach Süden.

3 Erklären Sie das Entstehen dieses geänderten Zugverhaltens der in Großbritannien gefangenen mitteleuropäischen Mönchsgrasmücken und ihrer Nachkommen im Sinne der Synthetischen Theorie der Evolution.
Begründen Sie, weshalb britische Vögel weiterhin nach Süden ziehen. 4

4 Nehmen Sie Stellung zu der Frage, ob aus den in Großbritannien überwinternden Vögeln eine neue Art entstehen könnte. 3

Außer der Mönchsgrasmücke brüten in Süddeutschland noch weitere Grasmückenarten: Gartengrasmücke *(Sylvia borin)*, Dorngrasmücke *(Sylvia communis)* und Klappergrasmücke *(Sylvia curruca)*. Ihre verwandtschaftlichen Beziehungen sind im Stammbaum in Abbildung 1 mit Ausnahme der Klappergrasmücke dargestellt.

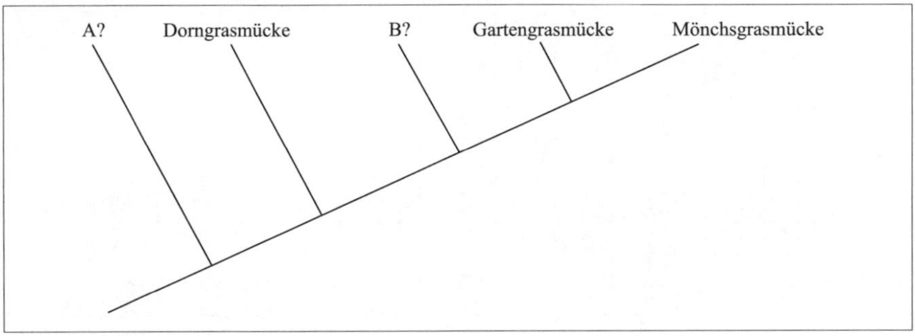

Abb. 1: Stammbaum der Grasmücken

5 Beschreiben Sie ein Verfahren zur Klärung von Verwandtschaftsverhältnissen und erläutern Sie, wie sich damit die mögliche Stellung (A oder B) der Klappergrasmücke in diesem Stammbaum ableiten lässt. 3

Durch Zugvögel werden Infektionskrankheiten wie zum Beispiel die Vogelgrippe verbreitet. Diese wird durch das Virus H5N1 ausgelöst, das auch auf Nutzvogelbestände und den Menschen übertragen werden kann. Geflügelbestände können vorbeugend geimpft werden.

6.1 Beschreiben Sie die Methode der vorbeugenden Impfung unter Berücksichtigung der hierbei im Körper ablaufenden Vorgänge.

6.2 Trotz bestehender Gefährdung werden Geflügelbestände in Deutschland nicht gegen Vogelgrippe geimpft. Geben Sie eine begründete Erklärung. 4

20

Lösungen

1.1 *Werden einzelne statistische Daten verglichen, die nicht unmittelbar voneinander abhängen, sollte keine Kurvendarstellung benutzt werden.* ***Kurvendiagramme*** *geben die Abhängigkeit zwischen zwei Variablen (x-und y-Achse) wieder, wie z. B. die Abhängigkeit der Farbintensität von der Enzym-Konzentration. Bei Frage 1 würden Verbindungslinien zwischen den Kurvenpunkten keinen Sinn ergeben, da es z. B.* ***zwischen*** *der F1-Generation und der F2-Generation keine Daten gibt. Zur vergleichenden Darstellung von statistischen Einzeldaten, die z. B. zu bestimmten Jahreszeiten oder in verschiedenen Biotopen erhoben wurden, benutzt man häufig* ***Säulendiagramme****.*

Diagramm: Häufigkeit der Zieher in verschiedenen Generationen:

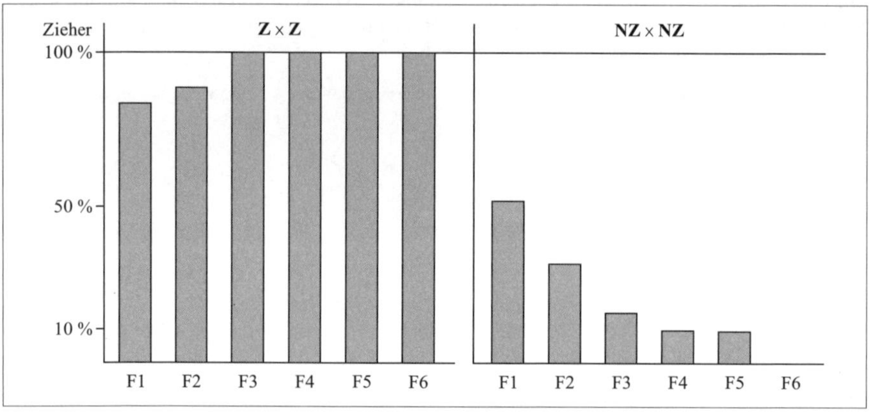

1.2 Beschreibung der Ergebnisse:
- Kreuzt man Elterntiere, die Zieher sind, dann sind in der F1-Generation 83 % der Nachkommen ebenfalls Zieher. Wenn man nur diese ziehenden Nachkommen weiterkreuzt, nimmt mit jeder Generation der Anteil der Zieher zu. Bereits nach 3 Generationen erhält man reine Zieher-Populationen, d. h. alle Nachkommen fliegen ins Winterquartier.
- kreuzt man Elterntiere, die Nichtzieher sind, dann sind in der F1-Generation nur noch 50 % Zieher. Mit jeder Generation, bei der man weiterhin nur Nichtzieher miteinander kreuzt, nimmt der Zieheranteil stark ab, bis ab der 6. Generation eine reine Nichtzieher-Population entstanden ist.

Schlussfolgerung aus den Kreuzungsergebnissen: Das Zugverhalten muss angeboren sein, weil sonst auch nach mehreren Generationen immer noch eine gemischte Population aus Teilziehern vorliegen müsste.

Durch Auslesezüchtung und Inzucht werden die Nachkommen offensichtlich immer reinerbiger für den jeweiligen Genotyp, der für das Merkmal „Zieher“ oder „Nichtzieher“ verantwortlich ist.

2 Beispiele *(nur zwei verlangt):*
- Populationsdichte z. B. Brutplätze, Reviergröße in Mitteleuropa;
  Vorteil der Nichtzieher: Mehr Platz durch geringere Populationsdichte und dadurch größere Reviere.

Nachteil der Zieher: Bei ihrer Rückkehr sind die großen Reviere schon durch Nichtzieher besetzt.

- Nahrungsangebot im Winter;
  Vorteil der Zieher: Mehr Futter durch milderes Klima im Winterquartier.
  Nachteil der Nichtzieher: Futtermangel durch härtere Winter.
- Verletzungsrisiko;
  Vorteil der Nichtzieher: Geringes Risiko, da es in gewohnter Umgebung weniger unbekannte Gefahren gibt.
  Nachteil der Zieher: Großes Verletzungsrisiko, da während des Vogelzugs viele Gefahren drohen.
- Energieaufwand;
  Vorteil der Nichtzieher: Gering; mehr Energiereserven für frühen Bruterfolg.
  Nachteil der Zieher: Hoch; Gefahr der Erschöpfung bei Hin- und Rückflug.

Selektionsvorteil der Teilziehpopulationen:

Die „kleinste Einheit der Evolution“ ist nicht das Individuum (Zieher oder Nichtzieher) sondern die Population (Fortpflanzungsgemeinschaft, die zur gleichen Zeit den gleichen Raum besiedelt).

Teilzieher-Populationen können sich bei Umweltveränderungen schneller anpassen, da ein Teil der Population immer schon „präadaptiert“ ist.
Beispiel: Sollten – weil die Winter immer härter werden – nur die Individuen überleben, die in das Winterquartier gezogen sind, dann würde sich dieses erfolgreiche „Zieher“-Verhalten in wenigen Generationen durchsetzen. Eine reine Nichtzieherpopulation wäre jedoch ausgestorben, weil sie weniger Optionen für die Nutzung der Umwelt hätte.

3 Erklärung des geänderten Zugverhaltens im Sinne der synthetischen Evolutionstheorie:

Die synthetische Evolutionstheorie erklärt Anpassungen im Wesentlichen mit folgenden Evolutionsfaktoren:
Mutation, Rekombination, Selektion, Isolation und Gendrift.

Da die Verhaltensweise „Ziehen“ angeboren ist, muss auch die Zugrichtung angeboren sein. (Jungvögel fliegen auch ohne Eltern in die Winterquartiere). Durch **Mutationen** kommt es deshalb immer wieder zu „Kompass-Fehlern“. Normalerweise würden diese Mutanten nicht überleben, da sie im Nordwesten kein geeignetes Winterquartier finden. Durch die Klimaerwärmung und/oder die intensive Winterfütterung in Südengland bringt nun jedoch diese Flugrichtung einen **Selektionsvorteil**: Die Flugstrecke über den Ärmelkanal ist kürzer als die in den Süden, die Nahrungsbedingungen sind besser, die Flugrisiken geringer. Die „Nordwest-Mutanten“ kommen daher früher und vitaler zurück als die „Normalzieher“ und haben größeren Fortpflanzungserfolg durch eine frühere Brut. Durch **Rekombination** (sexuelle Fortpflanzung) wird das erfolgreiche Gen in der Population verbreitet und der Anteil der „Nordwestzieher“ nimmt in jeder Generation zu.

Mögliche Begründung der „konservativen“ Flugrichtung britischer Mönchsgrasmücken:

- „Nordwestzieher“-Mutanten würden von Südengland aus kein (besseres) Winterquartier finden $\Rightarrow$ stabilisierende Selektion.
- Diese Mutation ist in der englischen Population (noch) nicht aufgetreten. *(logischer wäre das Auftreten von Nichtzieher-Populationen in Südengland)*

4 *Voraussetzung für eine Artbildung wären Fortpflanzungsbarrieren, die eine Bastardisierung, d. h. erfolgreichen Genaustausch verhindern würden. Solche Isolationsmechanismen könnten z. B. sein:*
***jahreszeitliche Isolation**: Die Teilpopulationen könnten sich theoretisch paaren, haben aber unterschiedliche Paarungszeiten.*
***genetische Isolation**: Mutationen verhindern die Fortpflanzung mit der Ursprungspopulation.*
***ökologische Isolation**: Verschiedene Mönchsgrasmücken-Populationen leben in Mitteleuropa, haben aber unterschiedliche ökologische Nischen besetzt.*
***ethologische Isolation**: genetisch bedingte Verhaltensänderungen z. B. veränderte Balzgesänge verhindern die Paarung.*
***mechanische Isolation**: Begattungsorgane passen nicht zusammen.*

Stellungnahme pro Artbildung:
z. B. Die „Nordwest"-Mutanten könnten sich durch zusätzliche Auswirkungen dieser Mutation z. B. einen veränderten Balzgesang nur noch untereinander zu Brutpaaren zusammenfinden. Lange Zeit isolierte Teilpopulationen mit zusätzlichen, nur in jeweils einer Teilpopulation auftretenden Mutationen, könnten schließlich zu zwei getrennten Arten führen.

Oder: Stellungnahme contra Artbildung:
Das Auftreten wirksamer Isolationsmechanismen zwischen Nichtzieher-, Normalzieher- und Nordwestzieher-Teilpopulationen ist unwahrscheinlich. Im Sommer leben alle Populationen im gleichen Brutgebiet und pflanzen sich gemeinsam fort.

5 *Hier kämen auf jeden Fall alle molekularbiologischen Verfahren in Frage: DNA-Hybridisierungstest, Vergleich der DNA-Sequenz wichtiger Gene, Vergleich der Aminosäuresequenz wichtiger Proteine oder der Serumpräzipitin-Test.*
Da aber nicht ausdrücklich Molekularbiologie verlangt ist, könnte der Verwandtschaftsgrad auch durch die vergleichende Anatomie oder über Verhaltenshomologie ermittelt werden.

Beispiel: Serumpräzipitin-Test:
Aus der Abbildung 1 ergibt sich folgende Fragestellung, die durch den Serum-Test geklärt werden soll: Ist die Klappergrasmücke
a) näher mit der Dorngrasmücke oder b) näher mit der Gartengrasmücke verwandt?

Trifft a zu, dann ist die Stellung A im Stammbaum richtig. Trifft b zu, dann ist die Einordnung B richtig.

Beschreibung des Serum-Tests:
a) der Klappergrasmücke wird Blut entnommen. Daraus isoliert man das Blutserum.
b) Einem möglichst entfernt verwandten Testtier (z. B. Kaninchen) wird dieses Serum injiziert, sodass eine aktive Immunantwort gegen die fremden Bluteiweiße erfolgt in deren Verlauf spezifische Antikörper gegen Bluteiweiß der Klappergrasmücke ge-bildet werden
c) Dem Kaninchen wird nach einigen Wochen Blut entnommen und daraus das **Testserum** = „Anti-Klappergrasmücken"-Serum gewonnen.
d) 100 %-Eichung: Das Testserum wird mit Blutserum der Klappergrasmücke vermischt, was zu maximaler Verklumpung (100 %-Marke) führt.
e) Nun wird das Testserum mit dem Serum der Dorngrasmücke vermischt und der Verklumpungsgrad gemessen. Dann wird der Test mit der Gartengrasmücke durchgeführt und ebenfalls der Grad der Verklumpung bestimmt.

Auswertung: Ist der Verklumpungsgrad mit dem Blut der Dorngrasmücke größer als mit dem der Gartengrasmücke, dann ist die engere Verwandtschaft mit der Dorngrasmücke bewiesen und die Einordnung gemäß A ist richtig. Im umgekehrten Fall wäre die Einordnung gemäß B zutreffend.

6.1 Vorgänge im Körper bei der vorbeugenden Impfung:
Dem Vogel werden abgeschwächte Grippe-Erreger gespritzt. Im Körper läuft eine **aktive (humorale) Immunantwort** ab.

a) Erkennungsphase:
- Die Viren(hüllen) werden über ihre Oberflächeneigenschaften (**Antigene** = AG) als körperfremd erkannt, von **Makrophagen** (Fresszellen) phagozytiert und enzymatisch zerlegt. Charakteristische Bruchstücke werden auf der Membranoberfläche präsentiert (**Antigenpräsentation**).
- **T-Helferzellen**, deren Rezeptoren zu diesen präsentierten Antigenen passen, werden aktiviert und schütten Signalstoffe aus.
- **B-Lymphozyten** mit passenden Rezeptoren binden ebenfalls die Virus-Antigene und präsentieren wie die Makrophagen Bruchstücke auf speziellen Membranproteinen (MHC II).
- Nach Kontakt mit den aktivierten T-Helferzellen werden die B–Lymphozyten durch die Signalstoffe zur Vermehrung und Differenzierung angeregt.

b) Differenzierungsphase:
Die aktivierten B-Lymphozyten differenzieren sich in **Plasmazellen** und **B-Gedächtniszellen.**

c) Wirkungsphase:
Die Plasmazellen produzieren große Mengen antigenspezifischer **Antikörper (AK)**, die mit den abgeschwächten Viren zu **AG-AK-Komplexen** verklumpen.

d) Abschaltphase:
Makrophagen entfernen die AG-AK-Komplexe durch Phagocytose.
Die Produktion der AK in den Plasmazellen wird durch Hemmstoffe gedrosselt.

Die **spezifischen B-Gedächtniszellen** gegen H5N1-Grippeviren bleiben zurück und erzeugen die Immunität: Bei einer Infektion mit dem echten Grippevirus produzieren die Gedächtniszellen sehr schnell sehr viele AK, sodass die Viren vernichtet werden, bevor sie sich vermehren können.

6.2 Mögliche Erklärungen *(nur eine verlangt):*
- Die Impfung ist zu teuer, wenn man die Impfkosten pro Huhn mit dem Erlös pro Huhn vergleicht.
- Der Impfstoff ist im Schlachttier noch nachweisbar und macht das Fleisch bzw. die Eier als Nahrungsmittel ungeeignet.
- Durch die Impfung überleben die Tiere zwar eine Infektion, aber die Viren werden von der Immunabwehr nicht alle abgetötet. Beim Kontakt z. B. mit aufgetautem Hähnchen könnte sich der Verbraucher mit Vogelgrippe infizieren.
- Das Vogelgrippe-Virus verändert durch Mutationen ständig seine Oberfläche, sodass es unmöglich ist, einen wirksamen Impfschutz zu gewährleisten.

Anlage: Codesonne

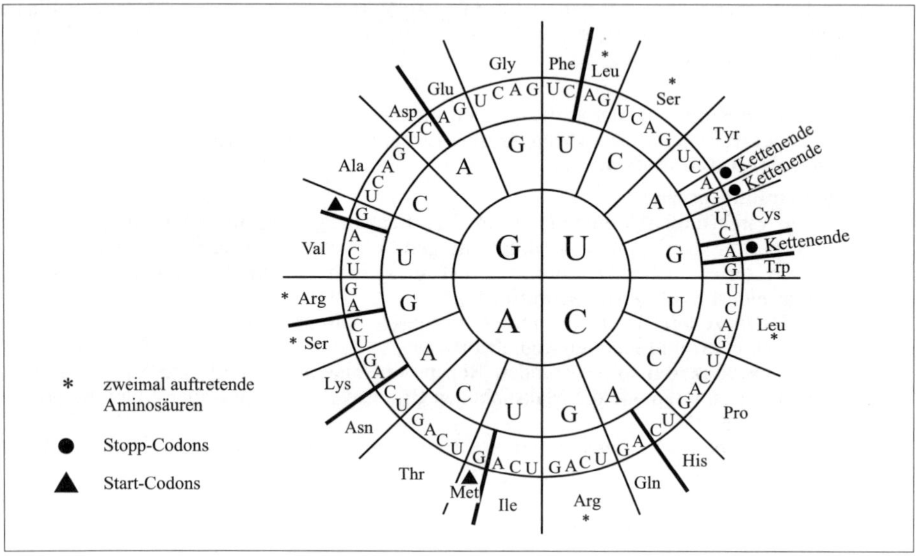

Profil-/Neigungsfach Biologie (Baden-Württemberg): Abituraufgaben 2009
Aufgabe I: Proteinstruktur, -synthese, Membrantransport, Insulin, Gentechnik

BE

Insulin ist ein Peptidhormon, das einen wesentlichen Anteil an der Regulation der Blutzuckerkonzentration (des „Blutzuckerspiegels") im Körper hat, indem es den Blutzuckerspiegel senkt. Der Bau des Insulins ist in Abbildung 1 schematisch dargestellt.

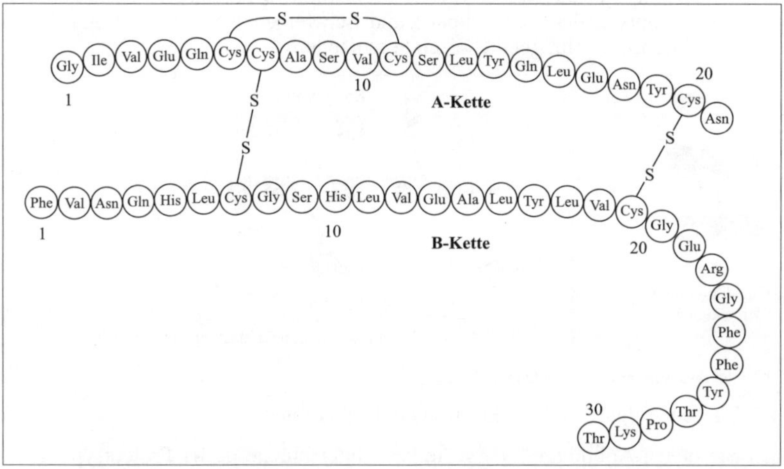

Abb. 1:
Insulinmolekül

1.1 Polypeptide und Proteine sind durch bestimmte Strukturen charakterisiert. Geben Sie an, welche dieser Strukturen in der Abbildung zu erkennen sind, und beschreiben Sie diese. 2

1.2 Zeichnen Sie die Strukturformel eines Dipeptids mit den Aminosäureresten R_1 und R_2. 2

1.3 Geben Sie mithilfe der Codesonne (siehe Anhang) zu den ersten fünf Aminosäuren der A-Kette eine mögliche DNA-Sequenz an. 2

Insulin wird in speziellen Bereichen der Bauchspeicheldrüse, den β-Zellen der Langerhansschen Inseln, produziert und über das Blut zu den Zellen transportiert.
Die Wirkung des Insulins auf Körperzellen ist in Abbildung 2 dargestellt.

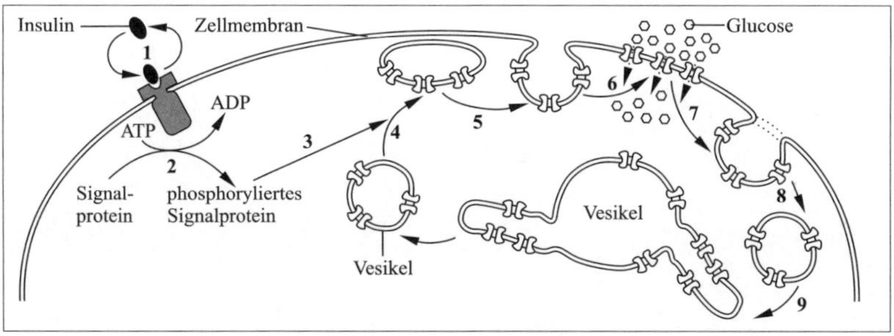

Abb. 2

2.1 Stellen Sie in einem zusammenhängenden Text die Wirkung des Insulins auf die Glucoseaufnahme dar (Ziffern 1 bis 6 der Abbildung 2). 5

2.2 Erläutern Sie mithilfe der in Abbildung 2 dargestellten Zusammenhänge die Auswirkung von Insulinmangel auf die Glucoseaufnahme in die Zelle. Berücksichtigen Sie dabei, dass die Vorgänge 7 bis 9 unabhängig von äußeren Einflüssen kontinuierlich ablaufen. 2

Wenn der Körper dauerhaft kein oder zu wenig Insulin bilden kann, spricht man von Diabetes mellitus oder Zuckerkrankheit. Früher wurde für die Behandlung von Diabetikern ausschließlich tierisches Insulin, hauptsächlich von Rindern und Schweinen, verwendet. Heute ist es jedoch möglich, menschliches Insulin gentechnisch herzustellen.

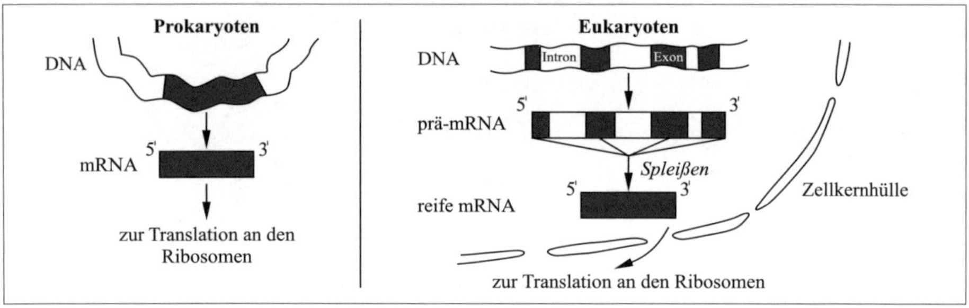

Abb. 3: Schema der Proteinsynthese bei Prokaryoten und Eukaryoten

3.1 Beschreiben Sie den Ablauf der Transkription bei Prokaryoten. 3

3.2 Beschreiben Sie die in Abbildung 3 dargestellten Unterschiede in der Proteinsynthese zwischen Prokaryoten und Eukaryoten. 2

Aufgrund des unterschiedlichen Verlaufs der Proteinsynthese bei Prokaryoten und Eukaryoten können gentechnisch veränderte Bakterienzellen, denen das menschliche Insulin-Gen übertragen wurde, kein Insulin produzieren.

3.3 Beschreiben Sie eine Möglichkeit, wie dieses Problem umgangen werden könnte. 2

20

Lösungen

Hormone müssen als Wahlthema nicht aus dem Unterricht bekannt sein. Deshalb werden alle Informationen, die zur Beantwortung der Fragen nötig sind in der Aufgabenstellung und in den Abbildungen geliefert.

1.1 Erkennbar sind in Abb. 1 zwei Polypeptid-Ketten** (eine A-Kette mit 21 Aminosäuren und eine B-Kette mit 30 Aminosäuren) mit jeweils spezifischer Aminosäure-Abfolge. Kette A ist mit Kette B über 2 Disulfidbrücken (**inter**molekular) verbunden. Eine weitere Disulfidbrücke verknüpft Kette A (**intra**molekular) zwischen der 6. und 11. Aminosäure (Cystein).
*(** Man spricht von einem Polypeptid, wenn die Kette weniger als 100 Aminosäuren enthält.)*

Von den 4 Ebenen der Proteinstruktur sind nur zwei eindeutig erkennbar:
- Primärstruktur: Die Abfolge der Aminosäuren in der Kette = Aminosäuresequenz
- Quartärstruktur: Überstruktur aus zwei oder mehreren Protein-Untereinheiten. Hier: zwei Polypeptidketten, die über Disulfidbrücken verknüpft die biologische Funktion eines Hormons erfüllen.

(– Tertiärstruktur: Die intramolekulare Disulfidbrücke dient zur Stabilisierung der Raumstruktur des Insulinmoleküls)

1.2 Strukturformel eines Dipeptids *(ohne freie Elektronenpaare)*:

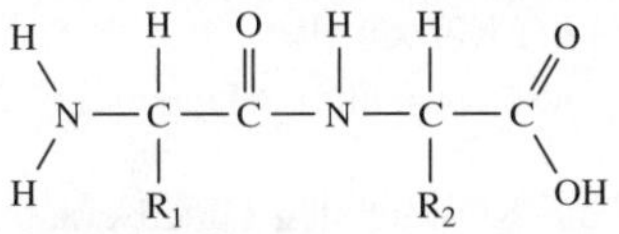

*Für „Nichtchemiker": Merken Sie sich die **NCC-Regel**: Polypeptide sind aus sich ständig wiederholenden NCC-Bausteinen als „Rückgrat" aufgebaut. Die Kette beginnt mit einer Aminogruppe und endet mit einer Carboxylgruppe (Säuregruppe).*

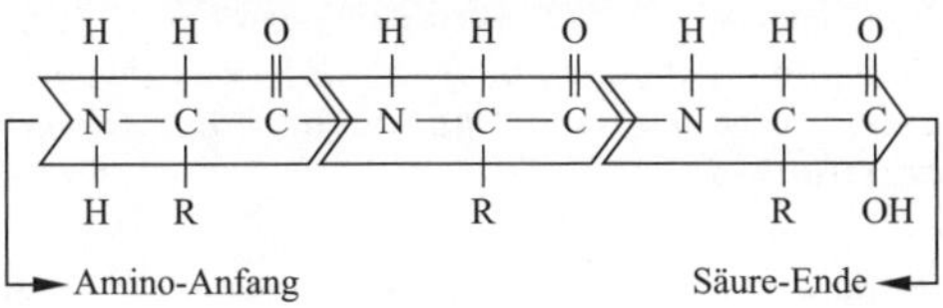

1.3 *Weil der genetische Code degeneriert ist, d. h. zur Codierung einer bestimmten Aminosäure meist mehrere Basentripletts möglich sind, gibt es viele mögliche Basensequenzen für die gleiche Aminosäuresequenz.*

Beispiel:

(Aminosäuresequenz:	*Gly – Ile – Val – Glu – Gln)*
(mRNA:	*GGG AUU GUU GAA CAA)*
DNA:	**CCC TAA CAA CTT GTT**

Nicht verlangt ist die Polarität des gesuchten codogenen DNA-Strangs. Aus dem Ablauf der Proteinbiosynthese würde sich die Polarität folgendermaßen ableiten lassen:

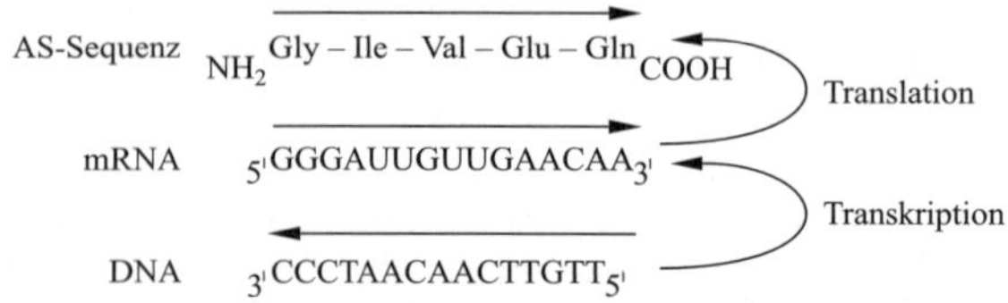

2.1 *(Beachten Sie: Der Erläuterungstext ist nur bis zu Ziffer 6 verlangt!)*

1) (reversibles) Andocken des Insulinmoleküls an ein spezifisches Membranprotein = Rezeptor (Schlüssel-Schloss-Prinzip)
2) Auf der Innenseite der Zellmembran wirkt das Membranprotein als Enzym und katalysiert die Phosphorylierung eines Signalproteins (gekoppelte Reaktion, in der ATP verbraucht wird)
3) Das phosphorylierte Signalprotein bewirkt, dass sich spezielle Vesikel in Richtung Zellmembran bewegen
4) In die Vesikelmembran sind spezifische Glucose-Kanäle (Membranproteine, die Glucose transportieren, Carriermoleküle) integriert.
5) Die Vesikel(membranen) verschmelzen mit der Zellmembran und integrieren dadurch viele (zusätzliche) Glucose-Kanäle in die Membran der Körperzelle.
6) Glucosemoleküle können nun die Zellmembran passieren und gelangen ins Zellinnere.

1–6: Insulin bewirkt über eine Signalkaskade, dass die Körperzellen Glucose aus dem Blut aufnehmen können.

Gezeichnet sind in Abb. 2 Membrankanäle und ein Konzentrationsgefälle von außen nach innen. Die Art der Glucoseaufnahme darf also als „Diffusion" durch Glucosekanäle bezeichnet werden. Ein passiver Carriervermittelter Transport (erleichterte Diffusion durch Glucosetransporter) ist der Zeichnung nicht zu entnehmen. Aktiver Transport wäre falsch. Diese Transportform tritt bei der Aufnahme von Glucose durch das Dünndarmepithel auf. (Natriumgekoppelte Glucosetransporter)

2.2 Die Zahl der Glucose-Kanäle wird durch die ständig ablaufenden Vorgänge 7–9 immer geringer. Nur Insulin kann verhindern, dass durch Abschnürung von Vesikeln aus der Zellmembran (Endocytose) immer mehr Glucose-Kanäle im Zellinneren verschwinden. Bei Insulinmangel befinden sich nach einiger Zeit kaum mehr Glucosekanäle in der Zellmembran, sodass die Zelle keine Glucose mehr aufnehmen kann.

3.1 Transkription bei Prokaryoten:
a) Der DNA-Doppelstrang wird (auf die Länge eines Gens) von einem Enzym in Einzelstränge aufgetrennt.
b) Freie RNA-Nukleotide lagern sich komplementär (spezifische Basenpaarung, H-Brücken) an den codogenen Strang an.
c) Das Enzym RNA-Polymerase verknüpft diese Nukleotide zu einem mRNA-Strang.
d) Die mRNA löst sich von der DNA.

3.2 Unterschiede:

	Prokaryoten	**Eukaryoten**
DNA	Ort: Zellplasma Codogener Strang enthält nur die Information für Proteinbau (keine Introns)	Ort: Zellkern Codogener Strang enthält Abschnitte, die nicht für Proteinabschnitte codieren (Introns)
mRNA Transkription	Direkte komplementäre Genabschrift	Die RNA-Kopie des Gens (= prä-mRNA) muss nachbearbeitet werden (= Spleißen). Erst nach Ausschneiden der Introns ist die mRNA fertig (= „reif“)
Ribosomen Translation	Ort: Zellplasma Translation im gleichen Kompartiment	Ort: Zellplasma Translation in neuem Kompartiment ⇒ Diffusion durch Kernporen notwendig

3.3 Die einfachste Lösung wäre, keine Prokaryoten zu benutzen sondern Eukaryotenzellen: Man baut das Insulin-Gen (samt Introns) in Tierzellen ein. Beispiel: Milchdrüsenzellen von Schafen ⇒ Isolierung von Insulin aus Schafsmilch (= „Pharming“).
Oder: Eukaryotische Mikroorganismen z. B. Hefezellen als Insulinproduzenten

Oder: Wenn Prokaryoten das Insulin herstellen sollen, dann muss die eingeschleuste DNA bereits ohne Introns sein, um ohne Spleißen reife mRNA zu erhalten.

- **cDNA** (von *complementary DNA*) ist eine DNA, die mithilfe des Enzyms Reverse Transkriptase aus isolierter reifer Insulin-mRNA synthetisiert wird.
- Herstellung synthetischer DNA-Moleküle, deren Basensequenz aus der Aminosäuresequenz des Insulins mithilfe der Codesonne ermittelt wurde.

Profil-/Neigungsfach Biologie (Baden-Württemberg): Abituraufgaben 2009
Aufgabe II: Stammbaum, Artbildung, DNA-Hybridisierung, Immunantwort

BE

Zwei blutsaugende Parasiten des Menschen sind die Kopflaus *Pediculus humanus* in den Kopfhaaren sowie die Filzlaus *Phthirus pubis* in den Schamhaaren. Forscher der Universität von Florida untersuchten Läuse von Mensch, Gorilla und Schimpanse, um herauszufinden, wie nahe die Läuse miteinander verwandt und wann die einzelnen Parasitenarten entstanden sind.

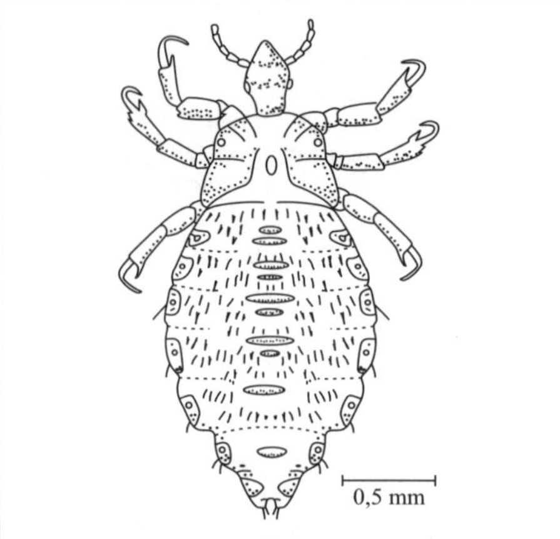

Abb. 1: Kopflaus *Pediculus humanus*

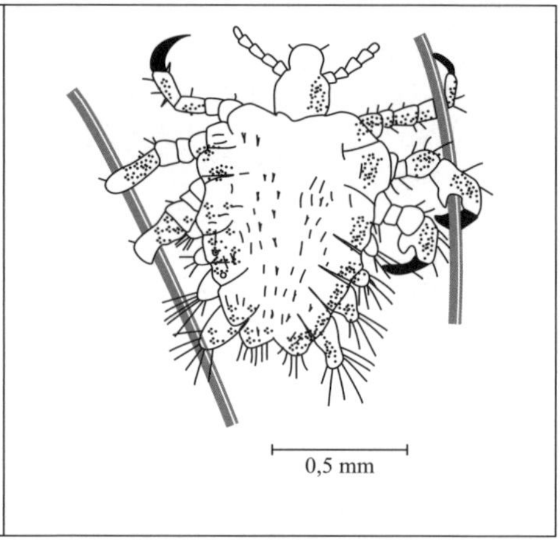

Abb. 2: Filzlaus *Phthirus pubis*

1.1 Ordnen Sie die Läuse einer systematischen Gruppe zu. Nennen Sie ein Merkmal, das diese Zuordnung begründet.

1.2 Nennen Sie zwei Angepasstheiten der Läuse an die parasitäre Lebensweise. 2

Durch den Vergleich der DNA-Sequenzen der beiden Gattungen *Pediculus* und *Phthirus* konnte gezeigt werden, dass sich diese vor ca. 13 Mio. Jahren getrennt haben. Die beiden Arten *Pediculus schaeffi* und *Pediculus humanus*, die bei Schimpanse bzw. Mensch parasitieren, gehen vermutlich seit 6 Mio. Jahren eigene Wege und damit etwa genauso lange wie ihre Wirte. Außerdem konnten die Forscher zeigen, dass die beiden jeweils auf ihren Wirt Mensch bzw. Gorilla spezialisierten Arten *Phthirus pubis* und *Phthirus gorillae* sich seit etwa 3,3 Mio. Jahren unabhängig voneinander entwickelten. Die Wissenschaftler gehen davon aus, dass es den Filzläusen der Gorillavorfahren damals gelang, sich in der Scham- und Achselbehaarung der Vorfahren des Menschen einzunisten. Die Vorfahren des Menschen kamen wohl mit den Läusen in Kontakt, als sie in den verlassenen Nestern der Menschenaffen nächtigten.

2.1 Erstellen Sie einen Stammbaum der vier genannten Parasiten mit den entsprechenden Zeitangaben (Größe ca. ½ Seite). 2

2.2 Erklären Sie die Aufspaltung der Gattung *Phthirus* in die zwei Arten *P. gorillae* und *P. pubis* auf der Grundlage der Synthetischen Evolutionstheorie. 4

Um Verwandtschaftsverhältnisse zwischen nah verwandten Arten zu klären, wendet man die DNA-Hybridisierungstechnik an. Dabei werden einander entsprechende DNA-Einzelstränge der zu untersuchenden Arten zu Hybrid-DNA kombiniert. DNA-Doppelstränge lassen sich durch Erhitzen wieder in Einzelstränge aufspalten („schmelzen"): Artreine DNA und Hybrid-DNA weisen unterschiedliche „Schmelztemperaturen" auf. Man nimmt an, dass im betrachteten Fall eine „Schmelztemperaturdifferenz" von 1 Kelvin einem Entwicklungszeitraum von ca. 4 Mio. Jahren entspricht.

3.1 Erklären Sie, warum die „Schmelztemperatur" der Hybrid-DNA niedriger ist als die artreiner DNA. 2

3.2 Erläutern Sie den Zusammenhang zwischen einer Veränderung der „Schmelztemperatur" und dem Entwicklungszeitraum. 2

Die Tabelle unten zeigt die Differenz der „Schmelztemperaturen" (in Kelvin) artreiner und hybridisierter DNA von Gorilla, Mensch und Schimpanse.

	Gorilla	**Mensch**	**Schimpanse**
Gorilla	0	2,3	2,3
Mensch	2,3	0	1,6
Schimpanse	2,3	1,6	0

3.3 Erstellen Sie mithilfe der Tabellenwerte einen Stammbaum für Gorilla, Mensch und Schimpanse mit den entsprechenden Zeitangaben (Größe ca. ½ Seite). 3

Unter schlechten hygienischen Bedingungen kann die Kleiderlaus, eine nahe Verwandte der Kopflaus, den Erreger des Fleckfiebers, das Bakterium *Rickettsia prowazeki*, auf den Menschen übertragen. Nach einer Inkubationszeit von ca. zwei Wochen, in der sich die Bakterien in den Epithelzellen der Blutgefäße des Menschen vermehren, beginnt die Erkrankung plötzlich mit starken Kopf- und Gliederschmerzen, Schüttelfrost und rasch ansteigendem Fieber.

4.1 Erläutern Sie, welche biologische Bedeutung die erhöhte Körpertemperatur haben könnte. 1

4.2 Stellen Sie die humorale Immunantwort auf eine Bakterieninfektion in Form eines Verlaufsschemas dar. 4

20

Lösungen

1.1 Beide Tiere haben 6 Beine (3 Beinpaare): Insekten
oder:
Beide Tiere haben einen gegliederten Körper (Körpersegmente): Gliedertiere

1.2 Anpassungen an parasitische Lebensweise:
- Beine mit Klammerhaken für Haare
- Abgeflachter Körper
- Geringe Körpergröße (1,5 bzw. 2,5 mm)
- Flügellosigkeit
- Nicht zu sehen: Mundwerkzeuge zum Blutsaugen

2.1 Stammbaum-Schema nach Textangaben:

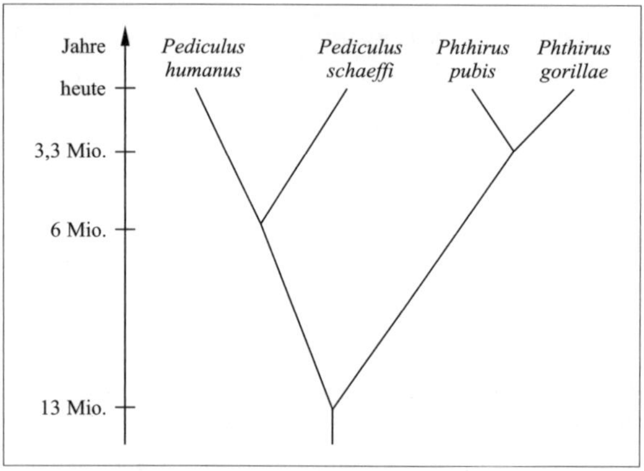

2.2 *Die Synthetische Evolutionstheorie erklärt die Entstehung neuer Arten im Wesentlichen mit folgenden Evolutionsfaktoren: Mutation/Rekombination, Selektion, Isolation und Gendrift.*

Deutung der Aufspaltung der Gattung Phthirus in zwei neue Arten:

Voraussetzungen:
Vor 3,3 Millionen Jahren muss es noch eine gemeinsame Population von Filzläusen mit einem gemeinsamen Genpool gegeben haben. Die Wissenschaftler nehmen an, dass diese Ausgangspopulation auf die parasitische Lebensweise (Blutsauger) im Fell von Vorfahren der heutigen Gorillas spezialisiert war. Diese ökologische Nische setzt eine Reihe von speziellen Anpassungen voraus, die einen Wirtswechsel sehr schwer machen (z. B. Haar-, Blut-, und Hautqualität). Voraussetzung für einen Wirtswechsel ist also eine enge Verwandtschaft zwischen den Wirtsarten und die körperliche Nähe zwischen Individuen der verschiedenen Wirtsarten. Die erste Voraussetzung ist erfüllt, da (Ur)mensch und (Ur)gorilla nah miteinander verwandt waren. Die zweite Bedingung kann ebenfalls leicht erfüllt werden: Entweder die Urmenschen jagten Gorillas und kamen so in körperlichen Kontakt oder, wie im Text vermutet, teilten Menschen und Gorillas ihre Nachtlager.

Faktoren, die zur Artaufspaltung geführt haben könnten:

- **Mutation:** Zunächst könnten zwar immer wieder Gorilla-Läuse auf Menschen gewechselt haben, aber eine erfolgreiche Vermehrung war nicht möglich, da Menschenblut für sie nicht verwertbar war. Durch eine Mutation konnte ein Weibchen erfolgreich Eier bilden und diese Fähigkeit an ihre Nachkommen vererben.
- **Separation:** Durch die spätere Auftrennung der Lebensräume von Mensch und Gorilla wurde der gemeinsame Genpool der Läuse getrennt. Durch unterschiedliche Mutationen und andere Selektionsbedingungen (z. B. Hygienemaßnahmen der Urmenschen) in den Teilpopulationen der Läuse entstanden schließlich die heutigen Arten *P. gorillae* und *P. pubis*.

Oder: Die Gorilla-Läuse konnten sich ursprünglich auch auf Menschen erfolgreich vermehren und die Aufspaltung in zwei Arten ist die Folge der lang anhaltenden Trennung der Menschenläuse-Population von der Gorillaläuse-Population (geographische Isolation = Separation). Da in den Teilpopulationen zufallsgemäß unterschiedliche Mutationen auftraten und auch unterschiedliche Selektionsbedingungen herrschten, entwickelten sich die getrennten Genpools so weit auseinander, dass heute eine fruchtbare Fortpflanzung zwischen Individuen beider Arten unmöglich ist (biologische Artdefinition).

3.1 **Artreine DNA** besteht aus komplementären Doppelsträngen, d. h. die Einzelstränge sind nahezu 100 %ig über spezifische Basenpaarungen („Sprossen“) miteinander über H-Brücken verknüpft. Je größer die Zahl der H-Brücken bezogen auf die Zahl der Basen in einem DNA-Abschnitt, desto größer ist die benötigte Energiezufuhr, um die Einzelstränge zu trennen, desto höher ist der „Schmelzpunkt“.

Hybrid-DNA besteht aus Einzelsträngen artfremder Herkunft ⇒ die Basensequenz ist je nach Verwandtschaftsnähe stark verändert ⇒ die Zahl der Basen, die noch einen komplementären Partner finden ist geringer ⇒ die Anzahl der H-Brücken, die den Hybrid-Doppelstrang zusammenhalten ist geringer ⇒ der Energieaufwand, die Einzelstränge zu trennen ist geringer ⇒ die Schmelztemperatur ist niedriger.

3.2 Je größer die Differenz der Schmelztemperaturen, desto mehr Basen müssen sich durch Mutationsereignisse verändert haben. Falls sich Mutationen über den untersuchten Zeitraum hinweg spontan und ungerichtet ereignet haben, müsste die Mutationsrate (= Mutationen pro Zeiteinheit) relativ konstant sein. Folgerung: Je größer die Schmelzpunktabweichung, desto mehr Mutationen müssen stattgefunden haben, desto weiter muss der Zeitpunkt der getrennten Entwicklung zurückliegen.

3.3 Differenz: Gorilla – Schimpanse: 2,3 K
Differenz: Gorilla – Mensch: 2,3 K
Differenz: Mensch – Schimpanse: 1,6 K

Folgerung: Schimpansen- bzw. Menschen-Linie haben sich von der Gorilla-Linie vor ca. $2{,}3 \times 4 = 9{,}2$ Mio. Jahren getrennt. Schimpansen und Menschen entwickeln sich seit ca. $1{,}6 \times 4 = 6{,}4$ Mio. Jahren getrennt.

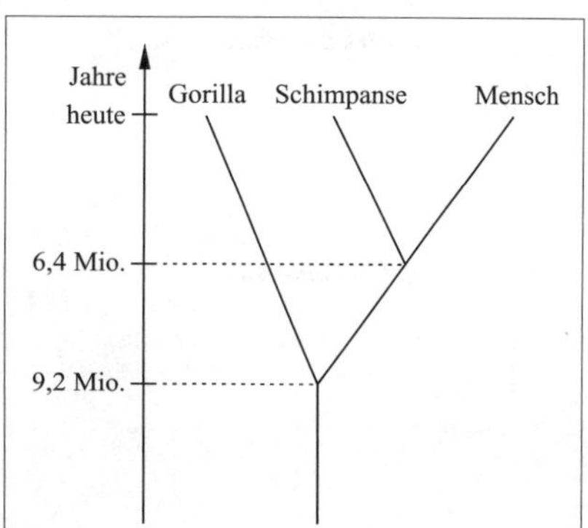

4.1 Erhöhte Körpertemperatur beschleunigt alle Stoffwechselreaktionen gemäß der RGT-Regel (10° Erhöhung bewirken Verdopplung der RG). Biologische Bedeutung: Die Immunreaktion (Zellteilungen, Synthese von Signalstoffen, Synthese von Antikörpern) wird beschleunigt.

oder: Für ein „Schlüsselenzym" der Immunantwort könnte die Fiebertemperatur aktivierend oder hemmend wirken ⇒ Steuersignal z. B. für bestimmte Genaktivitäten.

oder: Die erhöhte Temperatur ist für Bakterien ungünstig ⇒ außerhalb ihrer Optimaltemperatur vermehren sie sich langsamer.

oder: (Aus der Perspektive der Bakterien) Die Temperaturerhöhung wird durch die Bakterien ausgelöst, weil dies ihre Vermehrung begünstigt.

4.2 Verlaufsschema der humoralen Immunantwort auf eine Bakterieninfektion:

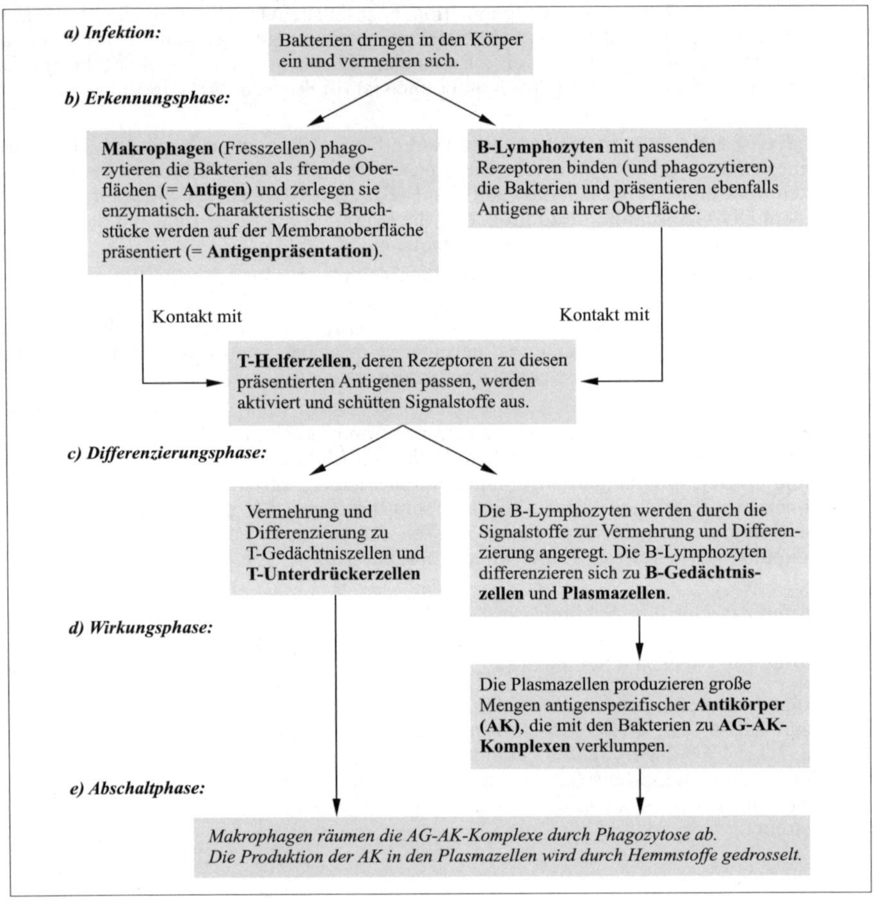

Aufgabe III: Aktionspotenzial, Summation, Enzymaktivität, Vesikeltransport

BE

Die Venusfliegenfalle *(Dionaea muscipula)* (Abbildung 1) ist eine fleischfressende Pflanze. Sie kann bei Reizung ihr aufwändig gebautes Fangblatt äußerst schnell zusammenklappen, um Insekten oder Spinnen zu fangen und anschließend zu verdauen.
Die Venusfliegenfalle ist ausschließlich in den Hochmooren der amerikanischen Bundesstaaten North Carolina und South Carolina beheimatet. Die Pflanze wächst an dauerfeuchten, sonnigen und offenen Standorten auf stickstoffarmen, sandigen Böden. Die Wurzeln sind für die Stickstoffversorgung nahezu bedeutungslos. Im Herbst geht die Pflanze in Winterruhe. Zu dieser Zeit besitzt sie nur noch kleine Blätter. Die Funktion der Fallen ist eingestellt.

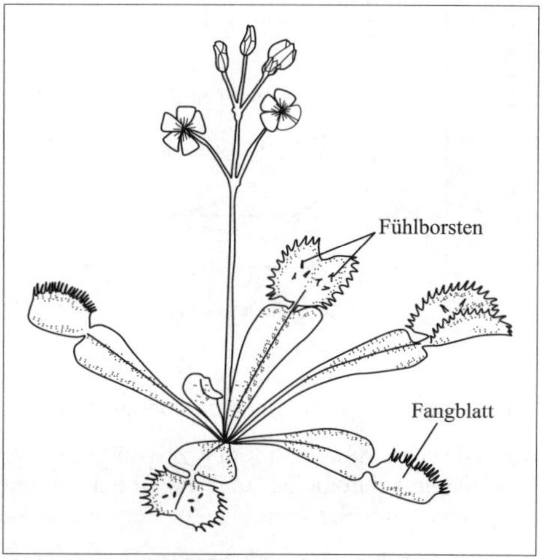

Abb. 1: Venusfliegenfalle

1 Die Venusfliegenfalle hat einen stark verdickten Wurzelstock sowie einen auffallend langen Blütenstiel. Erläutern Sie jeweils eine biologische Bedeutung dieser Angepasstheiten. 2

Auf den Fangblättern sind mehrere Fühlborsten verteilt (Abbildung 2a und 2b). Durch Abknicken dieser Fühlborsten werden die Sinneszellen gereizt. In der Folge können Aktionspotenziale entstehen.

2 Erläutern Sie, wie es infolge einer Reizung zu einer Veränderung des Membranpotenzials der Sinneszelle der Fühlborste kommen könnte. 3

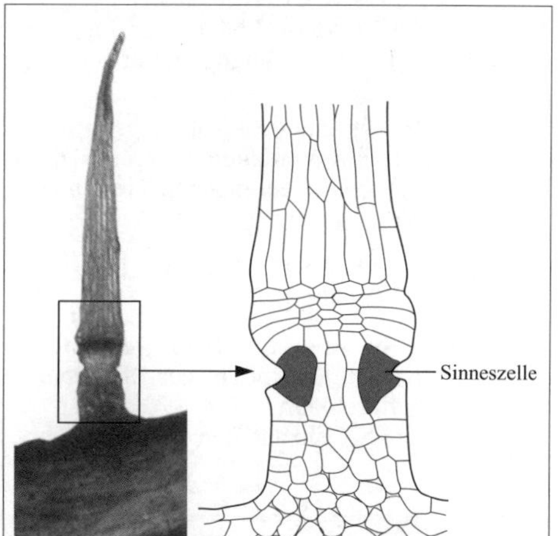

Abb. 2: Fühlborste als Foto (a) und als Schema (b)
Quelle Foto: Martin Brunner, http://de.wikipedia.org/w/index.php?titel=Datei:Dionaeamuscipula-Ausloeseborste-Mikroskopaufnahme.jpg&filetimestamp=20060828114119; lizensiert unter der Creative Commons-Lizenz Attribution ShareAlike 2.5

Die Abbildungen 3 und 4 zeigen das Ergebnis elektrophysiologischer Untersuchungen an pflanzlichen und tierischen Zellen.

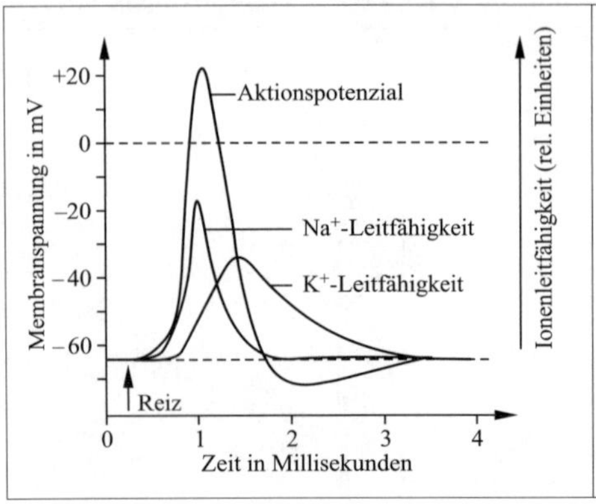

Abb. 3

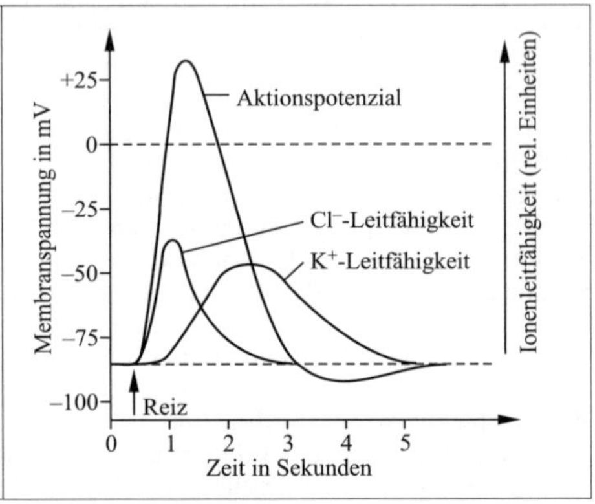

Abb. 4

3.1 Nennen Sie drei Unterschiede zwischen Tier- und Pflanzenzelle. 1

3.2 Die Abbildungen 3 und 4 zeigen grundlegende Unterschiede bei den Aktionspotenzialen pflanzlicher und tierischer Zellen. Ordnen Sie die beiden Abbildungen Pflanzen- oder Tierzelle zu. Begründen Sie Ihre Entscheidung (zwei Angaben). 3

3.3 Beschreiben Sie die Vorgänge an der Membran, die zu dem in Abbildung 4 gezeigten Spannungsverlauf des Aktionspotenzials führen. 3

Die einmalige Berührung einer Fühlborste reicht nicht aus, um das Schließen des Fangblattes auszulösen. Erst wenn mindestens zwei Fühlborsten gleichzeitig gereizt werden oder eine innerhalb von 20 Sekunden mehrmals mechanisch gereizt wird, erfolgt eine Reaktion.

4 Erläutern Sie diese Phänomene und deren biologische Bedeutung für die Venusfliegenfalle in Anlehnung an tierische Nervensysteme. 3

Wurde ein Insekt oder eine Spinne gefangen, scheidet die Venusfliegenfalle aus Drüsenzellen des Fangblatts ein Verdauungssekret aus, das ein Gemisch verschiedener Enzyme enthält. Damit verdaut sie die gefangenen Tiere und nimmt die gelösten Nährstoffe auf; übrig bleiben Reste des Chitinpanzers.

5.1 Nennen und erläutern Sie zwei Faktoren, von denen die Dauer dieses Verdauungsvorgangs abhängig ist. 2

5.2 Nennen Sie in der richtigen Reihenfolge die „Stationen“, die ein Verdauungsenzym vom Bildungsort in der Pflanzenzelle bis zum Wirkort außerhalb der Pflanzenzelle durchläuft.
Benennen Sie die and den verschiedenen „Stationen“ ablaufenden Vorgänge. 3

20

Lösungen

Alle Informationen sind dem Vortext zu entnehmen! Verlangt wird eine kurze ***Erläuterung****.*

1 Verdickter Wurzelstock:
- Guter Halt im lockeren Sand/Torf (⇒ Standfestigkeit)
- Einlagerung von Nährstoffen und Stickstoff-Verbindungen (⇒ Speicherorgan)
- Winterruhe mit minimaler Fotosynthese (kleine Blätter) und ohne Stickstoffversorgung (keine Fangblätter) (⇒ Überdauerungsorgan)

Langer Blütenstiel:
- Die Venusfliegenfalle braucht Insekten sowohl als Futter für ihre Stickstoff-„Düngung" als auch als Bestäuber ihrer Blüten. Sie muss also verhindern, dass Blütenbesucher getötet werden ⇒ großer Abstand zu den Fangblättern.
- An sonnigen und offenen Standorten ist der Bewuchs mit anderen Moorpflanzen sehr niedrig ⇒ lange Blütenstiele machen die Blüte gut sichtbar ⇒ Anlockung von Insekten.

2 Hypothese zu den Folgen einer Reizung der Fühlborste:
Berührung führt zum Abknicken der Fühlborste ⇒ Die Membran der Sinneszellen wird auf einer Seite gestaucht und auf der anderen Seite gedehnt. ⇒ (direkte) Veränderung der Durchlässigkeit der Membran für bestimmte Ionen (integrale Membranproteine, die als Ionenkanäle fungieren werden durchlässiger).

oder: Freisetzung/Aktivierung von Signalstoffen, die indirekt die Membranpermeabilität verändern. ⇒ (passiver) Ionenstrom, der einem Konzentrationsgefälle folgt (Diffusion) und/oder einen Ladungsunterschied ausgleicht. ⇒ Veränderung der Membranspannung der Sinneszelle.

3.1 Unterschiede: Tierzelle – Pflanzenzelle

	Tierzelle	Pflanzenzelle
Chloroplasten (Plastiden)	nein	ja
Vakuole	nein	ja
Zellwand	nein	ja

3.2 Abb. 3 muss die Tierzelle sein.
Begründung:
- Bei Tierzellen beruht das AP auf der zeitlich versetzten Änderung der Na^+-Ionen-Permeabilität (Depolarisierungsphase) bzw. der K^+-Ionen-Permeabilität (Repolarisierungsphase) der Zellmembran.
- Ein AP dauert im Normalfall ca. 2–3 msec.

Abb. 4 ist deshalb der Pflanzenzelle zuzuordnen:
- zeitlich versetzte Änderung der Cl^--Ionen-Permeabilität (Depolarisierungsphase) bzw. der K^+-Ionen-Permeabilität (Repolarisierungsphase) der Zellmembran.
- Dauer eines pflanzlichen APs: 4–5 sec.

3.3 *Hier müssen Sie von den Verhältnissen in Tierzellen ausgehen und logisch konsequent auf die Ionen-Verhältnisse in Pflanzenzellen schließen:*

1 Beide Ableitungen erfolgten intrazellulär, d. h. die Messelektrode steckte im Zellinneren ⇒ beim RP herrscht in beiden Zelltypen ein negativer Ladungsüberschuss im Zellinneren.

2 In beiden Fällen entspricht das AP einer kurzzeitigen Umpolung der Membran von ca. –70 bis –80 mV auf ca. +30 mV innen gegenüber außen.

3 Die Depolarisierung beruht bei Tierzellen auf einer schlagartig zunehmenden Kationen-Leitfähigkeit der Zellmembran (Na^+-Einstrom entlang eines Konzentrationsgefälles). Der Abb. 4 ist zu entnehmen, dass hier die Depolarisierung auf einer schlagartig zunehmenden ***Anionen****-Leitfähigkeit (Cl^--Ionen) beruht. Daraus ist zu folgern, dass die Abnahme des negativen Ladungsüberschusses im Zellinneren während der Depolarisierung nur auf einem Cl^-*-***Ausstrom*** *aus der Zelle beruhen kann. Also muss im Inneren von Pflanzenzellen im Ruhezustand ein Überschuss an Kalium-Ionen und Chlorid-Ionen vorliegen. Das Ruhepotenzial bei Pflanzen beruht dann auf Kaliumionen, die aufgrund des Konzentrationsgefälles von innen nach außen diffundieren und somit eine Ladungstrennung über der Membran herbeiführen. Ihre Gegenionen (Chlorid-Ionen) können die Membran gar nicht oder nur in geringem Ausmaß passieren. Während eines Aktionspotenzials erhöht sich die Permeabilität der Membran für Chlorid-Ionen, die dann entsprechend ihres Konzentrationsgradienten ausströmen und die Membran somit depolarisieren.*

Vorgänge beim Ablauf eines Aktionspotenzials bei einer Pflanzenzelle:

- **Depolarisierungsphase**: Der Reiz bewirkt die Öffnung von Chlorid-Kanälen. Folge: Ausstrom von Cl^--Ionen (gemäß Konzentrationsgefälle) ⇒ Depolarisierung. Hat die Depolarisierung einen Schwellenwert erreicht, öffnen sich schlagartig viele weitere (spannungsgesteuerte) Chlorid-Kanäle ⇒ schneller Cl^--Ausstrom ⇒ Umpolung auf ca. +30 mV (innen gegenüber außen). Nach ca. 1 sec beginnen sich die Chlorid-Kanäle wieder zu schließen und dafür öffnen sich (spannungsgesteuerte) K^+-Kanäle.
- **Repolarisierungsphase**: Schneller K^+-Ionen-Ausstrom (Diffusion gemäß Konzentrationsgefälle) ⇒ Ruhespannung stellt sich wieder ein. Da sich die Kalium-Kanäle verzögert schließen (bis 4,5 sec nach Reizung), kommt es kurzzeitig zu einer Hyperpolarisierung.

4 *Da es bei Pflanzen weder Neuronen noch Synapsen gibt, ist die folgende Erläuterung nur für tierische Nervensysteme gültig.*

Man nennt die **Verrechnung von Nervenimpulsen**, die von verschiedenen Nervenzellen über Synapsen in einer zentralen Nervenzelle eintreffen **Summation.** Diese zentrale Nervenzelle entscheidet dann, ob und mit welcher Frequenz sie ihrerseits (ab dem Axonhügel) Aktionspotenziale weiterleitet. Man unterscheidet zwei Formen der Summation: **räumliche Summation** und **zeitliche Summation.**

- **räumliche Summation:** Wenn von mehreren Synapsen zur gleichen Zeit erregende Potenziale (Depolarisierung) bzw. hemmende Potenziale (Hyperpolarisierung) im zentralen Neuron eintreffen, so werden diese summiert. Wird am Axonhügel der Schwellenwert zur Entstehung von Aktionspotenzialen erreicht, dann wird eine Erregung weitergeleitet.
- **zeitliche Summation:** Wenn von einer einzelnen Synapse in kurzen Zeitabständen mehrere erregende Potenziale im zentralen Neuron eintreffen, so werden diese summiert und können so am Axonhügel den Schwellenwert für die Auslösung von Aktionspotenzialen erreichen ⇒ Weiterleitung der Erregung.

Biologische Bedeutung: Ohne Reizschwelle würde jeder Luftzug, jeder Regentropfen, jede Erschütterung die Schließbewegung des Fangblattes auslösen.
⇒ Verschwendung von Stoffwechselenergie
⇒ mechanischer Verschleiß

Die Schließbewegung darf nur selektiv ausgelöst werden, um Energie einzusparen:
⇒ gleichzeitige Reizung mindestens zweier Borsten ⇒ Mindestgröße der Beute
⇒ mehrfache Reizung innerhalb von 20 Sekunden ⇒ lebendes Objekt.

5.1 Die Dauer der Verdauungstätigkeit hängt von der Enzymaktivität (Umsatz von Substratmolekülen pro Zeiteinheit) ab. Die Enzymaktivität hängt ab von
- der Temperatur
- dem pH-Wert
- der Enzymkonzentration (= Zahl der Enzymmoleküle pro $m\ell$ Verdauungssaft)
- der Substratkonzentration (= Zahl der Substratmoleküle pro $m\ell$ Verdauungssaft) ⇒ „Beutegröße"

(2 Faktoren sind verlangt)

Erläuterung der Temperaturabhängigkeit:
Temperaturerhöhung (s. **RGT-Regel**). bewirkt eine beschleunigte Teilchenbewegung ⇒ Enzymmoleküle und Substratmoleküle bewegen sich schneller und treffen häufiger erfolgreich zusammen ⇒ die Reaktionsgeschwindigkeit (RG) steigt, d. h. pro Zeiteinheit wird mehr Substrat umgesetzt ⇒ bei **Temperaturoptimum**: schnellste Verdauung.
Ab einer Temperatur von ca. 45 °C wird die thermische Bewegung der Enzymmoleküle so heftig, dass die Tertiärstruktur zerstört wird *(z. B. H-Brücken lösen sich)* ⇒ die RG geht rasch gegen Null, da das aktive Zentrum durch **Hitzedenaturierung** zerstört wird.

Erläuterung der pH-Abhängigkeit:
Eine pH-Änderung bewirkt eine Änderung der Tertiärstruktur des Enzymmoleküls.

Grund: Einige Aminosäuren haben in ihrem Rest zusätzliche Aminogruppen bzw. Carboxylgruppen. Durch Änderung des pH-Werts ändert sich die Konzentration an H^+-Ionen (H_3O^+) ⇒ die Ionenladungen dieser Gruppen ändern sich ⇒ die Raumstruktur ändert sich.

Nur bei einem bestimmten pH-Wert ist das aktive Zentrum des Enzyms optimal passend für das Substratmolekül (**Schlüssel-Schloss-Prinzip**) ⇒ schnellste Verdauung nur bei **pH-Optimum**.

5.2 *Beachten Sie die Operatoren „Nennen Sie" und „Benennen Sie" ⇒ keine Erläuterung!*

„Stationen" eines Verdauungsenzyms:

Ort der Proteinbiosynthese in der Zelle: **Ribosomen (raues ER)**
↓
Speicherung und Transport: **Endoplasmatisches Retikulum = ER**
↓
Umbau zum fertigen Verdauungsenzym für den „Export": **Dictyosomen (Golgiapparat)**
↓
Transport zur Zellmembran: **Golgi-Vesikel**
↓
Entleerung der Verdauungsenzyme aus der Zelle durch Verschmelzung der Vesikelmembran mit der Zellmembran (Exocytose): **Zellmembran**

Aufgabe IV: Pflanzenorgane, Gentransfer, Antisense-mRNA, Stärkesynthese

BE

Müllberge aus Haushalt und Industrie wachsen in beängstigendem Ausmaß an. Ein möglicher Ausweg ist die Verwendung von Kartoffelstärke für die Herstellung von Einweggeschirr, Windeln und Verpackungen, weil diese biologisch leicht abbaubar sind. Abbildung 1 zeigt eine Kartoffelpflanze.

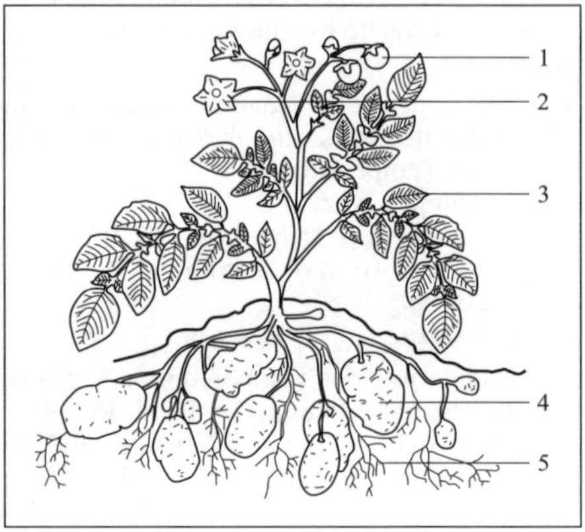

Abb. 1: Kartoffelpflanze

1.1 Benennen Sie die mit Ziffern bezeichneten Pflanzenorgane.
Geben Sie an, in welchem dieser Organe Stärke hauptsächlich gespeichert wird.

1.2 Erläutern Sie die Bedeutung der Stärkespeicherung für die Kartoffelpflanze. 3

Kartoffelstärke besteht zu ca. 25 % aus Amylose und zu ca. 75 % aus Amylopektin. Für die technische Nutzung eignet sich nur das Amylopektin. Mit gentechnischen Methoden gelang es, amylosefreie Kartoffeln herzustellen. Dies war möglich, nachdem ein wichtiges Schlüsselenzym für die Synthese der Amylose in Kartoffelzellen, das sogenannte GBSS-Enzym, identifiziert und das entsprechende Gen lokalisiert und sequenziert worden war. Um die Synthese des GBSS-Enzyms zu verhindern, wurde ein künstlich hergestellter DNA-Abschnitt in das Genom dieser Kartoffelpflanzen eingefügt.
Abbildung 2 zeigt schematisch die gentechnisch veränderte DNA der Kartoffelzellen mit den Vorgängen, die letztendlich zu amylosefreien Kartoffeln führen.

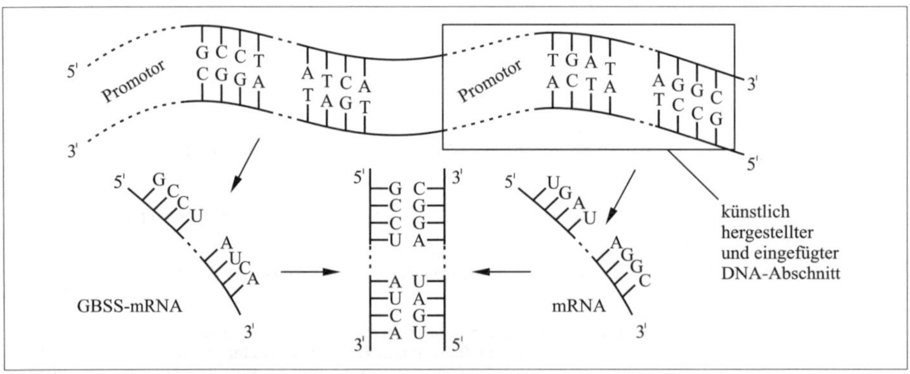

Abb. 2

2 Beschreiben Sie ein Verfahren, mit dem ein künstlich hergestellter DNA-Abschnitt in eine Kartoffelzelle eingeschleust werden kann. 2

3 Erläutern Sie die in der Abbildung 2 dargestellten Vorgänge. 3

Im Plasma von pflanzlichen und tierischen Zellen gibt es zwei Enzyme, die der Abwehr von Viren dienen:
Das Enzym *Dicer* („Häcksler") zerschneidet doppelsträngige RNA in Bruchstücke von etwa 22 Basenpaaren Länge und zerlegt diese in Einzelstränge.
Andere Enzyme („Fänger") binden jeweils eines dieser einsträngigen RNA-Bruchstücke. Ein Komplex aus RNA-Bruchstück und Enzym, der *Risc* genannt wird, fängt mRNAs mit komplementären Abschnitten und zerschneidet sie nach einer Doppelstrangbildung in kleine Einzelstrangbruchstücke.

4.1 Stellen Sie die gegebenen Informationen mit geeigneten Symbolen zeichnerisch in Form eines Verlaufsschemas dar. Beschriften Sie die verwendeten Symbole. 4

4.2 Erläutern Sie anhand Ihres Verlaufsschemas, weshalb transgene Kartoffelzellen keine Amylose herstellen können. 1

Im Spätsommer und Herbst wird in den Speicherorganen aus Glucose Stärke hergestellt. Die Glucose-Moleküle müssen dabei zunächst chemisch aktiviert werden. Durch das Enzym Phosphorylase wird eine Phosphatgruppe von ATP auf Glucose übertragen. Dann reagieren zahlreiche Glucose-1-phosphat-Moleküle unter Abspaltung von Phosphatresten miteinander zu Stärke. Diese Reaktion wird von dem Enzym Stärkesynthase katalysiert. Beide genannten Enzyme sind im Zellplasma der Zellen der Speicherorgane enthalten.
Zur Untersuchung der Stärkesynthese werden zunächst folgende Arbeitsschritte durchgeführt:

a) Eine geschälte Kartoffel wird fein zerrieben.
b) Der entstandene Brei wird durch ein Tuch gepresst.
c) Das Filtrat wird zentrifugiert. Die Stärkekörner setzen sich vollständig im Sediment ab.

Der Überstand wird im Folgenden als Kartoffelpresssaft bezeichnet. Nach dem folgenden Schema (siehe Abbildung 3) werden vier Versuche auf einer Tüpfelplatte durchgeführt. Iod-Kaliumiodid-Lösung (Lugolsche Lösung) dient hierbei als Nachweisreagenz für Stärke.

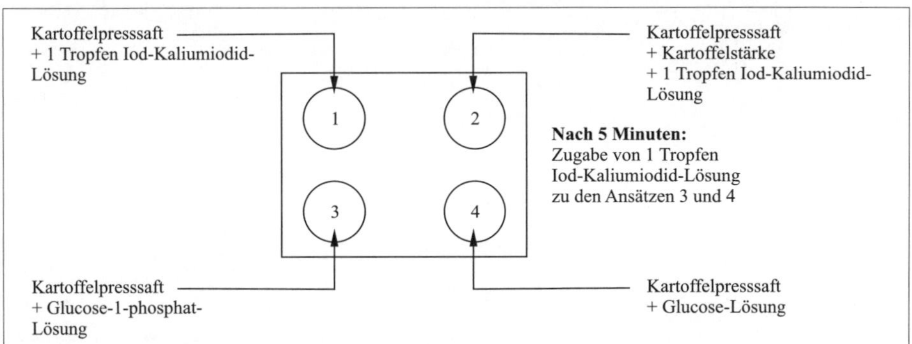

Abb. 3: Versuche mit Kartoffelpresssaft

5.1 Erklären Sie jeweils die Bedeutung der auf der vorigen Seite beschriebenen Arbeitsschritte (a) bis (c). 2

5.2 Beschreiben Sie die zu erwartenden Beobachtungen bei den Ansätzen 1 bis 4 nach Zutropfen der Iod-Kaliumiodid-Lösung. Begründen Sie Ihre Aussage. 3

5.3 Erklären Sie die Bedeutung der Ansätze 1 und 2. 2

20

Anlage: Code-Sonne

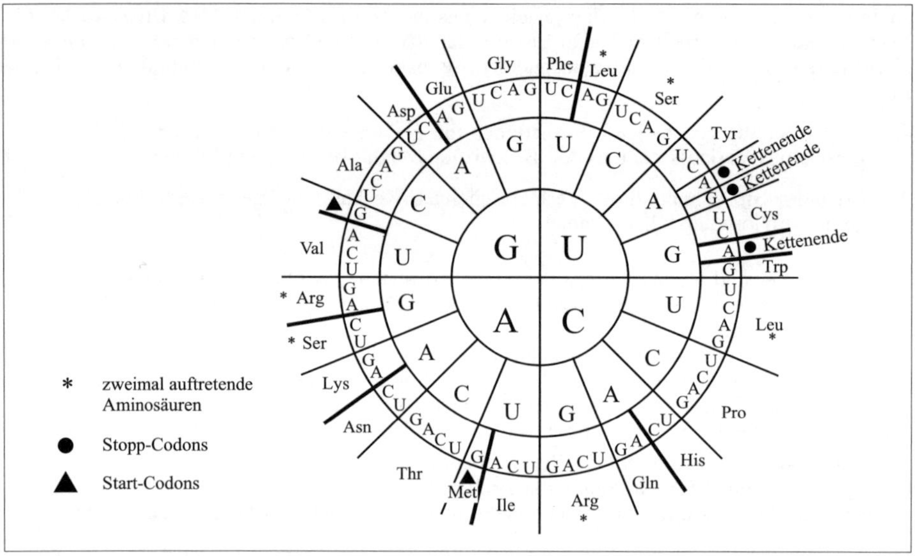

Lösungen

1.1 1 = Frucht *(Beere) (nicht: Samen!)*
2 = Blüte
3 = (Laub-)Blatt
4 = (Spross-)Knolle *(unterirdische verdickte Sprosse, nicht: Fruchtknolle oder Wurzelknolle!)*
5 = Wurzel
Stärkespeicher ist die Kartoffelknolle

1.2 Bedeutung der Stärkespeicherung: Die Kartoffel ist eine krautige (einjährige) Pflanze, die u. a. als Überwinterungsorgan unterirdische Sprossknollen bildet. Sie dienen als Energiespeicher für die Bildung neuer Sprosse und Blätter im Frühjahr. Wenn die Kartoffelpflanze mit den neuen Blättern Fotosynthese betreiben kann, verkümmert die Mutterknolle ⇒ Energiespeicher für Überwinterung und Bildung neuer Sprosse und Blätter. Außerdem vermehrt sich die Kartoffelpflanze durch Tochterknollen ⇒ Energiespeicher für die Tochterknollen (vegetative Vermehrung).

2 Verfahren zur Einschleusung fremder DNA in Pflanzenzellen:
- Gentransfer mithilfe des Bodenbakteriums *Agrobacterium tumefaciens*. Es überträgt in der Natur ein Plasmid in zweikeimblättrige Pflanzenzellen (z. B. Tabak- oder Kartoffelpflanzen). Die genetischen Informationen auf dem Plasmid veranlassen die Wirtspflanze zu Gewebevermehrungen („Krebs"), in denen sich das Bakterium vermehren kann. Durch Ausschaltung der „Krebs"-Gene und Einbau des gewünschten Gens in das Plasmid wird dieses „entschärft" und umprogrammiert. Nach Wiedereinbau in Bakterien wird das Plasmid als „Vektor" für die Genübertragung eingesetzt.
- oder: Gentransfer mithilfe der Particle-Gun-Methode
  Die fremde DNA wird auf Goldpartikel *(Durchmesser: 0,0004 bis 0,001 mm)* aufgebracht und diese werden mit hohem Gasdruck auf Pflanzenzell-Kulturen geschossen. Zufallsgemäß kommt es zu einer Rekombination der Fremd-DNA mit der DNA der Empfängerzelle.
- oder: Mikroinjektion von DNA mit einer sehr feinen Glaskanüle in den Zellkern von Pflanzenzellen.
- oder: Elektroporation: In Protoplasten (Zellen, deren Zellwand mit Enzymen entfernt wurde) wird die Zellmembran kurzzeitig mit Stromfluss für die Aufnahme von DNA durchlässig gemacht.

3
- Der künstlich hergestellte und eingefügte DNA-Abschnitt (mit eigenem Promotor) bildet durch Transkription eine mRNA.
- Das GBSS-Gen bildet ebenfalls durch Transkription eine mRNA.
- Die beiden mRNA-Moleküle sind zueinander komplementär und antiparallel und bilden deshalb einen Doppelstrang (durch dieses eingefügte „Antisense"-Gen wird also die Translation der GBSS-mRNA verhindert).

4.1 *Erläuterungen zum Schema: Für die Entdeckung der sog.* ***RNA-Interferenz*** *wurde 2006 der Nobelpreis verliehen. Da doppelsträngige RNA in einer Zelle gewöhnlich nicht vorkommt, vermutete man ursprünglich, dass dies ein Hinweis auf Viren mit doppelsträngiger RNA sei, und dass die Zellen von Pflanzen, Würmern und Insekten diesen Vorgang zur Abwehr dieser Viren benutzen. Heute weiß man, dass die Zellen mit diesem Vorgang auch ihre Gene regulieren können, indem sie nicht die Transkription, sondern die Translation hemmen. Durch den Vorgang der RNA-Interferenz sorgt die Zelle dafür, dass*

Boten-RNA-Moleküle zerstört werden, die Anleitungen zum Bau unerwünschter Proteine tragen. Für die Gentechnik ist dies ein neuer Ansatz zur Stilllegung („Silencing") unerwünschter oder defekter Gene.

Verlaufsschema zur RNA-Interferenz:

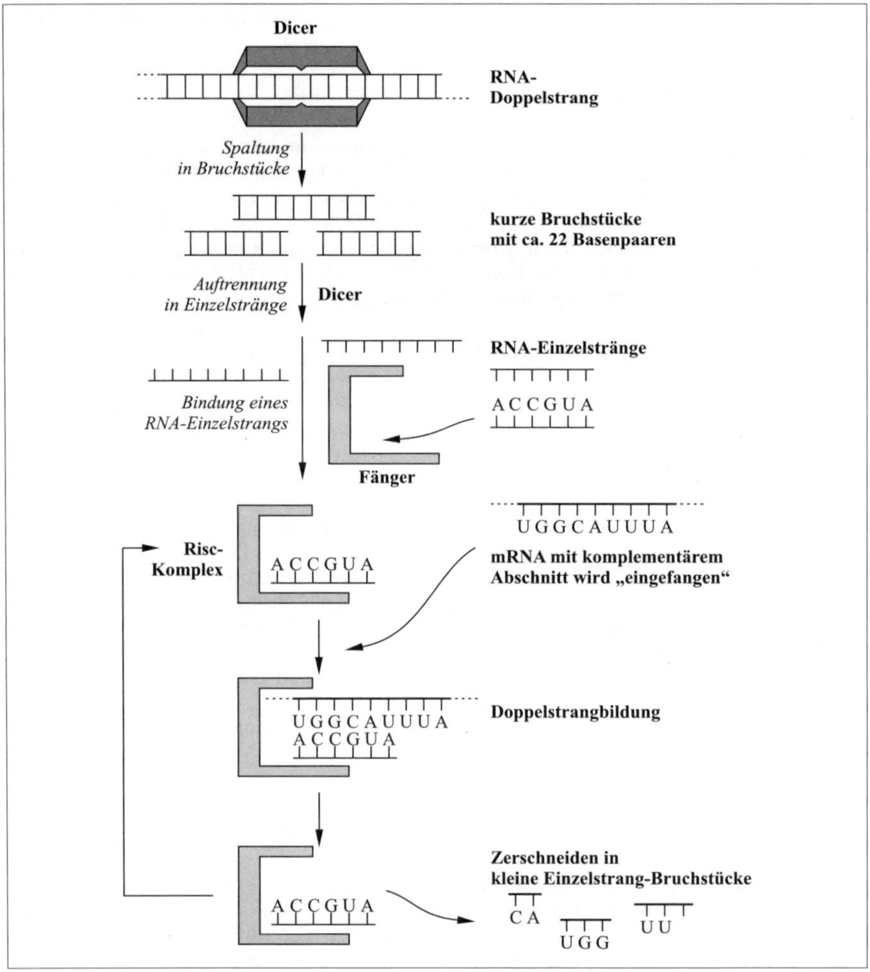

4.2 Der Dicer/Risc-Komplex baut die doppelsträngigen RNA-Moleküle (GBSS-mRNA – Antisense-mRNA-Doppelstrang) ab, wodurch deren Translation verhindert wird. Es kann folglich kein GBSS-Enzym entstehen und deshalb keine Amylose synthetisiert werden.

Die GBSS-Enzym-Synthese wäre auch ohne Dicer/Risc-System nicht möglich gewesen, da die doppelsträngige mRNA nicht an den Ribosomen „einfädeln" kann ⇒ keine Translation.

5.1 a) Enzym-Freisetzung durch Aufbrechen der Zellen. *(s. Vortext: Enzyme befinden sich im Zellplasma)*

b) Enzyme werden von festen Zellresten getrennt. Da sie wasserlöslich sind, gelangen sie in das Filtrat.

c) Die Stärkekörner müssen entfernt werden, da die Stärkeneusynthese gemessen werden soll. *(Voraussetzung ist, dass keine wasserlösliche Stärke im Presssaft ist ⇒ Kontrollversuch 1)*

5.2 Ansatz 1: Erwartete Beobachtung: keine Blaufärbung ⇒ Stärkenachweis negativ
Begründung:
- Im Presssaft befindet sich keine Stärke
- oder: keine Stärkeneusynthese möglich, da zwar die erforderlichen Enzyme vorliegen, aber das Substrat fehlt.

Ansatz 2: Erwartete Beobachtung: Blaufärbung *(Schwarzblau bei viel Stärke)* ⇒ Stärkenachweis positiv.
Begründung: Stärke ist vorhanden.

Ansatz 3: Erwartete Beobachtung: Blaufärbung ⇒ Stärkenachweis positiv.
Begründung: Das im Presssaft enthaltene Enzym Stärkesynthase katalysiert den Stärkeaufbau aus „aktivierter" Glucose (Glu-1-phosphat) ⇒ nach 5 Minuten ist genügend Stärke für einen positiven Nachweis vorhanden.

Ansatz 4: Erwartete Beobachtung: keine Blaufärbung ⇒ Stärkenachweis negativ.
Begründung: Der Stärkeaufbau ist nur aus phosphorylierter Glucose möglich.
oder: Erwartete Beobachtung: Blaufärbung ⇒ Stärkenachweis positiv.
Begründung: Im Extrakt ist laut Vortext auch das Enzym Phosphorylase enthalten. Sollte also im Extrakt auch ATP enthalten sein, dann kann die Glucose zu Glucose-1-phosphat phosphoryliert und, wie in Ansatz 3, zu Stärke umgebaut werden.

Wer im Unterricht diesen Versuch gemacht hat, der weiß, dass bei Ansatz 4 normalerweise keine Blaufärbung erfolgt. Begründung: Im Versuchsansatz sind zwar Glucose und ATP enthalten, aber kein Enzym zur Synthese von Glu-1-phosphat (Phosphorylase)! Das Vorhandensein dieses Enzyms im Zellsaft wird hier in der Aufgabenstellung aber als Versuchs-Voraussetzung angegeben.

5.3 Kontrollversuche:

(1) Kartoffelpresssaft ist wirklich stärkefrei ⇒ Voraussetzung für die Experimente 3 und 4.

(2)
- Kontrolle, ob der Stärkenachweis mit Lugolscher Lösung funktioniert: Lugolsche Lösung intakt oder: Verdünnung so gewählt, dass 1 Tropfen genügend Blaufärbung ergibt.
- Kontrolle, ob der Kartoffelpresssaft nicht Substanzen enthält, die die Lugolsche Lösung inaktivieren. *(z. B. Reduktion von Jod zu Jodid, oder Blockade der Farbreaktion).*

Profil-/Neigungsfach Biologie (Baden-Württemberg): Abituraufgaben 2010
Aufgabe I: Informationsweitergabe, -verarbeitung, Enzymatik, Genregulation

BE

Wieder ein Disko-Unfall – Alkohol im Spiel

Mehrmals überschlagen hat sich am Sonntagmorgen, 28. September, um 5:30 Uhr das vollbesetzte Auto eines 20-Jährigen. Der Fahrer war auf dem Rückweg von einer Diskothek und stand laut Polizei deutlich unter Alkoholeinfluss.

Aus: Oberbayerisches Volksblatt vom 29.09.2008

Unter Alkoholeinfluss verlieren Menschen Angstgefühle und neigen zur Selbstüberschätzung. Das liegt auch daran, dass der Alkohol die Wirkung von hemmenden Synapsen verstärkt. Diese Synapsen beeinflussen unter anderem Neuronen im Gehirn, die an der Erzeugung von Angstgefühlen beteiligt sind.

1.1 Beschreiben Sie mithilfe einer beschrifteten Skizze (Größe etwa ½ Seite) die Vorgänge bei der Erregungsübertragung an einer Synapse. 4

1.2 Stellen Sie die Unterschiede in der Erregungsübertragung an hemmenden und erregenden Synapsen vergleichend gegenüber. 2

1.3 Erläutern Sie zwei Möglichkeiten, wie Alkohol an hemmenden Synapsen wirken könnte. 2

Abbildung 1 zeigt die Verschaltung von vier Nervenzellen. Synapse 1 ist eine hemmende Synapse, die Synapsen 2 und 3 sind erregende Synapsen. Ist nur Synapse 2 aktiv, so entsteht im Axon von Neuron 4 die gleiche Anzahl von Aktionspotenzialen, wie an dieser Synapse eingetroffen sind. In einem Experiment werden die Neurone 1–3 gereizt. Dabei ergeben sich die in den Diagrammen (Abbildung 1) dargestellten Spannungsverläufe.

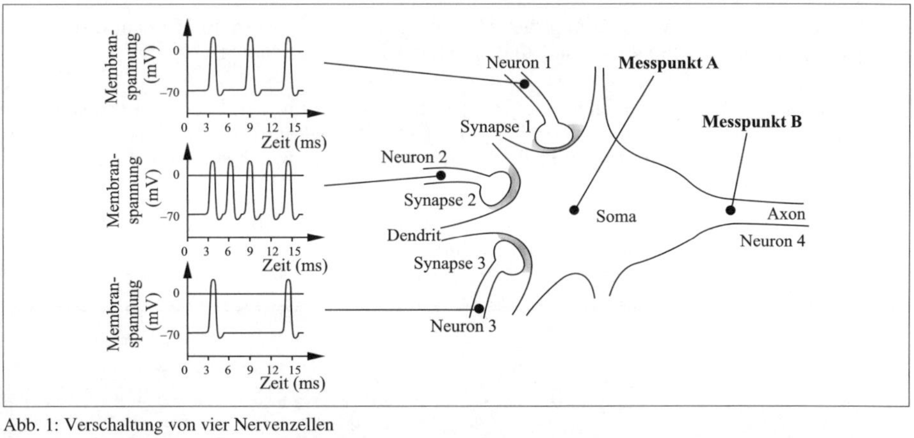

Abb. 1: Verschaltung von vier Nervenzellen

2 Erstellen Sie jeweils ein Diagramm für den Potenzialverlauf an den Messpunkten A und B bei intrazellulärer Ableitung. Begründen Sie jeweils Ihre Angaben. 4

Für die Herstellung von Eierlikör mischt man geschlagenes Eigelb mit Zucker und dem Alkohol Ethanol. Dabei ist es schon vorgekommen, dass statt des Ethanols der Alkohol Methanol verwendet wurde.

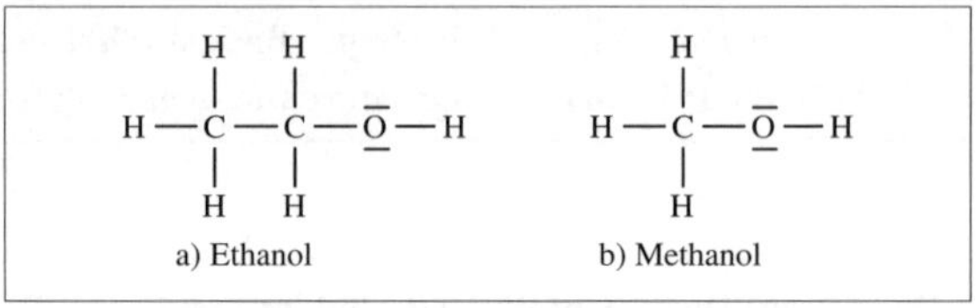

Abb. 2: Strukturformeln von Alkoholen

Alkohole werden im Organismus enzymatisch abgebaut; eines der Enzyme ist die Alkoholdehydrogenase. Beim Konsum methanolhaltigen Eierlikörs kann es zu schweren gesundheitlichen Schäden kommen, da beim enzymatischen Abbau von Methanol hochgiftige Produkte entstehen. Methanolvergiftungen lassen sich gut behandeln, wenn sie rechtzeitig erkannt werden. Hierbei muss der Patient eine bestimmte Menge an Ethanol zu sich nehmen (0,7 g/kg Körpergewicht). Das Methanol wird daraufhin unverändert mit dem Urin ausgeschieden.

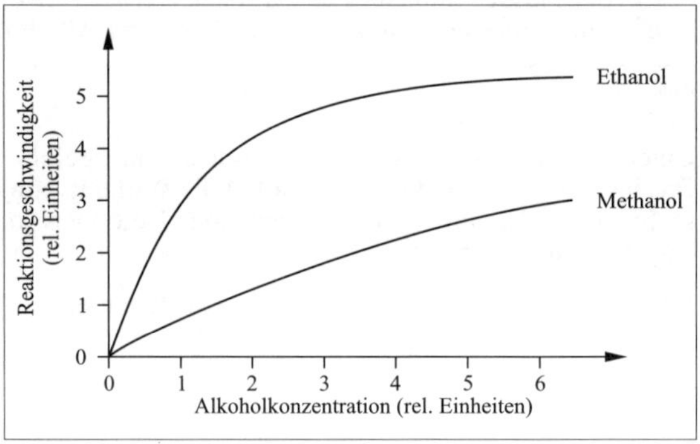

Abb. 3

Abbildung 3 zeigt Versuchsergebnisse zum Abbau von Methanol bzw. Ethanol durch das Enzym Alkoholdehydrogenase.

3.1 Beschreiben Sie anhand beschrifteter Skizzen den Wirkungsmechanismus eines Enzyms. 2

3.2 Beschreiben Sie die beiden Kurvenverläufe des Diagramms (Abbildung 3). 1

3.3 Erläutern Sie unter Verwendung der Abbildungen 2 und 3, weshalb Methanolvergiftungen mit der Einnahme von Ethanol behandelt werden können. 3

Wissenschaftliche Untersuchungen belegen, dass bei Asiaten im Vergleich zu Europäern der Zustand der Trunkenheit häufig schon bei geringem Alkoholkonsum auftritt. Die Menschen beider Bevölkerungsgruppen tragen in ihrem Genom das Gen, welches für das Enzym Alkoholdehydrogenase codiert.

4 Stellen Sie eine Hypothese auf, welche die unterschiedliche Alkoholverträglichkeit bei Europäern und Asiaten aus molekularbiologischer Sicht erklärt. 2

20

Lösungen

1.1 *Beachten Sie den Operator „beschreiben". Die Skizze einer Synapse allein ist also nicht ausreichend. Es wird nicht näher darauf eingegangen, ob es sich um eine anatomische Skizze nach dem Elektronenmikroskop oder um eine funktionale Skizze mit symbolisierten Erregungsvorgängen (s. u.) handeln soll. Auch die Art der Synapse ist nicht benannt: neuromuskuläre Synapse oder zentrale Synapse zwischen Nervenzellen im ZNS – erregende Synapse oder hemmende Synapse. Entscheiden Sie sich für eine Variante und geben Sie Ihrer Skizze eine entsprechende Überschrift.*

Erregungsübertragung an einer neuromuskulären Synapse:

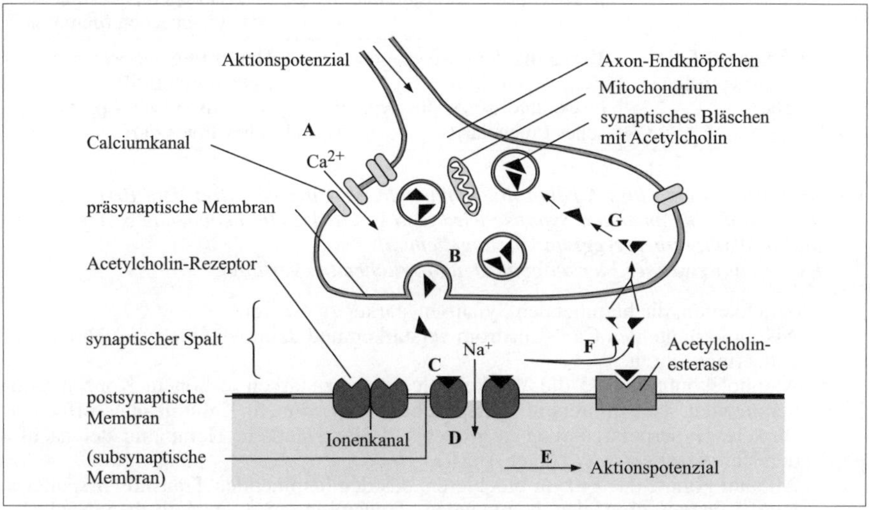

A Am letzten Schnürring depolarisiert ein Aktionspotenzial (AP) die Membran im Bereich des Endknöpfchens. Dadurch werden (spannungsgesteuerte) Ca^{2+}-Kanäle geöffnet, es erfolgt ein Ca^{2+}-Einstrom.

B Infolgedessen wandern synaptische Vesikel zur präsynaptischen Membran und entleeren den Transmitter Acetylcholin in den synaptischen Spalt.

C Die Transmittermoleküle diffundieren zur postsynaptischen Membran. Dort bindet Acetylcholin an Rezeptoren, die mit Na^+-Ionenkanälen gekoppelt sind.

D Bei Besetzung der Rezeptoren öffnen sich die Na^+-Kanäle, es erfolgt ein Na^+-Einstrom.

E Die postsynaptische Membran wird depolarisiert (Endplattenpotenzial = EPP oder erregendes postsynaptisches Potenzial = EPSP). Bei Erreichen eines Schwellenwertes kommt es zu einem Muskel-AP und es erfolgt eine Muskelkontraktion.

F Der Transmitter wird sehr schnell durch das Enzym Acetylcholinesterase in unwirksame Spaltprodukte zerlegt. Die Na^+-Kanäle schließen sich wieder (keine Dauererregung).

G Die Spaltprodukte werden wieder von der präsynaptischen Membran aufgenommen, unter ATP-Aufwand zu Acetylcholin resynthetisiert und in Vesikeln gespeichert.

1.2 Unterschiede zwischen erregenden und hemmenden Synapsen

	erregende Synapse	**hemmende Synapse**
Wirkung des Transmitters	Transmitter bindet an Rezeptoren in der postsynaptischen Membran, die mit **Na^+-Kanälen** gekoppelt sind.	Transmitter bindet an Rezeptoren in der postsynaptischen Membran, die mit **K^+-Kanälen** bzw. **Cl^--Kanälen** gekoppelt sind.
Wirkung auf die postsynaptische Membran	Öffnung von Na^+-Kanälen ⇒ **Depolarisierung** der postsynaptischen Membran	Öffnung von K^+-Kanälen (bzw. Cl^--Kanälen) ⇒ **Hyperpolarisierung** der postsynaptischen Membran
Wirkung auf die postsynaptische Zelle	**Erregung** der postsynaptischen Zelle durch EPSP (= **e**xzitatorisches **p**ost**s**ynaptisches **P**otenzial)	**Hemmung** der postsynaptischen Zelle durch IPSP (= **i**nhibitorisches **p**ost**s**ynaptisches **P**otenzial)

1.3 *Im Vortext steht, dass Alkohol die hemmende Wirkung verstärkt. Die Erregungsübertragung an der hemmenden Synapse wird also verstärkt. Die hemmende Synapse wird also durch Alkohol **übererregt** und nicht gehemmt!*
Es sind nur zwei der hier aufgeführten Möglichkeiten verlangt.

Möglichkeiten, die hemmenden Synapsen stärker zu erregen:
- Alkohol könnte den Ca^{2+}-Einstrom verstärken und damit zu einer vermehrten Vesikelentleerung führen.
- Alkohol könnte direkt die Vesikelentleerung verstärken ⇒ höhere Konzentration des hemmenden Transmitters im synaptischen Spalt ⇒ mehr Kaliumkanäle öffnen sich ⇒ stärkere Hyperpolarisierung ⇒ größeres IPSP ⇒ stärkere Hemmung der nachfolgenden Nervenzellen ⇒ (weniger Angst).
- Alkohol könnte das Enzym blockieren, das den hemmenden Transmitter spaltet ⇒ höhere Konzentration des hemmenden Transmitters im synaptischen Spalt ⇒ mehr Kalium-Kanäle öffnen sich ⇒ stärkere Hyperpolarisierung ⇒ größeres IPSP ⇒ stärkere Hemmung der nachfolgenden Nervenzellen ⇒ (weniger Angst).
- Alkohol könnte selbst wie ein hemmender Transmitter wirken und die postsynaptischen Rezeptoren besetzen ⇒ K^+-Kanäle bzw. Cl^--Kanäle bleiben geöffnet ⇒ stärkere Hyperpolarisierung ⇒ größeres IPSP ⇒ stärkere Hemmung der nachfolgenden Nervenzellen ⇒ (weniger Angst).

2 *Diese Aufgabe ist sehr anspruchsvoll, da sie voraussetzt, dass Sie mit folgenden Vorgängen an Synapsen vertraut sind:*
- *Verrechnung an Synapsen (zeitliche und räumliche Summation)*
- *Codewechsel an Synapsen: Frequenzcode (Impulsfrequenz bei Neuron 1–3) ⇒ Konzentrationscode (Transmitterkonzentration im synaptischen Spalt) ⇒ Amplitudencode (EPSP und IPSP an Dendriten/Soma = Messpunkt A) ⇒ Frequenzcode (Impulsfrequenz ab Axonhügel = Messpunkt B)*
- *Intrazelluläre Ableitung der Membranspannung*

Laut Vortext leitet das Neuron 2 die ankommenden Impulsfrequenzen ohne Abschwächung weiter. Da der Abstand zwischen den einzelnen Synapsen und dem Axonhügel des Neurons 4 für alle drei Neurone nahezu gleich groß ist, kann diese Aussage auch auf die Neurone 1 und 3 übertragen werden.

Membranpotenziale bei Messpunkt A

Beachten Sie, dass an der Membran von Soma und Dendriten nur postsynaptische Potenziale (PSP) mit unterschiedlicher Amplitude, aber keine APs ausgelöst werden können. Aus der Aufgabe geht nicht hervor, ob Sie in Ihrem Diagramm auf eine zeitliche Summation der PSPs eingehen sollen. Sie finden in der Lösung beide Varianten.

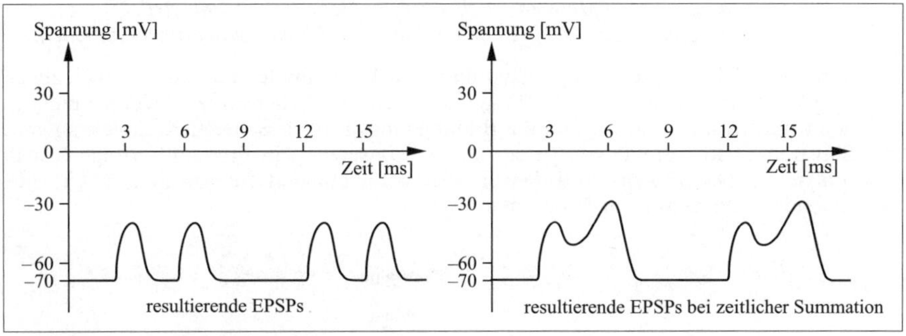

Begründung des Kurvenverlaufs:
Nach 3 ms: Die Hyperpolarisation (IPSP), die das AP von Neuron 1 an der Membran auslöst, löscht die Depolarisierung (EPSP), die das AP von Neuron 2 an der Membran auslöst, auf dem Weg zum Axonhügel durch räumliche Summation aus. Übrig bleibt das (überschwellige) EPSP, das zeitgleich von Neuron 3 ausgelöst wurde. Es kommt (leicht verzögert) als „Depolarisierungswelle" an Messpunkt A vorbei und wird dort (intrazellulär) gemessen.
Nach 6 ms: Nur das Neuron 2 ist erregt. ⇒ EPSP am Messpunkt A
Nach 9 ms: Das EPSP von Neuron 2 und IPSP von Neuron 1 löschen sich durch räumliche Summation aus. ⇒ Am Messpunkt A wird das Ruhepotenzial angezeigt.
Nach 12 ms: wie nach 6 ms
Nach 15 ms: wie nach 3 ms

Potenziale bei Messpunkt B
Begründung des Kurvenverlaufs (ohne Summation):
Am Axonhügel des Neurons 4 wird entschieden, ob neue APs ausgelöst werden. Ist das ankommende PSP nach Summation noch überschwellig depolarisierend (EPSP), dann wird (leicht verzögert) ein AP am Axonhügel (= Messpunkt B) ausgelöst. Dies trifft für die Zeitpunkte 3, 6, 12 und 15 ms zu.

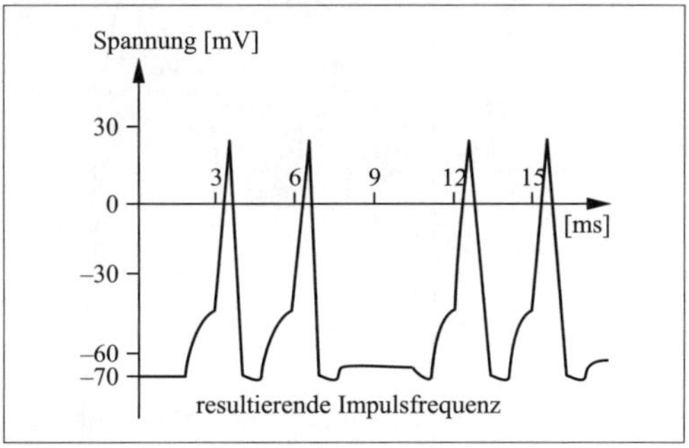

3.1 *Auch hier sind wieder Skizzen* ***und*** *eine Beschreibung verlangt. Etwas schwierig ist die Analyse des Begriffs „Wirkungsmechanismus". Folgende Enzymeigenschaften müssen* ***mindestens*** *skizziert und beschrieben werden, da ohne sie die molekulare Enzymwirkung nicht erklärt werden kann.*
– Schlüssel-Schloss-Prinzip zwischen Substrat und Enzym
– Reaktionsbeschleunigung
– Wirkung in geringsten Mengen, da das Enzym nicht verbraucht wird.
Mithilfe der Skizzen in der Lösung können Sie diese Punkte gut veranschaulichen.

Substratmolekül und aktives Zentrum des Enzymmoleküls passen zueinander wie „Schlüssel und Schloss". Moleküle mit anderer chemischer Struktur werden nicht gebunden (Substratspezifität). Durch die Bildung eines Enzym-Substrat-Komplexes werden im Substratmolekül Bindungen gelockert, die Umsetzung in Produkte erfolgt deshalb beschleunigt. Das Enzym wird danach wieder unverändert freigesetzt und wirkt deshalb schon in geringsten Konzentrationen.

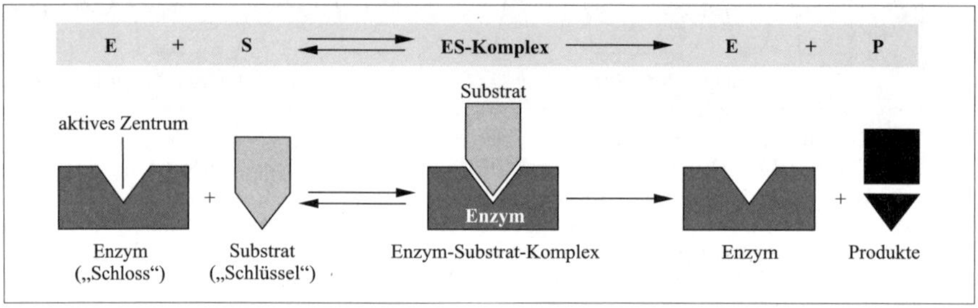

noch besser (aber nicht verlangt):

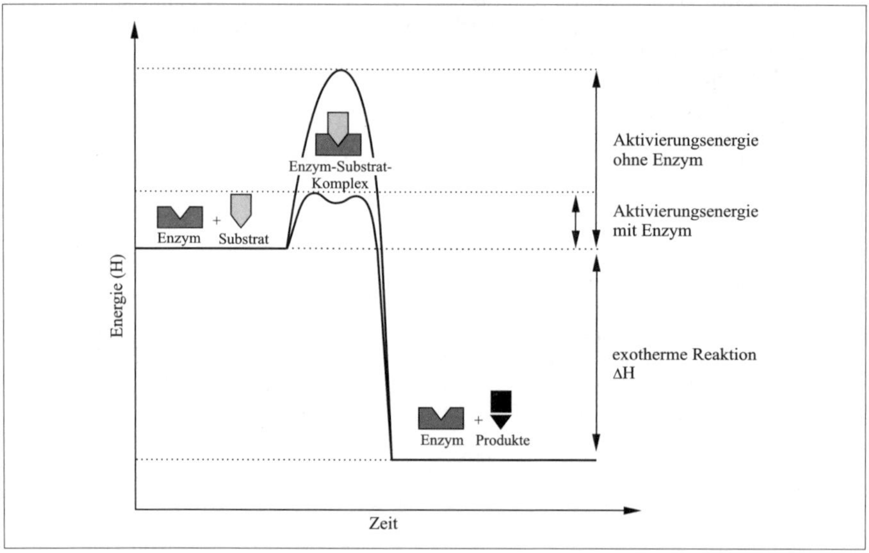

Durch den Enzym-Substrat-Komplex wird die Aktivierungsenergie herabgesetzt und so die Reaktion beschleunigt.

3.2 *Bei der Beschreibung eines Kurvendiagramms sollten Sie wie folgt vorgehen: Zuerst formulieren Sie die Grundaussage der Grafik: „Die Grafik beschreibt den Zusammenhang von … in Abhängigkeit von …“ oder: „Die Kurve zeigt die Abhängigkeit der … von der …“. Danach analysieren Sie typische Kurvenpunkte: Nullpunkt, Steigungen (linear, proportional zu …, exponentiell), Optimum/Maximum oder Sättigungswert/Grenzwert.*

Beschreibung der Ethanol-Kurve: Die Kurve stellt die Geschwindigkeit des Ethanolabbaus in Abhängigkeit von der Ethanolkonzentration dar.
Zwischen 0 und 2 relativen Konzentrationseinheiten steigt die Reaktionsgeschwindigkeit (RG) steil an. Bei einer weiteren Erhöhung der Konzentration steigt die RG weiter an, jedoch immer weniger stark, und nähert sich einem Sättigungswert. Eine weitere Konzentrationserhöhung bewirkt hier keine Steigerung der RG mehr.

Beschreibung der Methanol-Kurve: Die Kurve stellt die Geschwindigkeit des Methanolabbaus in Abhängigkeit von der Methanolkonzentration dar.
Mit steigender Methanolkonzentration nimmt die RG zwischen 0 und 4 Konzentrationseinheiten nahezu linear zu, allerdings mit viel geringerer Steigung als beim Ethanol. Danach flacht die Kurve leicht ab.

3.3 Aus Abb. 2 ist ersichtlich, dass sich Ethanol und Methanol chemisch sehr ähnlich sind. Das aktive Zentrum des Enzyms Alkoholdehydrogenase (ADH) kann deshalb grundsätzlich beide Moleküle als Substrat binden und abbauen. Abb. 3 zeigt jedoch, dass die Affinität der ADH gegenüber Ethanol wesentlich größer ist. (Bei zwei Konzentrationseinheiten wird Ethanol fast viermal schneller umgesetzt als Methanol!) Das Ethanolmolekül passt also besser in das aktive Zentrum und bildet mit ADH leichter einen Enzym-Substrat-Komplex als mit Methanol. Schon bei vergleichsweise geringer Ethanolkonzentration sind bereits alle aktiven Zentren mit Ethanolmolekülen besetzt. Laut Text genügen 0,7 g Ethanol auf 1 kg Körpergewicht*, damit der Sättigungswert der Ethanolkurve erreicht wird. Alle ADH-Moleküle sind dann in Enzym-Ethanol(Substrat)-Komplexen gebunden und die Methanolmoleküle werden gar nicht mehr abgebaut, sondern unverändert ausgeschieden.
(* Bei ca. 70 % Wasseranteil des Körpergewichts bedeuten 0,7 g Ethanol auf 700 g Wasser einen Blutalkoholgehalt von 1 Promille!)

oder: Ethanol wirkt beim Methanolabbau als kompetitiver Hemmstoff. Es verdrängt durch seine größere Affinität und höhere Konzentration das Methanol aus dem aktiven Zentrum des ADH-Enzyms, sodass es nicht mehr (zu den giftigen Abbauprodukten Formaldehyd bzw. Ameisensäure) umgesetzt, sondern unverändert ausgeschieden wird.

4 Molekularbiologische Hypothese zur unterschiedlichen Alkoholverträglichkeit:
Die **Enzymaktivität** der Alkoholdehydrogenase ist bei Asiaten geringer. Durch eine **Mutation** im ADH-Gen könnte die Tertiärstruktur der ADH so verändert sein, dass Ethanolmoleküle schlechter daran binden können, was zu einem langsameren Alkoholabbau und damit zu einer schnelleren Trunkenheit führt.

oder: Die **Genaktivität** des ADH-Gens ist bei Asiaten geringer, sodass das ADH-Gen seltener transkribiert wird. Durch die geringere ADH-Konzentration läuft der Alkoholabbau langsamer ab und der Trunkenheitszustand stellt sich schneller ein.

oder: Die Erregung hemmender Synapsen durch Ethanol könnte bei Asiaten durch eine Mutation in einem Gen verstärkt sein, das z. B. für einen postsynaptischen Membran-Rezeptor codiert. Dadurch würden bestimmte Neuronen im Gehirn stärker gehemmt, sodass es zu einer schnelleren Trunkenheit kommt.

oder: andere logische Begründungen

Profil-/Neigungsfach Biologie (Baden-Württemberg): Abituraufgaben 2010
Aufgabe II: Artenvielfalt, Evolutions- und Selektionsfaktoren, Stammbaum

BE

Geparde gehören zu der Familie der Katzenartigen (Felidae). Sie haben extrem lange Beine und einen sehr schlanken Körper. Der Gepard ist mit über 100 km/h das schnellste Landtier der Welt.

1 Erläutern Sie sowohl im Sinne der Theorie von LAMARCK als auch der von DARWIN, wie sich die Fähigkeit zum schnellen Laufen entwickelt haben könnte. 4

Abb. 1: Gepard *(Acinonyx jubatus)*
Foto: Rob Qld, URL: http://de.wikipedia.org/w/index.php?title=Datei:Acinonyx_jubatus_walking_edit.jpg&filetimestamp=20070131132013, lizensiert unter der Creative Commons Lizenz-Namensnennung 2.0 US-amerikanisch (nicht portiert)

Wissenschaftler haben verschiedene Katzenarten verglichen und einen Stammbaum erstellt (Abbildung 2).

2.1 Beschreiben Sie ein molekularbiologisches oder immunbiologisches Verfahren, mit dessen Hilfe man Verwandtschaftsbeziehungen feststellen kann. 3

2.2 Die Verwandtschaft zwischen Gepard und Puma bzw. Gepard und Wildkatze soll untersucht werden. Erläutern Sie, welches Versuchsergebnis Sie mit Ihrem Verfahren aufgrund des Stammbaums erwarten. 2

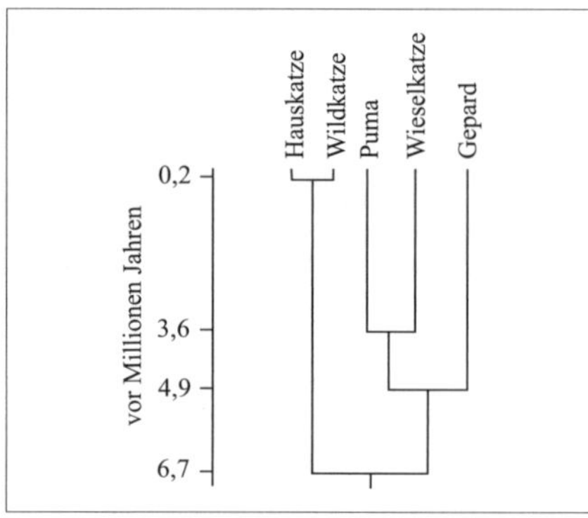

Abb. 2: Ausschnitt aus dem Stammbaum der Katzenartigen

Geparde hatten einst ein riesiges Verbreitungsgebiet, das von Südafrika bis nach Afghanistan reichte.
Bis zum Ende der letzten Eiszeit vor 10 000 Jahren wurden die Geparde drastisch auf eine kleine Restpopulation reduziert. Danach breiteten sie sich in den Savannen Afrikas und Asiens wieder aus und konnten bis in unsere Zeit überleben.

3.1 Definieren Sie den Begriff Population. 1

3.2 Beschreiben Sie, wie die Veränderung eines Klimafaktors zur Verringerung der Gepardenpopulation geführt haben könnte. 2

In Abbildung 3 ist die Häufigkeit heterozygot (mischerbig) vorliegender Gene bei verschiedenen Organismen dargestellt.

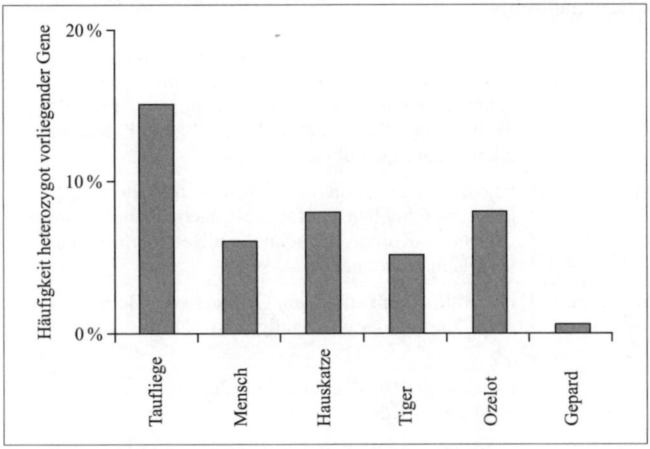

Abb. 3

4.1 Erläutern Sie, wie aus dem in Abbildung 3 dargestellten Sachverhalt geschlossen werden kann, dass alle heute lebenden Geparde von einer sehr kleinen Restpopulation abstammen. 2

4.2 Geparde sind stärker als andere Arten vom Aussterben bedroht. Erklären Sie dies unter Verwendung der Abbildung 3 (zwei Angaben). 2

Neuere Untersuchungen haben gezeigt, dass Gepard-Weibchen sich mit mehreren Männchen verpaaren, d. h., die Jungtiere eines Wurfes sind oft nur Halbgeschwister.

5.1 Erläutern Sie je einen Vor- und Nachteil der geschlechtlichen Fortpflanzung. 2

5.2 Erklären Sie den evolutionsbiologischen Vorteil dieses Paarungsverhaltens der Gepard-Weibchen. 2

20

Lösungen

1 Deutung nach Lamarck (schematisch)

a) Umweltänderung	Die noch „langsamen" Vorfahren der heutigen Geparde jagten „langsame" Beute. Durch Umweltveränderungen (z. B. Klimaänderung) verschwanden die normalen Beutetiere und nur schnelle Fluchttiere blieben als Beute übrig.
b) Inneres Bedürfnis nach Vervollkommnung	Es entstand ein „inneres Bedürfnis" nach der Fähigkeit zum schnellen Laufen bzw. nach einem schlanken „Sprinter"-Körper, um schnellere Beute erfolgreich verfolgen zu können.
c) Ständiger Gebrauch / Training der zur Anpassung benötigten Organe	Dies führte zum ständigen Gebrauch der Beine und zum Training der notwendigen Muskeln.
d) Vervollkommnung dieser Organe	Es entwickelten sich längere Beine und ein schlanker muskulöser Körper.
e) Vererbung der erworbenen veränderten Merkmale an die folgenden Generationen	Diese neu erworbenen Eigenschaften wurden auf die Nachkommen vererbt. Es fand eine aktive Anpassung an neue Umweltbedingungen statt.

Nicht verlangt sind Erklärungen zur Entstehung neuer Arten innerhalb langer Zeiträume bzw. eine Würdigung der wissenschaftlichen Stichhaltigkeit der Theorie von Lamarck.

Deutung nach Darwin (schematisch)

a) Überproduktion von Nachkommen	Die noch „langsamen" Vorfahren der heutigen Geparde produzierten viel mehr Nachkommen als notwendig waren, um die Elterntiere zu ersetzen.
b) Erbliche Variabilität unter den Nachkommen	Unter diesen Nachkommen gab es eine große Variabilität bezüglich der Fähigkeit zu schneller Fortbewegung (Beinlänge, Körpermasse etc.)
c) Umweltänderung	Durch Umweltänderung (z. B. Klimaänderung) verschwanden die normalen Beutetiere und nur schnelle Fluchttiere blieben als Beute übrig.
d) Natürliche Selektion der Bestangepassten durch größeren Fortpflanzungserfolg	Durch natürliche Auslese hatten die Varianten unter den Nachkommen, die einen schlankeren Körperbau und längere Beinen besaßen, mehr Jagderfolg und zogen mehr Junge erfolgreich auf.
e) Vererbung der erfolgreichen Eigenschaften an die Nachkommen	Diese Nachkommen erbten die unter diesen Umweltbedingungen günstigen Merkmale von ihren Eltern und gaben sie ihrerseits an ihre Nachkommen weiter, bis sich der bestangepasste Körperbau durchsetzte.

2.1 *Diese Musterlösung stellt einen direkten Bezug zum „Gepardenproblem" her, dies ist allerdings nicht verlangt. Das Verfahren kann auch ganz allgemein erläutert werden, denn erst in 2.2 wird nach den konkreten Ergebnissen der Methode Ihrer Wahl gefragt. Für die Lösung der Aufgabe 2.1 kommen alle molekularbiologischen Verfahren in Frage, wie z. B.* ***DNA-Hybridisierungstest, Vergleich der DNA-Sequenz wichtiger Gene, Vergleich der Aminosäuresequenz wichtiger Proteine, Serumpräzipitintest*** *etc.*

Serumpräzipitin-Test:

a) Einem Geparden wird Blut entnommen. Daraus isoliert man das Blut**serum**.
b) Einem möglichst entfernt verwandten Testtier (z. B. Kaninchen) wird dieses Serum injiziert, sodass eine aktive Immunantwort gegen die fremden Bluteiweiße erfolgt. Spezifische Antikörper gegen das Bluteiweiß des Geparden werden gebildet.
c) Nach einigen Wochen wird dem Kaninchen Blut entnommen und daraus das **Testserum** („Anti-Geparden"-Serum) gewonnen.
d) 100 %-Eichung: Das Testserum wird mit Blutserum des Geparden vermischt, was zu maximaler Verklumpung führt (⇒ Festlegung der 100 %-Marke).
e) Nun wird das Testserum mit dem Serum des Pumas vermischt und der Verklumpungsgrad gemessen. Danach wird der Test mit dem Blutserum der Wildkatze durchgeführt. (Dies geschieht natürlich „in vitro", d. h. im Reagenzglas mit vorher isoliertem Blutserum.)

2.2 Auswertung des Serum-Tests: Der Stammbaum zeigt, dass der Gepard näher mit dem Puma verwandt ist als mit der Wildkatze. Deshalb müsste der Verklumpungsgrad des Testserums mit dem Serum des Pumas größer sein als mit dem Serum der Wildkatze.

3.1 *Die Definition der „Population" kommt in vielen Varianten vor. Sinngemäß ist allen gemeinsam, dass eine Gruppe von Lebewesen einer Art in einem räumlichen, zeitlichen und genetischen Bezug zueinander steht. Im Folgenden sind einige Beispiele für Definitionen aufgelistet.*

- Gruppe von Individuen einer Art (Tiere und Pflanzen), die zur gleichen Zeit am selben Ort leben und sich miteinander fortpflanzen können.
- Gruppe von Individuen der gleichen Art, die eine Fortpflanzungsgemeinschaft bilden und zur gleichen Zeit in einem einheitlichen Areal zu finden sind.
- Gruppe von Individuen der gleichen Art, die in Raum und Zeit zusammenleben.
- Gruppe von Individuen der gleichen Art, die in einem bestimmten Lebensraum miteinander in regelmäßigem Genaustausch stehen.
- Gruppe von Individuen derselben Art oder Rasse, die ein bestimmtes geografisches Gebiet bewohnen, sich untereinander fortpflanzen und über mehrere Generationen genetisch verbunden sind.

3.2 *Beachten Sie den Operator „beschreiben". Es wird keine ausführliche klimatische/ökologische Erläuterung oder Begründung verlangt, sondern nur eine in sich schlüssige Beschreibung möglicher Folgen der Veränderung eines* ***Klima****faktors (= abiotischer Ökofaktor, z. B. Temperatur, Niederschlag, Wind- oder Bodenverhältnisse, Feuer, Vulkanismus, Atmosphäre). Wichtige Stichworte werden im Vortext geliefert.*

z. B. Änderung des Klimafaktors Temperatur:
Während der Eiszeit sank die Durchschnittstemperatur ab. Die Vegetation veränderte sich, bestimmte Beutetiere wurden immer seltener. Die Fortpflanzungsrate der Geparden wurde durch den Nahrungsmangel vermindert und der Gepard wurde auf eine Restpopulation dezimiert.

oder: Änderung des Klimafaktors Niederschlag:
Während der Eiszeit nahm die Niederschlagsmenge zu (lange Regenzeiten) und es entstanden dichte Wälder statt offener Graslandschaften. Die Savannen verschwanden und es blieben nur sehr kleine „Inseln" als Jagdgebiete für den Geparden übrig. Der Gepard wurde auf eine kleine Restpopulation dezimiert.

4.1 *Der Operator „erläutern" bedeutet, dass Sie den in der Abbildung dargestellten Sachverhalt zuerst beschreiben müssen, um dann begründete Schlüsse auf die Populationsgröße zu ziehen.*

Beschreibung der Ergebnisse in Abb. 3:
Unter den 6 ausgewerteten Arten hat der Gepard mit Abstand den kleinsten Anteil an mischerbig vorliegenden Genen (etwa 0,6 %). Selbst bei anderen seltenen Tieren, wie Tiger und Ozelot, findet man wesentlich höhere Werte.

Die Hauskatze hat mit ca. 8 % Anteil einen größeren Prozentsatz heterozygot vorliegender Gene als der Mensch (ca. 6 %). Selbst der vom Aussterben bedrohte Tiger hat noch einen Anteil von 5 %.

Der sehr geringe Anteil an mischerbig vorliegenden Genen lässt darauf schließen, dass nur noch eine winzige Geparden-Population die Eiszeit überlebte. Dies führte zu einer starken genetischen Verarmung, fast alle Genvarianten (Allele) im Genpool gingen verloren. Von den meisten Genen liegen heute deshalb nur noch wenige Allele vor. Es gibt nur noch eine geringe genetische Variabilität in den Restpopulationen (genetischer Flaschenhalseffekt).

4.2 – Je kleiner eine Population ist, desto kleiner ist der Genpool, d. h. die Summe aller Gene in dieser Fortpflanzungsgemeinschaft. Nur noch wenige Gene liegen in mehreren Allelen vor. Die Folge ist, dass Merkmale immer häufiger (wie bei Inzucht) homozygot (reinerbig) vorliegen. Tritt ein Fehler in der Erbinformation eines Gens auf, so kann er nicht durch ein zweites, intaktes Allel ausgeglichen werden. Das gehäufte Auftreten von Erbkrankheiten und eine hohe Sterblichkeit sind die Folgen.
– Die geringe genetische Variabilität verringert außerdem die Chancen, sich bei Umweltänderungen an die neuen Umweltfaktoren anzupassen. Ein neuer Krankheitserreger z. B. kann eine Art schnell ausrotten, wenn die Wahrscheinlichkeit, wirksame Abwehrproteine zu bilden, durch die genetische Verarmung immer geringer wird.

5.1 Ein Vorteil der geschlechtlichen Fortpflanzung:
Die Nachkommen sind durch die Rekombination (Befruchtung, Meiose) nicht erbgleich, sondern variieren genetisch. Sie sind dadurch besser vor Krankheitserregern geschützt.

Nachteile der geschlechtlichen Fortpflanzung:
– Aufwändige Suche nach einem Geschlechtspartner (Zeit und Energie)
– Aufwändige Keimzellproduktion (Energie)
– Zeitverlust durch Entwicklung zur Geschlechtsreife

5.2 Vorteile des Paarungsverhaltens der Gepard-Weibchen:
– Das Weibchen erhöht durch sein Paarungsverhalten die Wahrscheinlichkeit, dass der Anteil an heterozygot vorliegenden Genen in der Nachkommenschaft steigt, wenn diese von verschiedenen Vätern ist. Dadurch wird das Risiko von Erbkrankheiten bei den Nachkommen vermindert.
– Außerdem steigert eine erhöhte genetische Variabilität die evolutionäre Anpassungsfähigkeit der Nachkommenschaft.

Aufgabe III: Immunbiologie, Genregulation, genetischer Code

BE

Der Medizinnobelpreis 2008 wurde dem Heidelberger Forscher Prof. Dr. zur Hausen für die Entwicklung eines Impfstoffs gegen Humane Papillomviren (HPV) verliehen. Diese Viren (Abbildung 1) können Gebärmutterhalskrebs auslösen.
Im Laufe ihres Lebens infizieren sich rund 70 Prozent der Frauen durch Geschlechtsverkehr mit Papillomviren. Bei 70 bis 90 Prozent dieser infizierten Frauen entwickelt sich kein Gebärmutterhalskrebs.

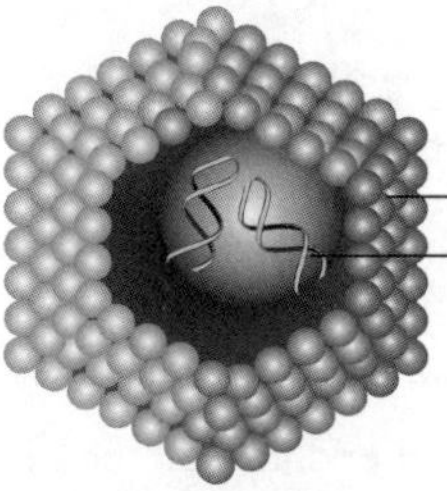

Abb. 1: Schema eines HPV

Die Heidelberger Forscher entwickelten einen Impfstoff, der ein gentechnisch hergestelltes Hüllprotein enthält. Die Impfung erfolgt nach folgendem Impfschema: Nach einer Grundimpfung wird die Impfung noch zweimal im Abstand von jeweils drei Monaten wiederholt und sollte vor dem ersten Geschlechtsverkehr abgeschlossen sein.

1.1 Beschreiben Sie die immunologischen Vorgänge im Körper von Frauen nach erstmaliger Verabreichung des Impfstoffs (Grundimpfung). 4

Untersuchungen haben gezeigt, dass bei HPV einige Tripletts des Gens, das für ein Hüllprotein codiert, infolge von Mutationen verändert sein können. Es existieren unter anderem Varianten, bei denen ein Triplett CAT zu GAT mutiert ist. Bei einer anderen Variante ist ein Triplett CGA zu CGG mutiert.

1.2 Beurteilen Sie mithilfe der Codesonne die Folgen dieser beiden Mutationen für die Wirksamkeit des Impfstoffs. 2

Für eine Studie zur Überprüfung der Wirksamkeit des Impfstoffes wurden 27 000 Frauen im Alter von 16 bis 24 Jahren in zwei gleich große Gruppen aufgeteilt. Eine Gruppe wurde nach dem obigen, dreistufigen Impfschema geimpft, der anderen Gruppe wurde jeweils Kochsalzlösung injiziert. Im Verlauf der Studie wurde die Antikörperkonzentration gegen HPV (Anti-HPV) in beiden Gruppen in regelmäßigen Abständen bestimmt.

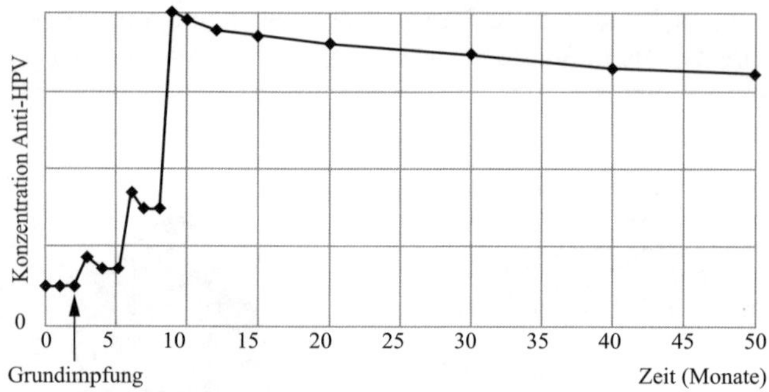

Abb. 2: Durchschnittswerte der Anti-HPV-Konzentration im Blut der 13 500 geimpften Frauen

2.1 Beschreiben und erklären Sie den in Abbildung 2 dargestellten Verlauf der Antikörperkonzentration. Berücksichtigen Sie dabei nur den Zeitraum von 0 bis 15 Monaten. 3

2.2 Beschreiben und erklären Sie den zu erwartenden Kurvenverlauf der Antikörperkonzentration der zweiten Gruppe, der nur Kochsalzlösung injiziert wurde. Stellen Sie die Bedeutung dieser Gruppe für die Studie dar. 2

Das HPV benötigt zur Vermehrung eine Wirtszelle. Nach der Infektion gelangt virale DNA in den Zellkern der Wirtszelle. In der Regel wird die virale DNA nicht in das Genom der Wirtszelle eingebaut, aber dennoch abgelesen. Die Virushülle besteht aus den beiden Hüllproteinen L1 und L2. Sie werden durch die Gene ℓ1 und ℓ2 des HP-Virus codiert. Nach Synthese weiterer viraler Bestandteile wird eine große Zahl von Viren hergestellt. Die Wirtszelle platzt auf, Viren werden freigesetzt und können weitere Zellen infizieren.
Nur selten wird die virale DNA in das Genom der Wirtszelle eingebaut. Danach wird diese Zelle durch folgende Schritte in eine Tumorzelle umgewandelt: Die Gene ℓ1 und ℓ2 sowie e1 und e2 werden inaktiviert. Dies hat zur Folge, dass keine Virushüllproteine und keine Repressorproteine E1 und E2 mehr hergestellt werden. E1 und E2 inaktivieren normalerweise die viralen Gene e6 und e7. Sind also e1 und e2 inaktiviert, werden große Mengen der Proteine E6 und E7 hergestellt. Durch die Bindung von E7 an den wirtseigenen Repressor pRB werden bestimmte Gene aktiviert, die unkontrollierte Zellteilungen auslösen. Das Protein E6 bindet an den wirtseigenen Tumorsuppressor p53 und blockiert dessen Fähigkeit, den außer Kontrolle geratenen Zellzyklus zu stoppen. Die Gebärmutterschleimhautzelle beginnt sich unkontrolliert zu teilen und es entsteht Gebärmutterhalskrebs.

3 Entwickeln Sie anhand des Textes ein Verlaufsschema (Größe etwa eine Seite), das die Vorgänge ab dem Einbau der viralen DNA in das Genom der Wirtszelle bis zur Entstehung von Gebärmutterhalskrebs zeigt. 3

Tumorzellen der Gebärmutterschleimhaut präsentieren das Protein E7 auf ihrer Oberfläche. Das Deutsche Krebsforschungszentrum entwickelte „therapeutische Impfstoffe“, womit Frauen behandelt werden, die bereits Krebsvorstufen aufweisen.
Nach erfolgreichen Tierversuchen laufen erste klinische Studien beim Menschen mit einem gentechnisch hergestellten Impfstoff. Dieser besteht aus der Verbindung des Hüllproteins L1 mit dem um einige Aminosäuren verkürzten Protein E7.
Abbildung 3 zeigt die Fusionsstelle der beiden Proteine.

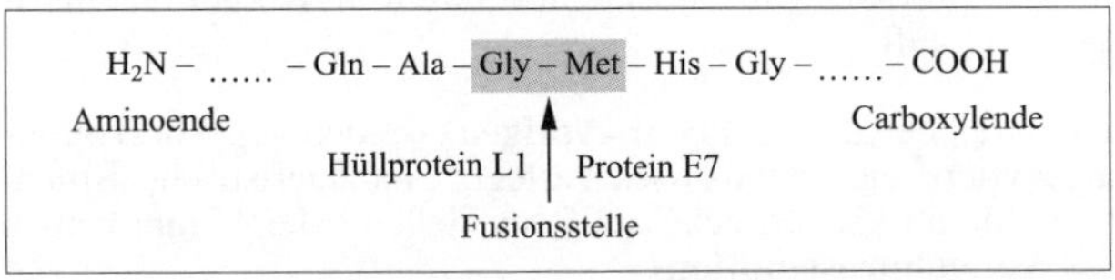

Abb. 3

4.1 An der Fusionsstelle sind zwei Aminosäuren miteinander verbunden. Zeichnen Sie die entsprechende Strukturformel des Verknüpfungsprodukts unter Verwendung der Abbildungen 3 und 4. 2

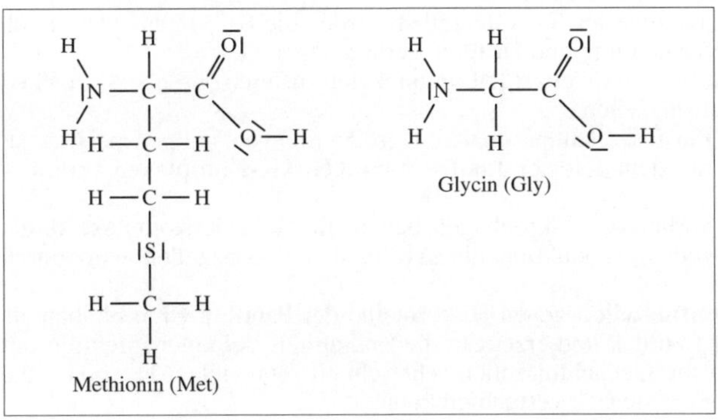

Abb. 4: Strukturformeln zweier Aminosäuren

4.2 Erklären Sie, wie dieser therapeutische Impfstoff in zweifacher Weise wirkt. 2

4.3 Nennen Sie zwei Gründe, weshalb von diesem Impfstoff keine Gefahr für die Patientinnen ausgeht. 2

20

Lösungen

1.1 *Stellen Sie bei der Beantwortung von Standardfragen, wie zur humoralen Immunantwort, mindestens einmal einen konkreten Textbezug her (hier: Nennung des Impfstoffs). Wird nur die Antwort auf eine Virusinfektion beschrieben, führt das zu Punktabzug.*

Die Grundimpfung entspricht im Ablauf der humoralen Immunantwort. Der Impfstoff (= gentechnisch hergestelltes Hüllprotein) wird injiziert, woraufhin im Körper eine **aktive (humorale) Immunantwort** abläuft.

a) **Erkennungsphase**:
   - Die Virenhüllproteine als fremde Oberflächen (= **Antigen**) werden von **Makrophagen** (Fresszellen) phagozytiert und enzymatisch zerlegt. Charakteristische Bruchstücke werden auf der Membranoberfläche (auf speziellen Membranproteinen (MHC II) präsentiert (= **Antigenpräsentation**).
   - **T-Helferzellen**, deren Rezeptoren zu diesen präsentierten Antigenen passen, werden aktiviert und schütten Signalstoffe (Interleukin) aus.
   - **B-Lymphozyten** mit passenden Rezeptoren können ebenfalls freie Virus-Antigene binden. Sie werden in die Zelle aufgenommen, zerlegt und ebenfalls auf speziellen Membranproteinen (MHC II) präsentiert.
   - Nach Kontakt mit den aktivierten T-Helferzellen werden die B-Lymphozyten durch die Signalstoffe zur Vermehrung und Differenzierung angeregt.

b) **Differenzierungsphase**: Die aktivierten B-Lymphozyten differenzieren sich in **Plasmazellen** und **B-Gedächtniszellen**.

c) **Wirkungsphase**: Die Plasmazellen produzieren große Mengen antigenspezifischer **Antikörper (AK)**, die mit dem gelösten Impfstoff zu **AG-AK-Komplexen** verklumpen (präzipitieren).

d) **Abschaltphase** (nicht verlangt): Makrophagen bauen die AG-AK-Komplexe durch Phagozytose ab. Die weitere Produktion der AK in den Plasmazellen wird durch Hemmstoffe gedrosselt.

Die **spezifischen B-Gedächtniszellen** gegen Hüllproteine der Papillomviren bleiben als Ergebnis der Grundimpfung zurück und erzeugen die Immunität. Bei einer Infektion mit Papillomviren produzieren die Gedächtniszellen sehr schnell sehr viele AK, sodass die Viren vernichtet werden, bevor sie sich vermehren können.

1.2 *Bei der Übersetzung von DNA-Sequenzen in Aminosäuren kommt es immer wieder zu Problemen, wenn keine Polarität angegeben ist. Bei jedem Gen wird nur einer der beiden Einzelstränge des Doppelstrangs transkribiert. Diesen Strang bezeichnet man als* ***codogenen Strang*** *(auch Matrizen-, Antisense-, Minusstrang), da er die (komplementäre und antiparallele) Vorlage (Matrize) für die Anordnung der Basen in der mRNA liefert. Er wird von der RNA-Polymerase in 3'→5'-Richtung abgelesen. Der* ***Code-Strang*** *(auch Nichtmatrizen-, Sense-, Plusstrang), der zum codogenen Strang komplementär und antiparallel (5'→3') ist, besitzt die gleiche Basensequenz und Polarität wie die mRNA (außer U statt T), wird aber nicht abgelesen.*
Verfahren bei ***Vorgabe eines Doppelstrangs*** *(ohne Angabe des codogenen Strangs): Werden Gen-Ausschnitte als Doppelstrang gezeigt, dann wird häufig nur der* ***Codestrang*** *in 5'→3'-Polarität dargestellt. Für die Transkription muss dann der komplementäre codogene Strang in 3'→5'-Richtung in mRNA transkribiert werden. Diese erhält dann automatisch die richtige Leserichtung für die Basentripletts der Codesonne.*
Verfahren bei ***Vorgabe eines Einzelstrangs****: Wenn weiter nichts angegeben ist, dürfen Sie davon ausgehen, dass der vorliegenden DNA-Strang der* ***codogene Strang*** *ist, der in 3'→ 5'-Orientierung vorliegt. Diesen können Sie sofort von links nach rechts in mRNA transkribieren und diese hat dann auch die korrekte Richtung zum Ablesen in der Codesonne, z. B. 3'–GAC–5' ⇒ Transkription: 5'–CUG–3' ⇒ Translation: Leu.*

Die Mutation bewirkt eine Änderung der codierten Aminosäure (Valin wird durch Leucin ersetzt). Die AS-Sequenz des Hüllproteins ist verändert. Die Raumstruktur (Tertiärstruktur) der Virushülle ist so verändert, dass der Impfstoff unwirksam wird, da die gebildeten AK das Hüllprotein nicht mehr erkennen.

oder: Die Proteinstruktur des Hüllproteins bleibt nahezu unverändert und der Impfstoff wirksam.

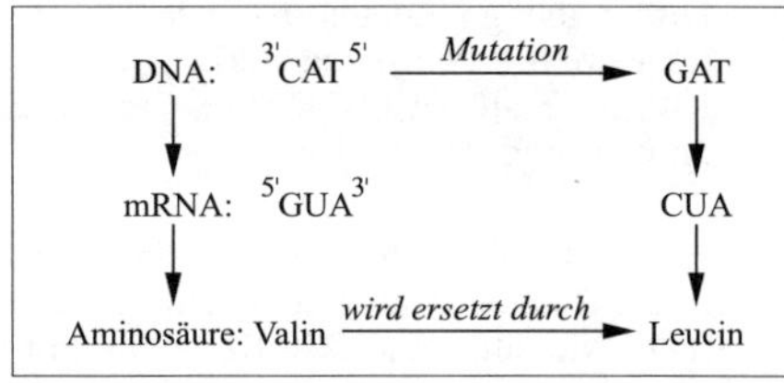

Die Mutation bewirkt keine Änderung der codierten Aminosäure. Die AS-Sequenz und die Proteinstruktur des Hüllproteins bleiben unverändert. Der Impfstoff ist nach wie vor wirksam.

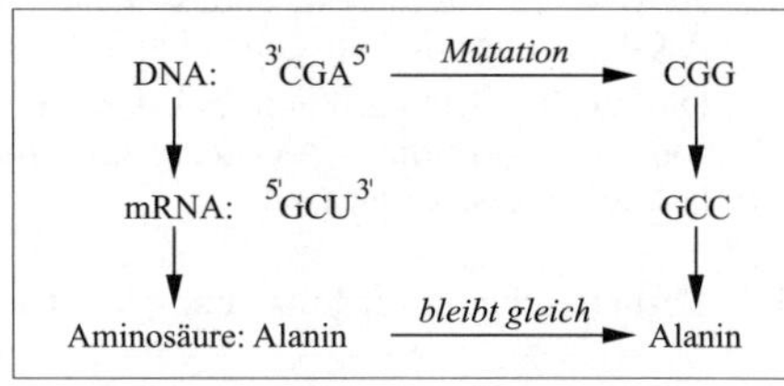

2.1 *Die AK-Konzentration zu Beginn der Impfaktion (0–2 Monate) ist deutlich größer null. Dies ist etwas verwirrend, da im Vortext (vor 1.1) davon gesprochen wird, dass die ganze Impfaktion* ***vor*** *dem ersten Geschlechtsverkehr abgeschlossen sein sollte. Daraus könnte man schließen, dass dies auch eine Bedingung für die Teilnahme an der Impfstudie war. Die Altersgruppe mit bis zu 24 Jahren macht diese Voraussetzung aber unrealistisch. Tatsächlich findet sich im Vortext kein Hinweis darauf, dass vor und während der Studie sexuelle Enthaltsamkeit vorgeschrieben war. Eine Missdeutung dieses Kurvenabschnitts darf also nicht stark bewertet werden.*

Beschreibung des Kurvenverlaufs für den Zeitraum von 0 bis 15 Monaten:
Dargestellt ist der Verlauf der Anti-HPV-Antikörper-Konzentration in Abhängigkeit von der Zeit. Im beobachteten Zeitraum wurde dreimal geimpft, jeweils zu Beginn des 2., 5. und 8. Monats.

0–2 Monate: Vor der Grundimpfung ist die durchschnittliche AK-Konzentration gering, aber konstant.

2–5 Monate: Nach der Grundimpfung steigt die AK-Konzentration innerhalb eines Monats (fast um das Doppelte) an, sinkt aber bis zum 5. Monat wieder (um ca. die Hälfte) ab.

5–8 Monate: Nach der 1. Nachimpfung steigt die AK-Konzentration steiler und stärker an als bei der Grundimpfung und sinkt dann wieder geringfügig ab.

8–15 Monate: Nach der 2. Nachimpfung steigt die AK-Konzentration noch steiler und stärker an und sinkt dann ab dem 9. Monat sehr langsam (fast linear) ab.

Erklärung des Kurvenverlaufs:
0–2 Monate: Die AK-Konzentration ist auch vor der 1. Impfung nicht null! Die Kurvenwerte sind Durchschnittswerte aus 13 500 Einzeldaten. Unter den 13 500 Frauen zwischen 16 und 24 Jahren waren rein statistisch bereits infizierte Personen, deren Immunsystem schon Antikörper gebildet hat.
Kurvenanstieg jeweils nach Impfung: Die Reaktion auf die Grundimpfung ist eine Primärantwort des Immunsystems mit relativ schwacher AK-Produktion, was sich im geringen Anstieg der AK-Konzentration zeigt. Die steileren und höheren Anstiege nach der 2. und besonders nach der 3. Impfung sind die Folge einer sekundären Immunantwort:

Durch die gebildeten B-Gedächtniszellen kann das Immunsystem sehr viel schneller (größere Steigung) und stärker (höhere AK-Konzentration) reagieren.
Kurvenabfall jeweils nach ca. einem Monat: Hemmung der AK-Produktion nach Immunantwort und Abbau der AK.

2.2 Erwarteter Kurvenverlauf bei der Kontrollgruppe:

0–2 Monate: Wie bei der Impfgruppe

2–15 Monate: Die AK-Konzentration dürfte nach den drei Kochsalzinjektionen nicht ansteigen, da keine spezifische Immunantwort mit AK-Produktion und Bildung von Gedächtniszellen abläuft.

Während der 15-monatigen Testphase haben sich aber vermutlich weitere Frauen mit HPV-Viren angesteckt, sodass man von einem leichten Anstieg der durchschnittlichen AK-Konzentration ausgehen kann.

Die zweite Gruppe diente bei der Studie als Kontrollgruppe. Der Verlauf der AK-Konzentrationen in dieser Vergleichsgruppe hatte den Zweck, die Wirkung des Impfstoffs zu beurteilen und zu messen.

3 Verlaufsschema zur Entstehung von Gebärmutterhalskrebs:

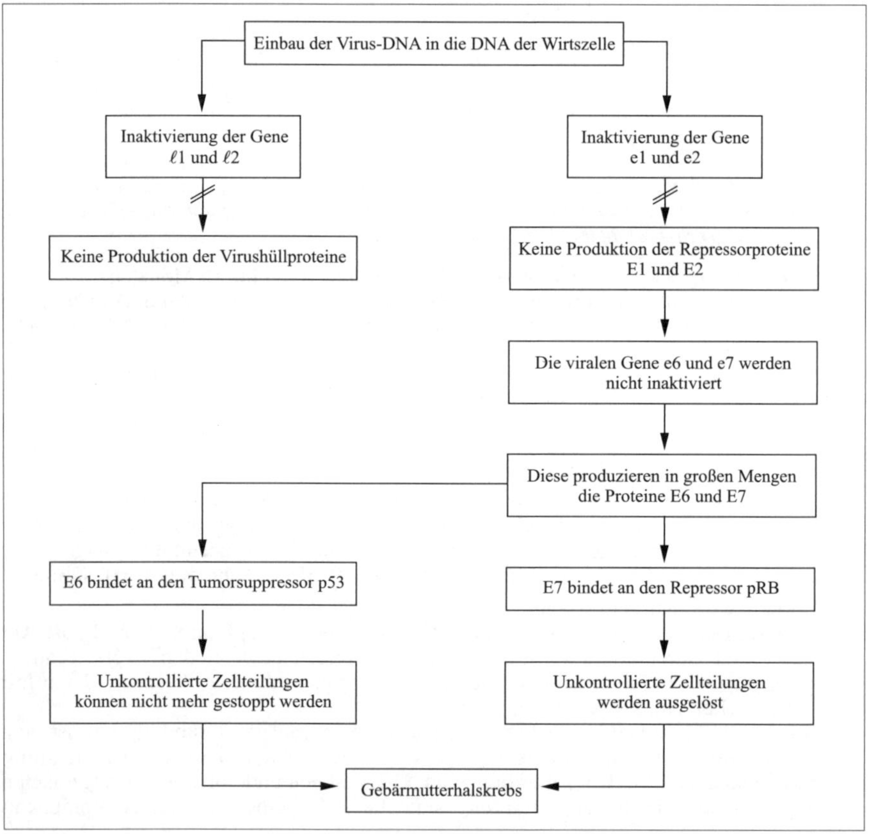

4.1 Strukturformel des entstehenden Dipeptids Gly-Met

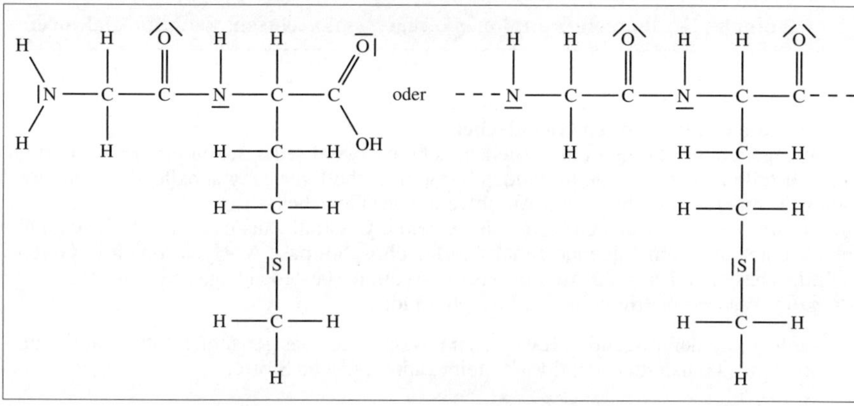

4.2 Zum einen löst der Impfstoff eine humorale Immunantwort gegen das Hüllprotein L1 aus, bei der AK gegen die Virushülle hergestellt werden. Freie HPV-Viren verklumpen folglich mit den gebildeten AK.
Des Weiteren löst der Impfstoff auch die Produktion von AK gegen das Virusprotein E7 aus, das von Tumorzellen präsentiert wird. Die Tumorzellen werden von den AK verklumpt.

Lösliches Virusprotein E7 kann T-Killerzellen nicht direkt aktivieren, da T-Zellen nur solche Antigene erkennen können, die auf MHC-Proteinen präsentiert werden. Mit bestimmten Impfverstärkern ist es jedoch gelungen, auch die zelluläre Immunantwort zu stimulieren.

4.3 – Das L1-Protein ist nur Teil der Virushülle (ohne DNA) ⇒ keine HPV-Infektion möglich
– Das E7-Protein kann an L1 gebunden keine unkontrollierten Zellteilungen auslösen.
– Das E7-Protein ist auch deshalb unwirksam, weil es verkürzt und unvollständig ist.

Profil-/Neigungsfach Biologie (Baden-Württemberg): Abituraufgaben 2010
Aufgabe IV: Biomembran, Ionenkanäle, Aminosäuren, Evolutionsfaktoren

BE

Bienen – die faszinierenden Giftmischer

Die unangenehmen Folgen eines Bienenstichs hat wohl jeder schon einmal gespürt. An der Einstichstelle zeigen sich die folgenden Symptome: heftiger, lang anhaltender Schmerz, Hautrötung, Temperaturerhöhung und Anschwellen des Gewebes.
Die Zusammensetzung des Giftes ist ein „Chemie-Cocktail" aus mehr als 60 Bestandteilen. Er enthält unter anderem folgende Inhaltsstoffe: Phospholipase A, Hyaluronidase, Glucosidase, Melittin (bestehend aus 26 Aminosäuren), Apamin (bestehend aus 18 Aminosäuren), Noradrenalin, Wasser, Natriumchlorid, Phospholipide.

1 Ordnen Sie den folgenden Kategorien jeweils einen der genannten Inhaltsstoffe zu: Enzyme, Transmitter, Peptide/Proteine, anorganische Stoffe. 2

Apamin kann viele Stoffwechselprozesse beeinflussen und wirkt unter anderem an der Nervenzellmembran.

2.1 Erstellen Sie eine beschriftete Skizze einer Biomembran nach dem Flüssig-Mosaik-Modell (Größe etwa ½ Seite). 2

2.2 Erläutern Sie die Rolle von spannungsgesteuerten Kaliumionenkanälen beim Ablauf eines Aktionspotenzials. 2

Neben den spannungsgesteuerten Kaliumkanälen kommen in der Axonmembran auch sogenannte K_{Ca}-Kanäle vor. Diese Kanäle sind an der Repolarisation und der Hyperpolarisation beteiligt.
Neue Untersuchungen haben gezeigt, dass die K_{Ca}-Kanäle mit spannungsgesteuerten Ca^{2+}-Kanälen funktionell verbunden sind.
Abbildung 1 zeigt ein Modell eines solchen Kanalsystems.

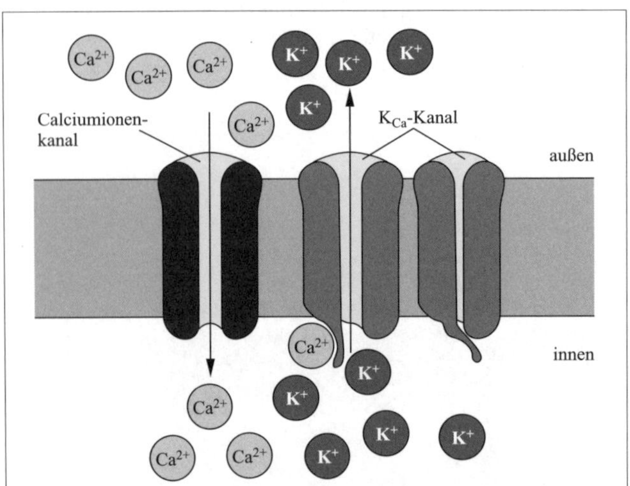

Abb. 1

2.3 Beschreiben Sie die in Abbildung 1 dargestellten Vorgänge. 2

2.4 Apamin blockiert diese K_{Ca}-Kanäle in sensorischen Nervenfasern.
Erläutern Sie die Folgen einer solchen Blockade und stellen Sie einen Zusammenhang zum lang anhaltenden Schmerz nach einem Bienenstich her. 2

Hauptbestandteil des Bienengifts ist das Melittin. Unter anderem blockiert es einige Enzyme. Darüber hinaus lagert sich Melittin in Zellmembranen ein und bildet dort Ionenkanäle mit der Folge, dass unter anderem Natriumionen in hoher Zahl diffundieren können.
Abbildung 2 zeigt die Primärstruktur von Melittin. Dabei sind polare Bereiche fett und kursiv hervorgehoben.

$\mathbf{H_3N^+}$ – Gly – Ile – Gly – Ala – Val –Leu – **Lys** – Val – Leu – **Thr** – **Thr** – Gly – Leu – Pro –
Ala – Leu –Ile – **Ser** – Trp –Ile – **Lys** – **Arg** – **Lys** – **Arg** – **Gln** – **Gln** – $\mathbf{COO^-}$

Abb. 2: Primärstruktur von Melittin

Abbildung 3 zeigt den Aufbau eines Melittinmoleküls. Jeweils vier Melittinmoleküle lagern sich als sogenanntes Tetramer in Zellmembranen ein (siehe Abbildung 4).

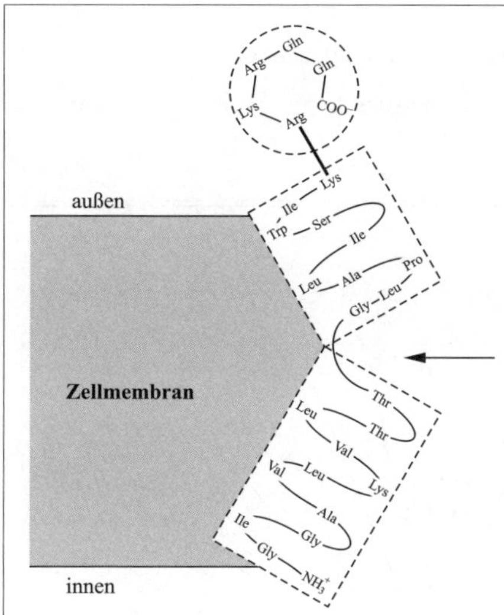

Abb. 3: Ausschnitt aus dem Melittin-Tetramer

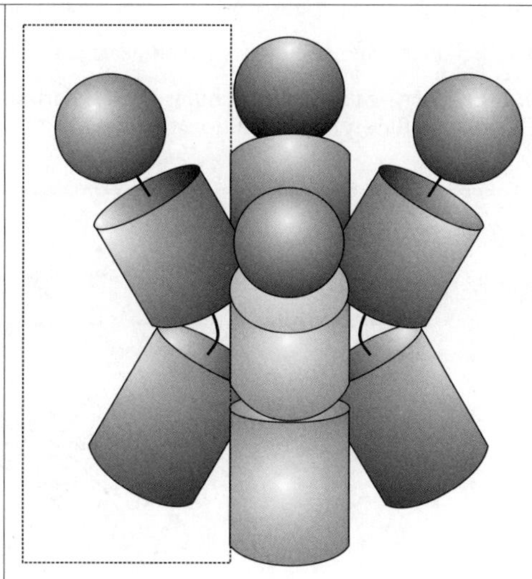

Abb. 4: Melittin-Tetramer

3.1 Begründen Sie mithilfe der Abbildungen 2, 3 und 4, warum das Melittin-Tetramer stabil in die Membran eingelagert ist und als Ionenkanal wirken kann. 3

3.2 Erläutern Sie die Folgen einer gehäuften Einlagerung von Melittin-Tetrameren in die Axonmembran einer Nervenzelle. 2

Jeder, der einmal die Folgen eines Wespenstiches am eigenen Leib erfahren hat, wird im Umgang mit diesen Tieren große Vorsicht walten lassen.
Die folgenden Abbildungen zeigen zwei sehr ähnlich aussehende schwarz-gelb gefärbte Insekten: Abbildung 5a zeigt eine „Gemeine Wespe" mit gut ausgebildetem Stechapparat und Giftdrüsen, Abbildung 5b eine harmlose Schwebfliege.

Abb. 5a: Gemeine Wespe
Illustration: www.soenkehollstein.de

Abb. 5b: Schwebfliege
Illustration: www.soenkehollstein.de

4.1 Erläutern Sie, wie dieses Farbmuster jeweils vor Fressfeinden schützt. 2

4.2 Erläutern Sie die Entstehung dieses Farbmusters bei der Schwebfliege im Sinne der synthetischen Evolutionstheorie. 3

20

Anlage: Code-Sonne

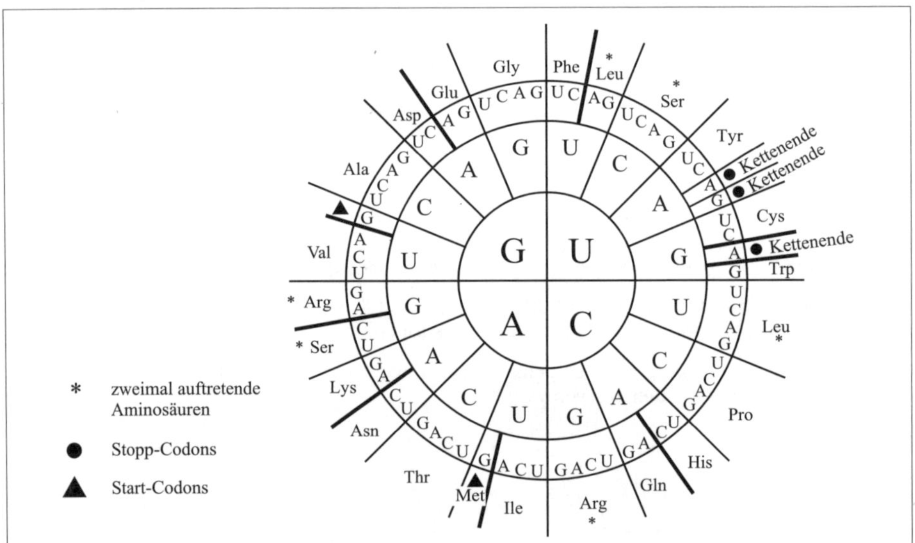

Lösungen

1 Enzyme: Phospholipase A, Hyaluronidase, Glucosidase (Endung „-ase" ⇒ Enzym)
Transmitter: Noradrenalin
Peptide/Proteine: Melittin, Apamin (Hinweis: AS als Proteinbausteine) und alle Enzyme
Anorganische Stoffe: Wasser, Natriumchlorid

Bei Phospholipiden handelt es sich um eine eigene Stoffklasse, die keiner der aufgeführten Kategorien zugeordnet werden kann. Es ist jeweils nur ein Beispiel verlangt.

2.1

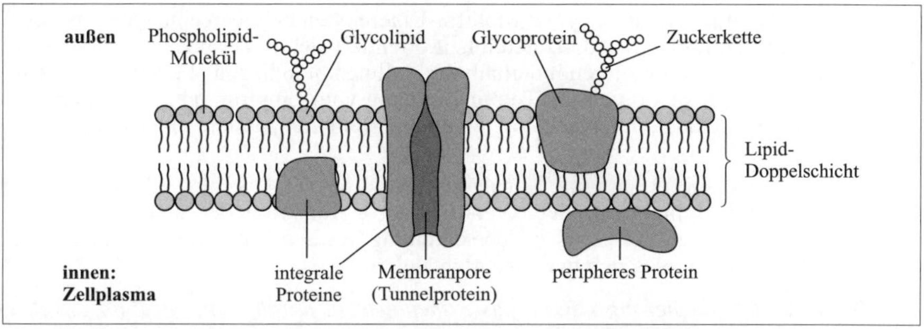

2.2 *Beachten Sie, dass eine schlampige chemische Fachsprache hier Punkte kosten kann. „Kalium" und „Kaliumionen" sind* ***nicht*** *das Gleiche. „Kaliumkanäle" lässt man gelten, aber „Kalium strömt aus" ist nicht exakt. Vorschlag: Verwenden Sie das jeweilige chemische Symbol (K^+, Ca^{2+}, Na^+ usw.).*

Spannungsgesteuerte K^+-Kanäle sind während des Aktionspotenzials für die **Repolarisierung** der Membran verantwortlich. Wenn die Membranspannung durch die Depolarisierung umgepolt ist (ca. +20 mV innen gegenüber außen), öffnen sich diese (zusätzlichen) K^+-Kanäle. K^+-Ionen diffundieren (entlang des Konzentrationsgefälles) von innen nach außen, bis das Ruhepotenzial wieder erreicht ist.

2.3 Nach Öffnung der spannungsgesteuerten Ca^{2+}-Kanäle diffundieren Ca^{2+}-Ionen ins Zellinnere.

Die Ursache muss nicht erklärt werden. Ein Konzentrationsgefälle ist nicht erkennbar.

Die K_{Ca}-Kanäle sind im ungebundenen Zustand geschlossen. Nach Anlagerung von Ca^{2+}-Ionen an einer bestimmten Stelle öffnen sie sich. Es erfolgt ein K^+-Ionenausstrom.

2.4 ***Sensorische Nervenfasern*** *leiten die Erregung vom Sinnesorgan (z. B. vom Schmerzsensor in der Haut) zum ZNS weiter.*

Das Bienengift Apamin blockiert die K_{Ca}-Kanäle in der Axonmembran. Wird die Membran erregt (z. B. durch einen Bienenstich oder andere Gifte), wird durch die Blockade des K^+-Ausstroms die Repolarisierung der Nervenfaser stark verzögert. Die dadurch andauernde Depolarisierung führt zu einer ständigen Erregung der Axonmembran. ⇒ Kontinuierliche Fortleitung von Aktionspotenzialen der sensorischen Nervenfaser und somit anhaltendes Schmerzempfinden

3.1 Bau des Melittinmoleküls: Das Melittin-Molkül ist ein Polypeptid mit 26 Aminosäuren. 10 davon sind polar, d. h. hydrophil, und 16 unpolar, d. h. lipophil („fettfreundlich“ = wasserabweisend). Es gilt der Grundsatz: „Ähnliches löst sich in Ähnlichem“.

- Die hydrophilen Molekülteile orientieren sich zum Wasser hin (H-Brücken und Ion-Dipol-Anziehung). Der kugelförmige „Kopf“ des Melittins mit 5 polaren AS ragt ins **Außenmilieu** und sorgt so für eine stabile Schwimmlage. Im **Kanalinnenraum** „kleiden“ die AS Lysin, Serin und Threonin die Kanalwand wasserfreundlich „aus“.
- Die lipophilen Aminosäuren befinden sich auf der zur **Doppellipidschicht** hin orientierten Außenseite der spiraligen Eiweißkette. Sie „lösen sich“ stabil in der Lipidschicht (und stabilisieren sich durch Van-der-Waals-Kräfte).

Bau des Melittin-Tetramers: Vier Melittin-Untereinheiten bilden eine Quartärstruktur, die als Ionenkanal fungiert. Jede Untereinheit orientiert sich in der oben beschriebenen Weise. Die polaren Aminosäuren innerhalb der Zellmembran liegen alle auf der gleichen Seite und schirmen sich durch die Tetramerbildung vom Lipidfilm ab. Sie bilden einen hydrophilen Hohlkanal, durch den Na^+-Ionen die Membran passieren können.

3.2 Melittin verbessert durch seine Kanaleigenschaft die Na^+-Durchlässigkeit der Axonmembran. Dadurch kommt es zu einem verstärkten Na^+-Einstrom, der die Depolarisierung des Ruhepotenzials bewirkt. Ab der Überschreitung des Schwellenwerts werden Aktionspotenziale ausgelöst, was sich in Schmerzen äußert.

Bei einer Überdosierung müsste das Ruhepotenzial durch Konzentrationsausgleich zusammenbrechen ⇒ Gefühllosigkeit.

4.1 Wespen: Fressfeinde, z. B. Vögel, die schmerzhafte, aber nicht tödliche Erfahrungen mit Wespen gemacht haben, meiden als Lerneffekt in Zukunft die schwarz-gelbe Warnfarbe. (Jungvögel lernen evtl. auch von den Eltern). Wespen werden dadurch seltener gefressen als andere Insektenarten. Es ergibt sich eine erhöhte Überlebenswahrscheinlichkeit infolge des speziellen Farbmusters.
oder: Vögel meiden Wespen instinktiv (angeborenes Verhalten).

Schwebfliegen: Vögel, die das schwarz-gelbe Farbmuster instinktiv oder durch Lerneffekt meiden, übertragen dieses Verhalten auch auf andere Beutetiere. Die Schwebfliege hat dementsprechend ebenfalls eine größere Überlebenswahrscheinlichkeit, wenn sie sich mit dem Aussehen eines wehrhaften Insekts tarnt (Mimikry).

4.2 Die Entstehung des Farbmusters kann mit den Evolutionsfaktoren Mutation, Rekombination und (dynamische) Selektion erklärt werden: Die beiden Merkmale Farbe und Zeichnung kommen in einer Schwebfliegenpopulation in vielen Ausprägungsformen vor. Ursache dafür ist das Auftreten von ungerichteten **Mutationen**, die für **neue Allele** der Farb- und Farbmustergene sorgen. Durch **Rekombination**, also durch die Zufallsverteilung und Neukombination der Gene bei der sexuellen Fortpflanzung treten deshalb immer **neue Merkmalskombinationen** bezüglich Farbtiefe und Anordnung der Farbmuster auf. Durch **Selektion** werden alle diese Varianten auf ihren Anpassungswert geprüft. Die Schwebfliegen, deren Farbmuster in puncto Kontrast und Farbe am „wespenähnlichsten“ sind, haben einen größeren Fortpflanzungserfolg. Die Gene, die für Wespenähnlichkeit codieren, setzen sich im Genpool so allmählich durch. Auf jedem erreichten „Zwischenniveau“ auf dem Weg zur Wespenfärbung werden weitere Mutationen und ein stets gleich gerichteter Selektionsdruck die schrittweise Annäherung an die Wespenzeichnung bewirken (dynamische oder richtende Selektion).

Es können auch noch andere Evolutionsfaktoren eine Rolle spielen: z. B. Isolation von Teilpopulationen oder Zufallsereignisse in kleinen Populationen (Gendrift).

Profil-/Neigungsfach Biologie (Baden-Württemberg): Abituraufgaben 2011
Aufgabe I: Zytologie, Enzym- und Genaktivität, Proteinsynthese

BE

Ein Haar entsteht aus absterbenden Haarwurzelzellen. Die Haarfarbe wird dabei durch den Melaningehalt dieser Zellen bestimmt. Gebildet wird das dunkle Pigment Melanin in Pigmentzellen. Es wird in Melanosomen, speziellen Zellorganellen der Pigmentzellen, transportiert und über Zellfortsätze an die benachbarten Haarwurzelzellen abgegeben.
Ausgangsstoff der Melaninsynthese ist die Aminosäure Tyrosin, die in der Nahrung enthalten ist und aus dem Blut in die Pigmentzellen aufgenommen wird. Tyrosinasen sind Enzyme, die an der Umwandlung von Tyrosin in das Pigment Melanin über die Zwischenstufen Dopa und Dopachinon beteiligt sind.

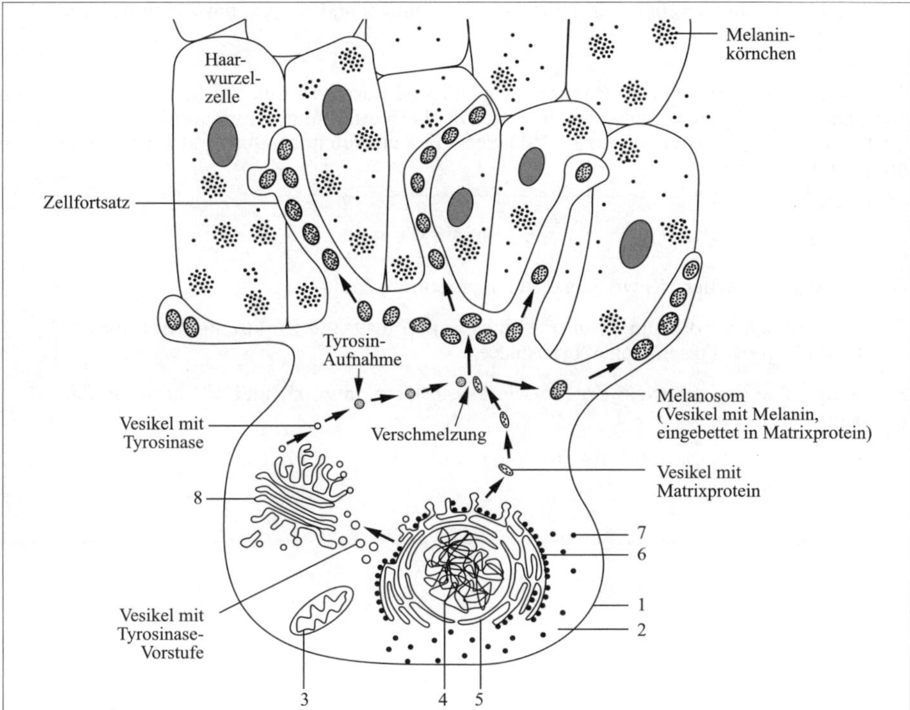

Abb. 1: Pigmentzelle und Haarwurzelzellen (schematisch)

1.1 Benennen Sie die mit den Ziffern 1 bis 8 versehenen Strukturen der Pigmentzelle (Abbildung 1). 2

1.2 Beschreiben Sie mithilfe der Informationen des Vortextes sowie der Abbildung 1 die Vorgänge, die in der Pigmentzelle bis zur Melaninsynthese ablaufen, sowie die Entstehung farbiger Haare. 4

1.3 Die natürlichen Haarfarben des Menschen beruhen auf unterschiedlichen Melaninkonzentrationen in den Haarwurzelzellen. Beschreiben Sie mithilfe von Abbildung 1 drei Möglichkeiten für die Entstehung unterschiedlicher Melaninkonzentrationen in den Haarwurzelzellen. 3

Erst im Jahr 2009 konnten Wissenschaftler die Frage klären, warum Haare im Alter grau werden. In allen Zellen des Körpers, so auch in den Haarwurzelzellen, entsteht ständig in geringen Mengen giftiges Wasserstoffperoxid. Durch das Enzym Katalase wird dieses sofort zu Wasser und Sauerstoff abgebaut. Mit zunehmendem Alter nimmt die Katalase-Konzentration in den Haarwurzelzellen ab. Das angehäufte Wasserstoffperoxid inaktiviert Tyrosinasen dauerhaft.

2.1 Erläutern Sie, wie das Enzym Tyrosinase im beschriebenen Fall gehemmt werden könnte. 2

2.2 Geben Sie eine mögliche Erklärung für den Mangel an Katalase mit zunehmendem Alter. 2

Tyrosinasen kommen auch in Pflanzen vor und sind dort zum Beispiel für die Braunfärbung angeschnittener Äpfel verantwortlich. Eine für die Verfärbung verantwortliche Reaktion ist die Oxidation des aus den verletzten Pflanzenzellen austretenden Dopa mit Luftsauerstsoff zu braunem Dopachrom:

$$\text{Dopa (farblos)} + \text{Sauerstoff} \xrightarrow{\textit{Tyrosinase}} \text{Dopachrom (braun)}$$

Die Aktivität pflanzlicher Tyrosinase ist temperaturabhängig.

3.1 Beschreiben Sie die Durchführung eines Experiments zur Ermittlung der Temperaturabhängigkeit pflanzlicher Tyrosinase. 3

3.2 Stellen Sie das erwartete Ergebnis in einem Diagramm dar und erläutern Sie den Kurvenverlauf. 3

3.3 Erklären Sie, warum die Braunfärbung von Apfelstücken mit Zitronensaft verhindert werden kann. 1

20

Lösungen

1.1 1 = Zellmembran
2 = Zellplasma
3 = Mitochondrium
4 = DNA oder Chromatin
5 = Kernhülle (bzw. Kernmembran) oder glattes ER
6 = raues ER
7 = Ribosom
8 = Dictyosom oder Golgi-Apparat

1.2 *Hier wird von Ihnen verlangt, dass Sie dem Vortext die Namen der für die Melaninsynthese notwendigen Stoffe entnehmen und aus der Abb. 1 den räumlichen und zeitlichen Ablauf der Entstehung farbiger Haare mit Fachbegriffen* ***„beschreiben“*** *(d. h.* ***nicht erklären!****). Im folgenden Lösungsvorschlag sind nicht zwingend verlangte Angaben in Klammern gesetzt.*

Transkription bestimmter (ständig aktiver) Gene im Kern ⇒ (Translation an den Ribosomen) ⇒ Produktion der Matrixproteine und der Vorstufe des Enzyms Tyrosinase am rauen ER ⇒ Abschnürung von Transportvesikeln aus dem ER mit Matrixprotein und Tyrosinasevorstufe ⇒ (Aufnahme des Vesikelinhaltes in das Dictyosom durch Membranverschmelzung) ⇒ Weiterverarbeitung der Tyrosinasevorstufe im Dictyosom (zur aktiven Form des Enzyms) ⇒ Abschnürung und Transport in Golgi-Vesikeln.

Tyrosinaufnahme (= Substrat der Melaninsynthese) in die Tyrosinasevesikel ⇒ Start der enzymatisch katalysierten Melaninsynthese über Dopa und Dopachinon als Zwischenstufen ⇒ Verschmelzung der Melaninvesikel mit den ER-Vesikeln mit Matrixprotein zu Melanosomen.

Wanderung/Transport der Melanosomen in die Zellfortsätze und Entleerung/Freisetzung der Melaninkörnchen in (das Zellplasma der) Haarwurzelzellen.

Aus den abgestorbenen Haarwurzelzellen entsteht die Haarsubstanz mit Melanin als Haarfarbe.

1.3 *Alle vorher beschriebenen Vorgänge, die für eine optimale Melaninsynthese notwendig sind, können durch eine Störung die Ursache für eine verringerte Melaninkonzentration, d. h. für hellere Haarfarbe sein. Drei Möglichkeiten sollen* ***beschrieben*** *werden.*

- unterschiedliche Genaktivität des Gens für Tyrosinase-Vorstufe ⇒ unterschiedliche Tyrosinase-**Konzentration** ⇒ unterschiedliche Melaninkonzentration in den Melanozyten ⇒ in der Brauntönung variierende Haarfärbung.
- (Genmutation ⇒ Tyrosinase mit veränderter Tertiärstruktur ⇒) unterschiedliche Tyrosinase-**Aktivität** ⇒ unterschiedliche Melaninkonzentration in den Melanozyten.
- Tyrosinmangel (Mangelernährung oder Störung der Aufnahme in die Zelle) ⇒ Melaninkonzentration verringert.
- Melaninfreisetzung aus den Melanozyten gestört ⇒ Melaninkonzentration verringert.
- Melanosomentransport in die Zellfortsätze gestört ⇒ Melaninkonzentration verringert.
- Umbau der Enzymvorstufe in den Dictyosomen gestört ⇒ Tyrosinase-Konzentration verringert ⇒ Melaninkonzentration verringert.
- oder andere logische Erklärungen

2.1 *Hier wird von Ihnen eine* ***Erläuterung (= Nennung und Erklärung)*** *der möglichen Ursachen der Tyrosinasehemmung durch Wasserstoffperoxid verlangt.*

- H_2O_2 ist ein Enzymgift, das durch irreversible Änderung der Tertiärstruktur (Denaturierung, Oxidation) des Enzymmoleküls die Enzymwirkung zerstört (aktives Zentrum kann das Substrat Tyrosin nicht mehr binden und umsetzen).

– H_2O_2 ist ein allosterischer Hemmstoff, der durch Bindung an ein allosterisches Zentrum die Tertiärstruktur so umformt, dass das aktive Zentrum verändert wird.

Die Annahme einer kompetitiven Hemmung ist nicht logisch, da keinerlei chemische Ähnlichkeit zum Substrat vorliegt.

2.2 **Erklärung** einer möglichen Ursache für Katalase-Mangel im Alter:
Die Aktivität des Katalase**gens** könnte (durch altersbedingte Giftstoffe, die z. B. die Transkription oder Translation hemmen) vermindert sein ⇒ geringere Katalasekonzentration in den Haarwurzelzellen.

oder: Durch Anhäufung von Mutationen im Alter könnte das Katalasegen geschädigt sein ⇒ geringere Katalasekonzentration in den Haarwurzelzellen.

oder: Altersbedingter schnellerer Abbau der Katalase durch Proteasen.

3.1 *Hier können Sie wie im Enzymatikpraktikum ganz systematisch vorgehen, d. h., alle Versuche werden in Reagenzgläsern (in vitro) mit Dopa/Sauerstoff- und Tyrosinase-Lösung durchgeführt. Eine andere Möglichkeit sind Versuche mit ganzen Apfelstückchen (in vivo), die unter sonst gleichen Bedingungen verschiedenen Temperaturen ausgesetzt werden.*

Beschreibung des Versuchsablaufs (in vitro):
- Mehrere Reagenzgläser mit jeweils gleicher Menge Substratlösung (Dopa/Sauerstoff) werden auf verschiedene Temperaturen eingestellt (Substratkonzentration = konstant).
- Zu jedem Reagenzglas wird die gleiche Menge (temperierte) Tyrosinase-Lösung (Suspension) zugegeben (Enzymkonzentration = konstant).
- Messung der Zeit bis zu einer bestimmten Braunfärbung (= Dopachrom-Konzentration) oder: Bestimmung der Braunfärbung nach einer bestimmten Zeit.
  oder: Messung der Sauerstoffabnahme nach einer bestimmten Zeit.

⇒ Je kürzer die Zeit bis zum Erreichen einer bestimmten Braunfärbung bzw. je tiefer der Braunton nach einer definierten Zeitspanne bzw. je größer die Sauerstoffabnahme nach einer definierten Zeitspanne, desto größer ist die Enzymaktivität bei der entsprechenden Temperatur.

Beim In-vivo-Versuch wird sowohl das Enzym Tyrosinase als auch das Substrat Dopa erst durch das Aufschneiden der Apfelzellen freigesetzt. Durch Zutritt des Luftsauerstoffs beginnt sofort die enzymatische Dopachrom-Synthese.

Beschreibung des Versuchsablaufs (in vivo):
Mehrere Apfelstücke werden unter gleichen Bedingungen (z. B. Luftzutritt) hergestellt und die Zeit bis zum Erreichen einer bestimmten Braunfärbung wird bei verschiedenen Temperaturen gemessen.

oder: Die Apfelstücke werden bei verschiedenen Temperaturen alle gleich lang dem Luftsauerstoff ausgesetzt und die Intensität der Brauntöne wird verglichen.

⇒ Je kürzer die Zeit bis zum Erreichen einer bestimmten Braunfärbung bzw. je stärker die Braunfärbung bei verschiedenen Temperaturen, desto größer ist die Enzymaktivität.

3.2 *Beachten Sie bei jeder Grafik die richtige Benennung der Achsen. Bei der y-Achse ist es hier ratsam, statt der RG (Reaktionsgeschwindigkeit) besser die Enzymaktivität (= Substratumsatz pro Zeit) aufzutragen. Auf diese Weise lässt sich eine relative Skala in Prozent angeben. 100 % entspricht der maximalen Enzymaktivität beim Temperaturoptimum.*

Berücksichtigen Sie bei der Konstruktion der Kurve die Aussagen der RGT-Regel (s. u.) sowie das Temperaturoptimum. Geben Sie für die geplante ***Optimumkurve*** *z. B. folgende drei Kurvenpunkte fest vor:*
- *Temperaturoptimum bei 37 °C/100 % Enzymaktivität*
- *10 °C/15 % Enzymaktivität*
- *20 °C/30 % Enzymaktivität*

Vorsicht: Bei 0 °C ist die Enzymaktivität in der Regel nicht Null! Auch in Tiefkühlkost laufen stark verlangsamt enzymatische Reaktionen ab. Sie können die Kurve alternativ unbestimmt vor dem Nullpunkt enden lassen.

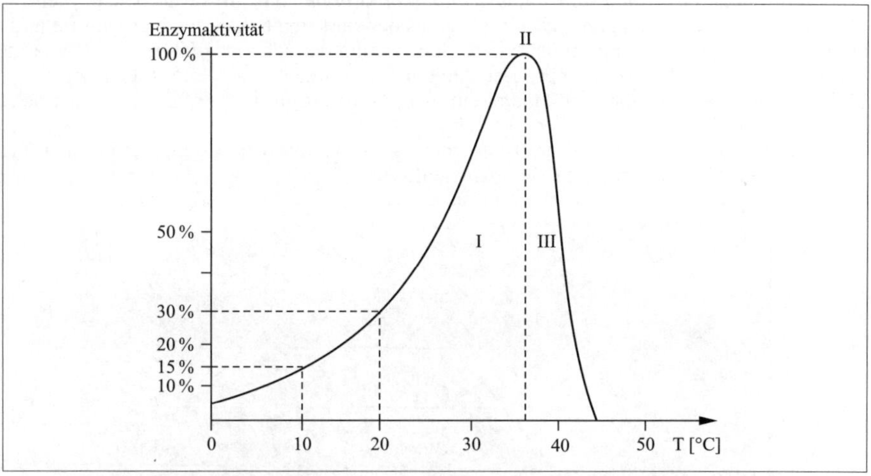

Erläuterung des Kurvenverlaufs:

I) Die Temperaturerhöhung bewirkt eine Teilchenbeschleunigung ⇒ Enzym- und Substratmoleküle bewegen sich schneller und treffen häufiger erfolgreich zusammen. ⇒ Die Reaktionsgeschwindigkeit steigt, d. h., pro Zeiteinheit werden mehr Substratmoleküle umgesetzt. Dabei gilt die **RGT-Regel** (**R**eaktions**g**eschwindigkeits-**T**emperatur-Regel): Eine Erhöhung um 10 °C bewirkt etwa eine Verdopplung der Reaktionsgeschwindigkeit.

II) **Temperaturoptimum** bei ca. 37 °C ⇒ maximale Enzymaktivität

III) Bei einer Temperatur von ca. 45 °C wird die thermische Bewegung der Enzymmoleküle so heftig, dass die **Tertiärstruktur** zerstört wird. ⇒ **Hitzedenaturierung** ⇒ Die Enzymaktivität geht rasch gegen Null, da das aktive Zentrum zerstört wird.

3.3 **Erklärung** der Wirkung des Zitronensafts:
Zitronensaft ist stark sauer (Zitronensäure) ⇒ geringe Tyrosinase-Aktivität durch starke Abweichung vom pH-Optimum.

oder: Zitronensaft ist stark sauer (Zitronensäure) ⇒ Säuredenaturierung, d. h. Zerstörung der Tertiärstruktur des Enzyms Tyrosinase ⇒ keine Enzymaktivität mehr.

oder: Zitronensaft enthält Vitamin C ⇒ starkes Antioxidans ⇒ Vitamin C statt Dopa wird oxidiert.

oder: Die Tyrosinase-Aktivität wird durch unbekannte Inhaltsstoffe im Zitronensaft gehemmt.

Aufgabe II: Zytologie, Erregungsübertragung, Membrantransport, Immunreaktion

BE

Mit zwei Esslöffeln reinem Botox (Botulinumtoxin) könnte die gesamte Weltbevölkerung ausgelöscht werden. Trotzdem lassen sich nicht nur Popgrößen und Hollywoodstars den sogenannten Faltenkiller Botox bedenkenlos unter die Haut spritzen. Botulinumtoxin ist ein Stoffwechselprodukt des Bakteriums *Clostridium botulinum*, das in verdorbenen Fleisch- und Wurstwaren vorkommen kann. Es gilt als eines der stärksten bekannten Nervengifte und schädigt neuromuskuläre Synapsen dauerhaft. Seit Anfang der achtziger Jahre wird Botox medizinisch genutzt, um Muskelkrämpfe der Augenlider (Lidzucken) oder Schielen zu behandeln. Bekannt wurde Botox aber erst als Faltenkiller. Botox ist ein Protein, das aus einer schweren und einer leichten Aminosäurekette besteht.
Abbildung 1 zeigt einen Ausschnitt aus dem elektronenmikroskopischen Bild einer Synapse zwischen einer Nervenzelle und einer Muskelfaser.

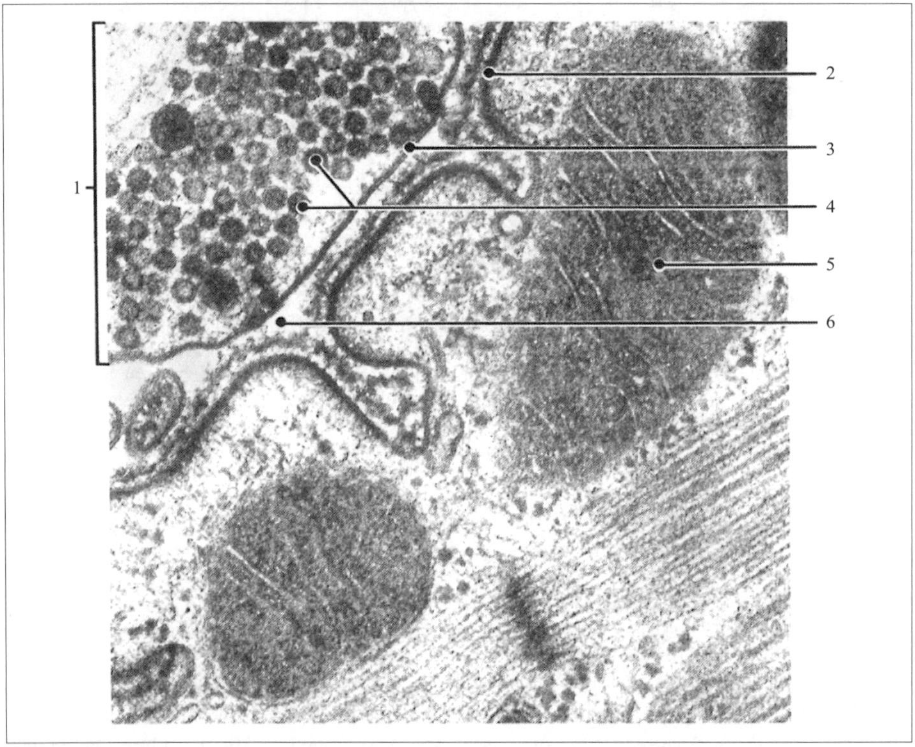

Abb. 1: Neuromuskuläre Synapse (motorische Endplatte)

1.1 Benennen Sie die mit 1 bis 6 bezeichneten Strukturen in Abbildung 1. 2

1.2 Erläutern Sie an zwei in der Abbildung gezeigten Strukturen die Bedeutung der Oberflächenvergrößerung. 2

Abbildung 2a zeigt einen Ausschnitt aus der neuromuskulären Synapse und veranschaulicht das Zusammenwirken sogenannter SNARE-Proteine (Synaptobrevin, SNAP-25, Syntaxin) bei der Transmitterausschüttung nach Erregung des motorischen Neurons.

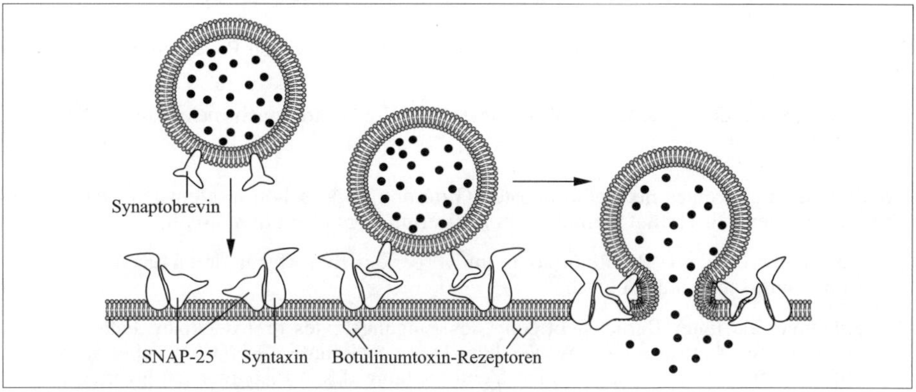

Abb. 2 a: Vorgänge an der präsynaptischen Membran

2.1 Beschreiben Sie die Vorgänge bei der Erregungsübertragung an einer Synapse. Beziehen Sie dabei auch die in Abbildung 2a dargestellten Vorgänge mit ein. 4

Abbildung 2b zeigt die Aufnahme des Botulinumtoxins in die Nervenzelle und dessen Wirkung.

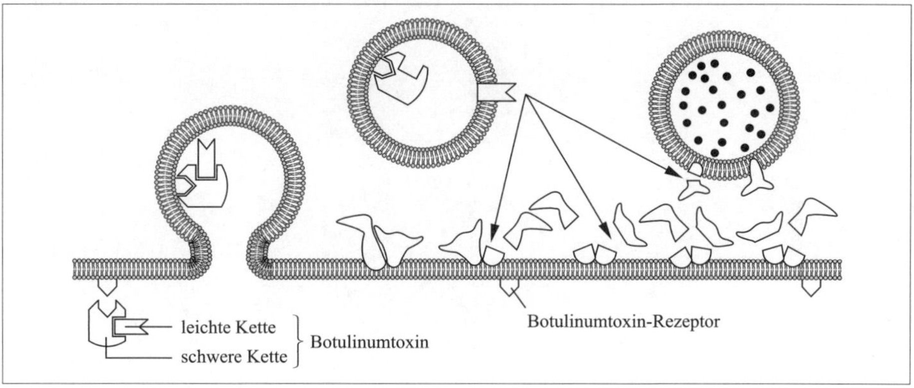

Abb. 2 b: Aufnahme und Wirkung von Botulinumtoxin

2.2 Beschreiben Sie mithilfe der Abbildung 2b die Aufnahme von Botulinumtoxin in die Nervenzelle und seine Wirkung in der Nervenzelle. Erläutern Sie die sich daraus ergebenden Folgen für die Erregungsübertragung und begründen Sie den Einsatz bei der Behandlung des Lidzuckens. 4

Trotz irreversibler Schädigung neuromuskulärer Synapsen lässt der Behandlungserfolg einer Botoxinjektion nach einiger Zeit nach. Die Behandlung muss deshalb wiederholt werden.

3.1 Geben Sie eine mögliche Erklärung für das Nachlassen des Behandlungserfolgs. 2

Nach mehrmaliger Anwendung von Botulinumtoxin tritt bei vielen Patienten ein dauerhafter Wirkungsverlust auf.

3.2 Erklären Sie den dauerhaften Wirkungsverlust von Botox nach mehrmaliger Anwendung. 2

Botulinumtoxin ist eines der gefährlichsten Gifte und wirkt schon in kleinsten Mengen tödlich. Seit einiger Zeit verfügt man über ein Antiserum gegen Botulinumtoxin.

4.1 Beschreiben Sie, wie Botulinumtoxin im Körper des Betroffenen durch das Antiserum unwirksam gemacht wird. 1

4.2 Erläutern Sie unter Berücksichtigung des Eingangstextes drei denkbare Fälle, in denen dieses Antiserum zur Anwendung kommen könnte. Gehen Sie dabei auch auf die Zeitspanne ein, in der eine Verabreichung des Antiserums erfolgversprechend ist. 3

20

Lösungen

1.1 *Die Orientierung in der Abb. 1 fällt ganz leicht: Die vielen Vesikel links oben gehören zum präsynaptischen Teil der Synapse und die Muskelfilamente rechts unten zur postsynaptischen Muskelzelle.*

Benennung der Strukturen einer neuromuskulären Synapse:

1 = Endknöpfchen (Nervenzelle, Präsynapse)	4 = synaptische Vesikel
2 = postsynaptische (subsynaptische) Membran	5 = Mitochondrium
3 = präsynaptische Membran	6 = synaptischer Spalt

1.2 *Zwei Erläuterungen sind verlangt.*

Erläuterung der Bedeutung der Oberflächenvergrößerung:

- Einfaltung der postsynaptischen Membran: Eine größere Zahl von Rezeptor gesteuerten Na^+-Kanälen kann in die postsynaptische Membran eingebaut werden ⇒ mehr Transmitter-Moleküle (ACh) können gleichzeitig andocken ⇒ (mehr Na^+-Kanäle können gleichzeitig geöffnet werden ⇒ stärkerer Na^+-Einstrom) ⇒ effektivere Erregungsübertragung.
- Einfaltungen der inneren Mitochondrienmembran (in Abb. nicht sichtbar): Erhöhung der Anzahl von Enzymmolekülen für die Zellatmung ⇒ effektiverer Energiestoffwechsel.
- „Verpackung" des Transmitters in viele kleine Vesikel: bessere Dosierung der Transmittermenge, die pro Aktionspotenzial in den Spalt freigesetzt wird.

2.1 **Beschreibung** der neuromuskulären Synapsenvorgänge unter Einbeziehung von Abb. 2 a:

a) Am letzten Schnürring entsteht ein Aktionspotenzial (AP) und depolarisiert die Membran im Bereich des Endknöpfchens.
b) Dadurch werden (spannungsgesteuerte) Ca^{2+}-Kanäle geöffnet ⇒ Ca^{2+}-Einstrom.
c) Als Folge wandern synaptische Vesikel zur präsynaptischen Membran. Dort verbinden sich Synaptobrevin (= Proteine, die in die Vesikelmembran eingelagert sind) mit SNAP-25 (= Proteinen, die in die postsynaptische Membran eingelagert sind). Durch räumliche Umlagerung der SNARE-Proteine verschmelzen Vesikelmembran und postsynaptische Membran und entleeren den Transmitter Acetylcholin (ACh) in den synaptischen Spalt (Exozytose).
d) Diffusion der Transmittermoleküle zur postsynaptischen Membran.
e) Dort bindet ACh an Rezeptoren, die mit Natriumionen-Kanälen gekoppelt sind (= rezeptorgesteuerte Na^+-Kanäle) ⇒ Öffnung von Na^+-Kanälen ⇒ Na^+-Einstrom (Konzentrationsgefälle) ⇒ Depolarisierung der postsynaptischen Membran (= EPSP).

*Die Erregungs**übertragung** im engeren Sinne ist hiermit beschrieben! Zur Gesamtbetrachtung gehört aber streng genommen noch die Reaktion der postsynaptischen Zelle sowie das Recycling des Transmitters:*

f) Bei Erreichen eines Schwellenwerts kommt es zu einem Muskel-AP ⇒ Zuckung (Kontraktion).
g) Der Transmitter wird sehr schnell durch das Enzym (Acetyl)cholinesterase in unwirksame Spaltprodukte zerlegt ⇒ die Na^+-Kanäle schließen sich wieder ⇒ keine Dauererregung.
h) Die Spaltprodukte werden von der präsynaptischen Membran wieder aufgenommen, unter ATP-Aufwand zu Acetylcholin resynthetisiert und wieder in Vesikeln gespeichert.

2.2 **Beschreibung** der Aufnahme und Wirkung des Botulinumgiftes:
Aufnahme: In der präsynaptischen Membran befinden sich Rezeptormoleküle, die sich (nach dem Schlüssel-Schloss-Prinzip) mit der schweren Kette des Botulinumtoxins verbinden ⇒ Membraneinfaltung und Vesikelabschnürung ⇒ Das Gift wird durch Endozytose in das Endknöpfchen aufgenommen. Die leichte Kette wird abgespalten und integriert sich (als Enzym) in die Vesikelmembran.
Wirkung: (Enzymatische) Spaltung/Zerstörung aller SNARE-Proteine durch die leichte Kette.

Erläuterung der Giftfolgen: Ohne SNARE-Proteine können die synaptischen Vesikel nicht mehr mit der präsynaptischen Membran verschmelzen ⇒ keine Transmitterfreisetzung ⇒ keine Depolarisierung der postsynaptischen Membran ⇒ keine Muskelkontraktion möglich ⇒ Lähmung z. B. der Lidmuskeln.
Begründung des therapeutischen Gifteinsatzes gegen Lidzucken: Die Lähmung der Lidmuskulatur stoppt diese Zuckungen.

Krankhafte Lidzuckungen beruhen auf Muskelkrämpfen der Augenlider, d. h. auf einer Übererregung der dortigen Synapsen, siehe Vortext.

3.1 *Laut Vortext wird die neuromuskuläre Synapse* ***irreversibel*** *geschädigt, der SNARE-Komplex kann nicht repariert werden. Die „alte“ Synapse ist zerstört und die Lähmung bleibt auch ohne Botox erhalten. Die Wirkung hält bis zu einem halben Jahr an und die Botoxbehandlung wird in der Zwischenzeit nicht wiederholt. Die Vermutung, dass der Behandlungserfolg nur durch eine Blockade der Botoxaufnahme oder durch den beschleunigten Abbau des Giftes nachlässt, ist deshalb für Aufg. 3.1 nicht logisch – wohl aber für Aufg. 3.2! Die Frage ist also nicht, warum nachfolgende Injektionen weniger wirksam sind, sondern warum überhaupt eine Wiederholung der Behandlung notwendig ist.*

Erklärung der nachlassenden Wirkung:
Neusynthese der SNARE-Proteine und Einbau in die Membranen.

oder: Neubildung ganzer Endknöpfchen und Verknüpfung mit der Muskelzelle zu neuer Synapse.

3.2 **Erklärung** des Wirkungsverlusts bei wiederholtem Einsatz:
Botox ist ein Protein, das als Antigen wirkt und eine Immunantwort des Körpers auslöst ⇒ Bildung von spezifischen Antikörpern gegen Botoxmoleküle ⇒ Antigen-Antikörper-Reaktion ⇒ Toxin wird unschädlich gemacht. Lebenslange Immunität durch Gedächtniszellen führt zu dauerhaftem Wirkungsverlust.

oder: Wiederholter Botoxeinsatz bewirkt eine Veränderung der Toxinrezeptoren in der präsynaptischen Membran ⇒ keine Endozytose ⇒ keine Wirkung mehr.

oder: Wiederholter Botoxeinsatz bewirkt die Bildung von abbauenden Enzymen z. B. für die leichte Kette ⇒ keine enzymatische Spaltung der SNARE-Proteine möglich ⇒ keine Wirkung mehr.

4.1 *Hier ist keine Erklärung zur Gewinnung des Serums oder zur Struktur der Antikörper verlangt.*

Beschreibung der Wirkung des Antiserums:
Im Antiserum sind spezifische Antikörper gegen das Botulinumtoxin enthalten. Durch eine Injektion werden sie in den Körper gebracht (passive Immunisierung). Es folgt eine Antigen-Antikörper-Reaktion, d. h., die Toxinmoleküle werden von den Antikörpermolekülen verklumpt (= Präzipitation, da es sich hier um ein lösliches Antigen handelt). (⇒ Das Toxin kann nicht mehr wirksam werden.)

4.2 **Erläuterung** der drei denkbaren Fälle für einen medizinischen Einsatz des Antiserums:

a) Das Botulinumtoxin wirkt in winzigen Mengen tödlich und ist leicht durch Bakterienkulturen herstellbar. Deshalb ist der mögliche Einsatz bei einem Terroranschlag oder bei einem militärischen Biowaffenangriff sehr bedrohlich und erfordert die Antiserumgewinnung als medizinische Gegenstrategie.
b) Bei der Haltbarmachung von Lebensmitteln, z. B. Konserven, kann es zu Fehlern kommen, die z. B. eine Fleischvergiftung zur Folge haben.
c) Bei der „Antifalten“-Behandlung oder bei medizinischen Maßnahmen kann es zu Behandlungsfehlern kommen (z. B. Überdosierung, Spritze trifft Gesichtsnerv oder ein größeres Blutgefäß).

Zeitspanne für eine erfolgreiche Verabreichung:

zu a) Vorbeugende Therapie möglich, da die Antikörper je nach Dosis der Antikörper-Injektion erst nach einiger Zeit wieder vollständig abgebaut sind.
zu b) Bei der Aufnahme von Botulinumtoxin über den Darm tritt die Wirkung stark verzögert auf (Darmpassage, Aufnahme ins Blut 12–40 h). Einsatz des Antiserums spätestens bei Eintritt von Lähmungserscheinungen, wenn das Toxin noch in der Gewebeflüssigkeit außerhalb der Nervenzellen für die Antikörper erreichbar ist.
zu c) Sofortiger Einsatz des Antiserums, da durch schnelle Diffusion eine Gesichtslähmung oder der Tod durch Atemlähmung bei Verbreitung des Toxins in die Blutadern droht.

Profil-/Neigungsfach Biologie (Baden-Württemberg): Abituraufgaben 2011
Aufgabe III: Evolution, Enzyme, Genregulation

BE

In den versteinerten Ablagerungen eines Sees in Wyoming (USA) wurde vor einiger Zeit das Fossil *Onychonycteris finneyi* entdeckt (Abbildung 1). Die amerikanische Wissenschaftlerin Nancy B. Simmons hat diesen Fund folgendermaßen beschrieben:
Onychonycteris hat an allen fünf Fingern Krallen; die langen Finger sind in Flughäute eingebettet; die Vordergliedmaßen sind durch stabile Schlüsselbeine und Schulterblätter, die deutlich Muskelansatzstellen aufweisen, am Brustkorb verankert. Der Brustkorb ist versteift und besitzt ein keilförmig vergrößertes Brustbein. Die Unterarme von *Onychonycteris* sind kürzer, die Beine länger als bei den meisten rezenten (heute lebenden) Fledertieren. *Onychonycteris* ist das älteste bisher entdeckte Fledertier.

Abb. 1: Rekonstruktion von *Onychonycteris*
Loana Riboli © 2008 Pubblicto per l prima volta su Fossiliveraci.org

1.1 Wissenschaftler vermuten, dass *Onychonycteris* kein Gleitflieger, sondern ein aktiver Flieger war. Belegen Sie dies anhand von zwei der oben genannten Merkmale. 2

1.2 Nennen Sie jeweils ein Beispiel für eine homologe und eine analoge Struktur der in Abbildung 2 dargestellten Flügel und begründen Sie Ihre Antwort. 2

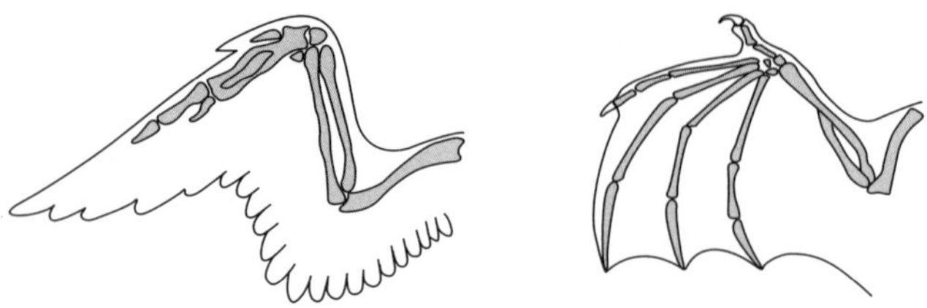

Abb. 2: Flügel von Vogel und Fledermaus

Alle Fledertiere lassen sich auf eine Stammform zurückführen. Die heute lebenden Fledertiere unterscheiden sich unter anderem in ihrer Ernährungsweise. Viele Arten fressen Insekten, andere ernähren sich von Früchten, Nektar, Pollen, Fleisch, Fisch oder lecken sogar Blut.

2 Erklären Sie im Sinne der Synthetischen Evolutionstheorie, wie aus einer Stammform verschiedene Fledertierarten mit unterschiedlichen Ernährungsweisen entstanden sein könnten. 4

Der *Gemeine Vampir (Desmodus rotundus)*, die am häufigsten vorkommende Blut leckende Fledermausart, beißt kleine Wunden in die Haut von größeren Säugetieren und leckt das herausströmende Blut auf. Während dieser Zeit muss die Blutgerinnung im Bereich der Wunde verhindert werden.

Bei Verletzung eines Blutgefäßes wird normalerweise ein Netzwerk aus Fibrinfäden gebildet und damit die Wunde verschlossen. Im Zuge der Wundheilung werden diese Fibrinfäden dann durch das Enzym Plasmin in kleinere, lösliche Stücke gespalten. Plasmin wiederum muss erst aus einer inaktiven Vorstufe, dem Plasminogen, gebildet werden. Diese Aktivierung erfolgt durch Enzyme, sogenannte Plasminogen-Aktivatoren (PA).
Auch der Speichel des *Gemeinen Vampirs* enthält einen Plasminogen-Aktivator. Dieses Enzym wird beim Biss in die Wunde übertragen. Dadurch werden entstehende Fibrinfäden sofort wieder aufgelöst. So kann das Blut nach der Verletzung bis zu acht Stunden lang aus der Wunde fließen.

3.1 Stellen Sie in einem Verlaufsschema dar, wie die Blutgerinnung nach dem Biss durch den *Gemeinen Vampir* verhindert wird. 3

Bei Säugetieren werden bei der Blutgerinnung normalerweise Plasminogen-Aktivatoren durch Inhibitoren gehemmt. Somit wird eine vorzeitige Auflösung des Fibrins im Wundgebiet verhindert.

3.2 Erklären Sie unter Berücksichtigung Ihres Verlaufsschemas die Auswirkung des Inhibitors auf die Blutgerinnung. 1

Im Gegensatz zu Säugetierblut enthält Vogelblut keinen Inhibitor des Plasminogen-Aktivators.
Der *Kammzahnvampir* ernährt sich nur von Vogelblut, der *Weißflügelvampir* leckt Blut von Vögeln und von Säugetieren, der *Gemeine Vampir* hat sich ganz auf Säugetierblut spezialisiert (Abbildung 3).
Genanalysen haben gezeigt, dass sich das Gen für den Plasminogen-Aktivator (PA-Gen) bei den Fledermausarten unterscheidet (Abbildung 3). Bei den PA-Genvarianten des *Weißflügelvampirs* und des *Gemeinen Vampirs* fehlt im Gegensatz zum *Kammzahnvampir* der Abschnitt K2, der für die Bindungsstelle des Inhibitors am Plasminogen-Aktivator codiert.

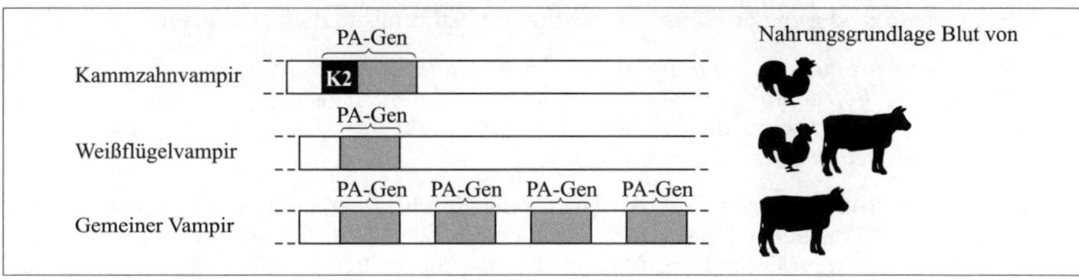

Abb. 3: Schematische Darstellung der PA-Gene verschiedener Fledermäuse

4.1 Erklären Sie mithilfe der Abbildung 3 den Zusammenhang von Genstruktur, Genprodukt (exprimiertem Protein) und Nahrung der beiden Fledermausarten *Kammzahnvampir* und *Weißflügelvampir*. 4

4.2 Erklären Sie anhand von Abbildung 3, warum der *Gemeine Vampir* Säugetierblut besser als Nahrungsgrundlage nutzen kann als der *Weißflügelvampir*. 2

Der durch die Vampirfledermäuse verursachte Blutverlust ist normalerweise gering. Trotzdem sterben jährlich Tausende von Nutztieren an den Folgen eines Fledermausbisses.

5 Geben Sie eine mögliche Erklärung für diese Beobachtung. 2

20

Lösungen

1.1 *Alle Antworten sind im Vortext enthalten. Sie müssen nur überlegen, welche der beschriebenen Merkmale für einen aktiven Flieger typisch sind, der mit den Armen rudern muss.*

Belege für einen aktiven Ruderflug:
- Stabile Schlüsselbeine und Schulterblätter mit Muskelansatzstellen für Flugmuskulatur (Flügelaufschlag).
- Vergrößertes, keilförmiges Brustbein mit Muskelansatzstellen (Flügelabschlag).
- Versteifter Brustkorb ⇒ stabiles Fluggestell für Flügelmechanik.

1.2 **Nennung** eines homologen Beispiels: Flügelskelett, Armskelett.
Begründung: Gemeinsamer Grundbauplan durch Verwandtschaft ⇒ Abstammungsähnlichkeit. Hier: Knochen der Vorderextremität ähneln sich in Lage und Anordnung (Oberarm-, Unterarm-, Fingerknochen).

Nennung eines analogen Beispiels: Flügel(fläche)
Begründung: Entstehung einer Tragfläche als Anpassung an den gleichen Lebensraum ⇒ Funktionsähnlichkeit. Hier: Die Tragflächen haben sich unabhängig voneinander aus verschiedenen Strukturen entwickelt, nämlich aus Federn bzw. aus der Haut.

2 *Die Synthetische Evolutionstheorie erklärt Anpassungen und Artbildung im Wesentlichen mit folgenden Evolutionsfaktoren: Mutation, Rekombination, Selektion, Isolation, Gendrift (und Einnischung). Mit diesen Vorgaben sollten Sie die* ***Entstehung der Fledermausarten aus einer Stammform erklären*** *können.*

Die Vorfahren aller Fledermäuse bildeten eine Stammpopulation. Innerhalb dieser Population kam es durch **Mutation und Rekombination** zu einer genetischen Variabilität, die dazu führte, dass sich die Nachkommen phänotypisch unterschieden, z. B. in der Form ihres Gebisses oder in der Fähigkeit, bestimmte Nahrungsquellen zu nutzen.

Mutationen produzieren ständig ***neue Gene/Allele****, die durch sexuelle Fortpflanzung (Meiose und Befruchtung) rekombiniert werden. So entstehen in der Population immer neue Genkombinationen, die ihren Trägern eine mehr oder weniger gute Anpassung an ihre Umwelt erlauben.*

Durch Überproduktion von Nachkommen oder durch klimabedingte Nahrungsknappheit kam es zu innerartlicher Konkurrenz. Es kam zur **Selektion** der bestangepassten Individuen durch deren größeren Fortpflanzungserfolg. Individuen mit Merkmalen, die bei diesem erhöhten Selektionsdruck die Erschließung anderer Nahrungsquellen erlaubten **(Präadaptationen)**, waren im Vorteil. Neue ökologische Nischen wurden durch Nutzung neuer Ressourcen **(= Einnischung)** besetzt und es kam zur Bildung von Teilpopulationen mit jeweils eigenen Mutations- und Rekombinationsprozessen und spezifischen Selektionsbedingungen (eventuell: Bildung von räumlich getrennten kleinen Gründerpopulationen ⇒ Gendrift). Es entstanden Fortpflanzungsbarrieren zwischen den Teilpopulationen und die (reproduktive) **Isolation** verhinderte den Genaustausch durch sexuelle Fortpflanzung. Die Folge davon war Artbildung.

3.1 *Die gestrichelten Verbindungen im Verlaufsschema sind nicht verlangt.*

Darstellung des Verlaufsschemas:

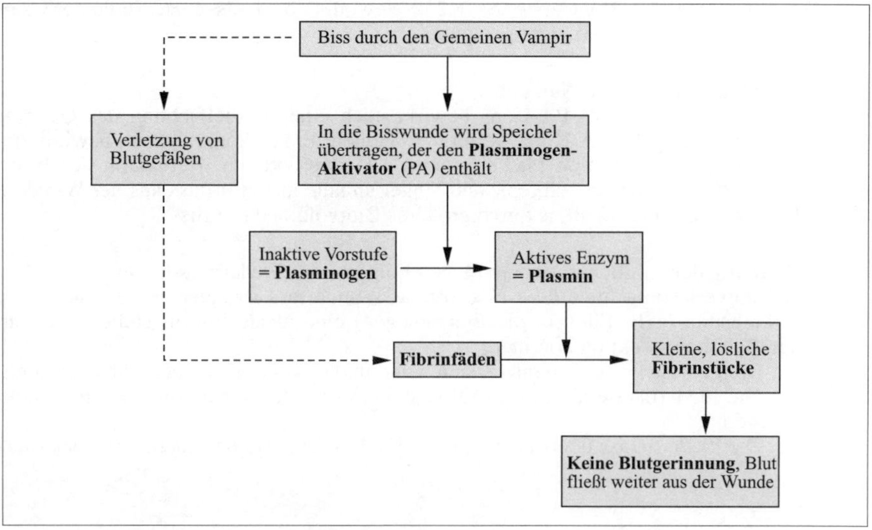

3.2 *Eine Erklärung der Inhibitorwirkung auf den Plasminogen-Aktivator z. B. im Sinne einer allosterischen Hemmung ist nicht gemeint/verlangt.*

Erklärung der Inhibitorwirkung auf die Blutgerinnung:
Der Inhibitor hemmt den Plasminogen-Aktivator ⇒ Plasmin kann nicht aus Plasminogen hergestellt werden ⇒ Das Netzwerk aus Fibrinfäden (das die verletzte Ader schließen soll) kann nicht vorzeitig in kleine Stücke gespalten werden ⇒ Die Blutgerinnung wird nicht verhindert ⇒ Der Wundverschluss kann erfolgen bzw. bleibt erhalten.

4.1 *Der Begriff „Genstruktur" ist etwas unklar und beschreibt üblicherweise den Aufbau des Gens in Bezug auf codierende und nicht-codierende Abschnitte, bzw. Regulationsabschnitte und proteincodierende Abschnitte. Hier bezieht sich der Begriff nur auf den Bau des PA-Gens in Abb. 3.*

Das **P**lasminogen-**A**ktivator-Gen codiert für das Protein PA, das als Enzym die Umwandlung von Plasminogen in Plasmin katalysiert (und so die Blutgerinnung hemmt). Dieses Enzym wird dadurch in seiner Aktivität geregelt, dass es in seiner Tertiärstruktur zusätzlich zu seinem aktiven Zentrum noch eine Bindestelle für einen Inhibitor (Hemmstoff) besitzt. Dieser Molekülteil wird durch den Genabschnitt K2 codiert.

⇒ PA-Gen mit K2 codiert für ein Plasminogen-Aktivator-Molekül mit Bindestelle ⇒ Inhibitor-Moleküle im Blut des Wirts können PA hemmen ⇒ Die Blutgerinnung des Wirtstieres (z. B. Rind) kann nicht gestoppt werden ⇒ Blut kann nicht anhaltend geleckt werden.

⇒ PA-Gen ohne K2 codiert für ein Plasminogen-Aktivator-Molekül ohne Bindestelle ⇒ Inhibitor-Moleküle im Blut des Wirts können PA nicht hemmen ⇒ Die Blutgerinnung des Wirtstieres (z. B. Rind) kann gestoppt werden ⇒ Blut kann anhaltend aus der Wunde fließen und kann aufgeleckt werden.

Kammzahnvampir:	PA-Gen mit K2 ⇒ Säugetiere sind als Wirtstiere nicht nutzbar, da sie Inhibitoren besitzen. Vögel sind als Wirte geeignet, da Vogelblut keinen PA-Inhibitor enthält.
Weißflügelvampir:	PA-Gen ohne K2 ⇒ Sowohl Vögel als auch Säugetiere sind als Wirtstiere geeignet.

4.2 **Erklärung** der besseren Nutzung:
Die Vervielfachung des PA-Gens bewirkt auch eine Vervielfachung des Genprodukts ⇒ Vergrößerung der PA-Konzentration ⇒ Höhere Enzymkonzentration bewirkt eine höhere Plasminkonzentration (siehe Schema 3.1) ⇒ effektivere Hemmung der Blutgerinnung bei Säugetieren ⇒ stärkerer und länger anhaltender Blutfluss aus der Wunde ⇒ effektivere Nahrungsaufnahme durch größeres Blutvolumen pro Biss.

5 **Erklärung** der möglicherweise tödlichen Folgen eines Fledermausbisses:
Die Hautverletzung hinterlässt eine offene Wunde und ist somit für Krankheitserreger und Parasiten (z. B. Fliegen, die Eier ablegen) eine ideale Eintrittsstelle ⇒ Es kann zu einer tödlichen Infektion kommen.
oder: Die gebissenen Tiere kratzen sich wund und es kommt zu einer Blutvergiftung.
oder: Die Fledermäuse übertragen selbst eine (Virus-)Krankheit, die auch für Rinder ansteckend ist.
oder: Die Fledermäuse übertragen durch ihren Biss eine Rinderseuche von Tier zu Tier.

BE

Im Jahr 2009 trat in Mexiko die sogenannte Schweinegrippe auf und entwickelte sich zu einer weltweiten Epidemie (Pandemie). Der Erreger der Schweinegrippe ist ein Grippevirus vom Typ Influenza A.
Die Influenza A-Viren werden anhand zweier bestimmter Oberflächenproteine (Hämagglutinin und Neuraminidase) in verschiedene Untergruppen (Subtypen) eingeteilt.
Insgesamt treten 16 Hämagglutinin-Varianten (H1 bis H16) und 9 Neuraminidase-Varianten (N1 bis N9) in verschiedenen Kombinationen bei unterschiedlichen Virus-Subtypen auf. Das Schweinegrippe-Virus gehört zum Subtyp H1N1. Das Erbmaterial dieser Viren besteht aus acht RNA-Strängen.
Das Membranprotein Hämagglutinin ist bei der Infektion einer Wirtszelle für die Anheftung und das Eindringen des Virus verantwortlich. Es bindet spezifisch an eine Molekülstruktur aus Sialinsäure und Kohlenhydratketten, wobei die letzteren in der Zellmembran der Wirtszelle verankert sind.

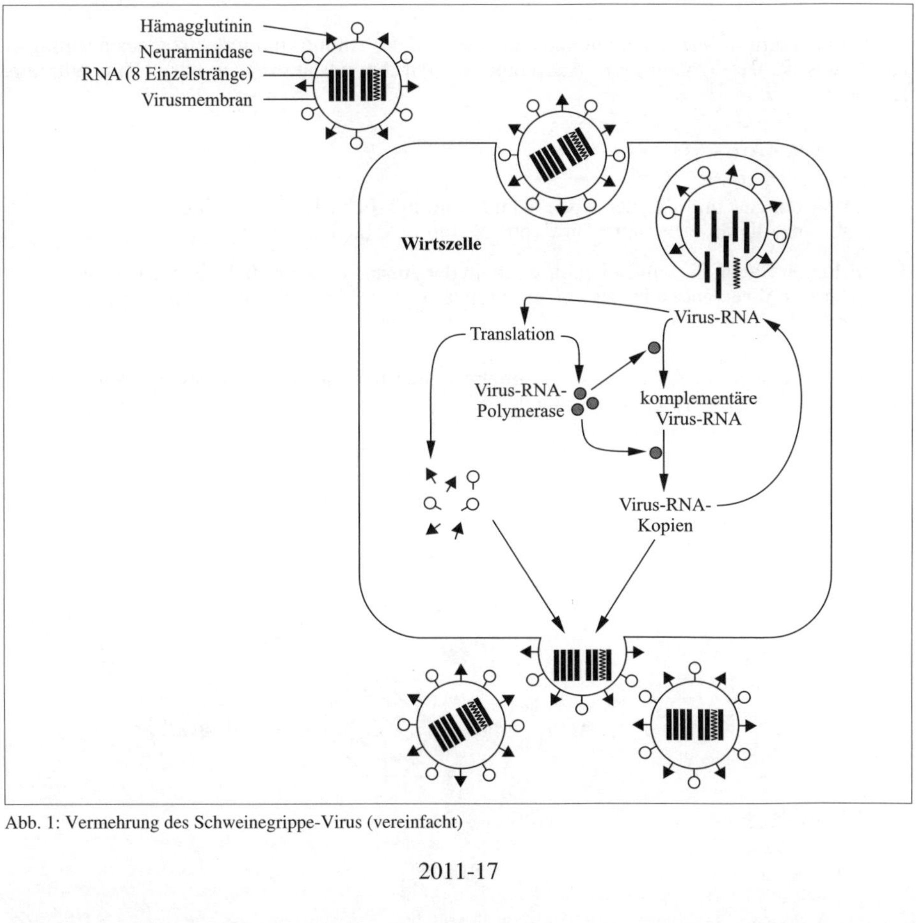

Abb. 1: Vermehrung des Schweinegrippe-Virus (vereinfacht)

1.1 Fertigen Sie eine beschriftete Zeichnung eines Ausschnitts der Zellmembran der Wirtszelle nach dem Flüssig-Mosaik-Modell an, welche die Anhaftung des Virus zeigt (Größe ca. ½ Seite). 3

1.2 Geben Sie eine Erklärung dafür, dass nur bestimmte H/N-Subtypen von Influenzaviren für den Menschen gefährlich werden können. 2

Die Influenzaviren infizieren Zellen der Atmungsorgane. Dort werden bis zu 100 000 neue Influenzaviren in einer einzigen Wirtszelle gebildet, bevor diese abstirbt und die freigesetzten Viren anschließend weitere Nachbarzellen infizieren. So erklärt sich die hohe Ausbreitungsgeschwindigkeit der Viren im Wirtsorganismus.

2 Beschreiben Sie die Vermehrung des Schweinegrippevirus in einer Wirtszelle anhand von Abbildung 1. 3

Bei der Replikation der Virus-RNA mithilfe von RNA-Polymerasen kommt es zu einer hohen Fehlerrate.

3 Erläutern Sie, welche Bedeutung die hohe Fehlerrate für die Wirksamkeit einer Grippeschutzimpfung hat. 2

Die Hämagglutinin-Varianten unterscheiden sich in der Aminosäuresequenz eines bestimmten Abschnitts des H1-Proteins. Ein Ausschnitt aus der Aminosäuresequenz des Hämagglutinins H1 lautet:

… – Glu – Arg – Lys – Arg – …

4.1 Ermitteln Sie mithilfe der Code-Sonne eine mögliche Basenfolge der Virus-Erbsubstanz, die dieser Aminosäuresequenz zugrunde liegen könnte. 1

4.2 Erklären Sie an diesem Beispiel, weshalb der Austausch einer Base in der Erbsubstanz des Virus entweder zu einem veränderten H1-Molekül führen oder auch folgenlos bleiben kann. 2

Immer wieder kommt es zur Mehrfachinfektion durch verschiedene Subtypen von Influenza A-Viren. Ein Beispiel zeigt Abbildung 2.

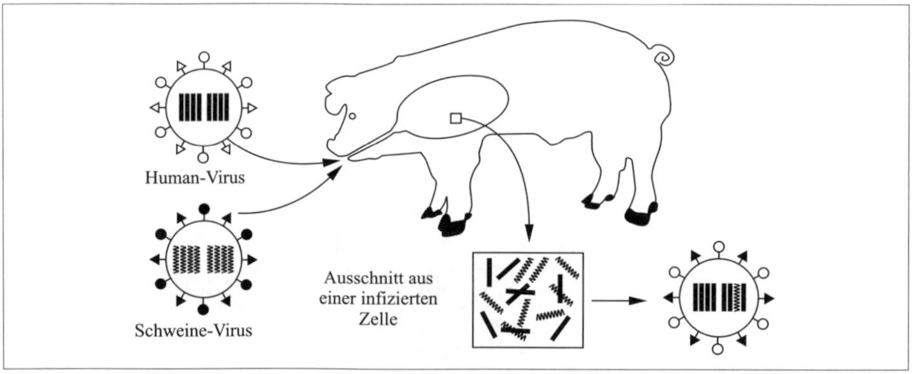

Abb. 2: Mehrfachinfektion

5 Beschreiben Sie die in Abbildung 2 dargestellten Vorgänge und erklären Sie, weshalb infolge von Mehrfachinfektionen die Gefahr von Pandemien zunimmt. 3

Das häufig verabreichte Grippemedikament Tamiflu® enthält den Wirkstoff Oseltamivir. Der Ausgangsstoff für die Herstellung des Wirkstoffs ist Shikimisäure, die natürlicherweise im echten Sternanis vorkommt. Heute wird Shikimisäure vor allem aus einem gentechnisch veränderten Stamm von Escherichia coli-Bakterien gewonnen, der diesen Stoff mithilfe verschiedener Enzyme herstellt.

6 Beschreiben Sie die grundlegenden Schritte zur Herstellung eines gentechnisch veränderten Stamms von *E. coli*, der die für die Synthese notwendigen Enzyme und damit die Shikimisäure produziert. 4

20

Anlage: Code-Sonne

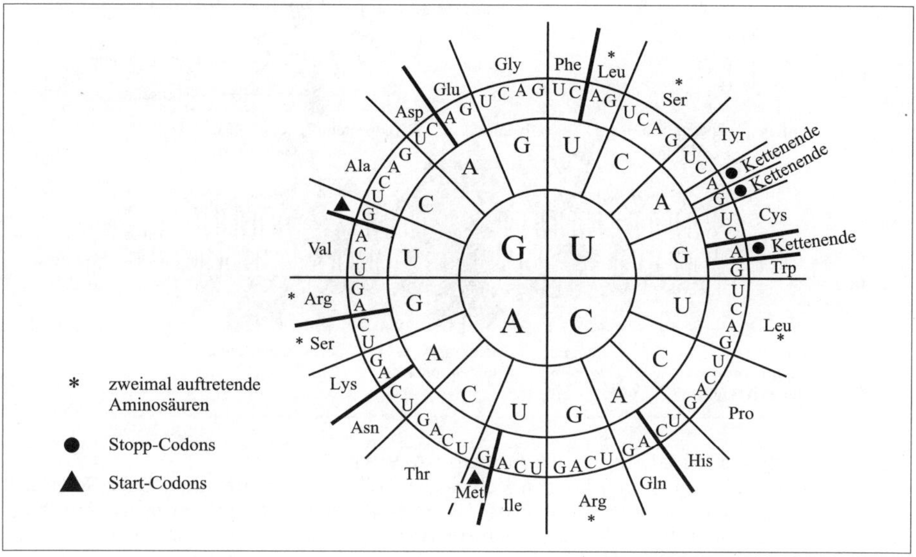

Lösungen

1.1 *Hier sollen Sie die Skizze einer Biomembran nach dem Fluid-Mosaik-Modell anfertigen und zusätzlich nach dem Vortext und der Abb. 1 ein Virus nach dem Schlüssel-Schloss-Prinzip über Hämagglutinin und Sialinsäure an die Zellmembran binden. Da die Sialinsäure über Kohlenhydratketten (= Zuckerketten) in der Membran verankert ist, bleibt es Ihnen überlassen, ob Sie die Sialinsäure an die Zuckerkette der Glycolipide oder an die der Glycoproteine (oder an beide) anhängen. Die Kohlenhydratkette wird üblicherweise schematisch vereinfacht als Kette von Kugeln oder von Sechsecken dargestellt. Die Skizze des Virus können Sie der Abb. 1 entnehmen. Nach der Logik der Abb. 1 dürfte jedoch die „Virusmembran" eigentlich nicht nur als Linie gezeichnet werden, sondern als* ***Doppellipidmembran*** *mit Hämagglutinin als integralem Protein! Das Virus stülpt sich nämlich bei der Vermehrung unter Mitnahme der Zellmembran aus der Wirtszelle aus (siehe Abb. 1 unten).*

Skizze der Zellmembran mit Virus-Anheftung:

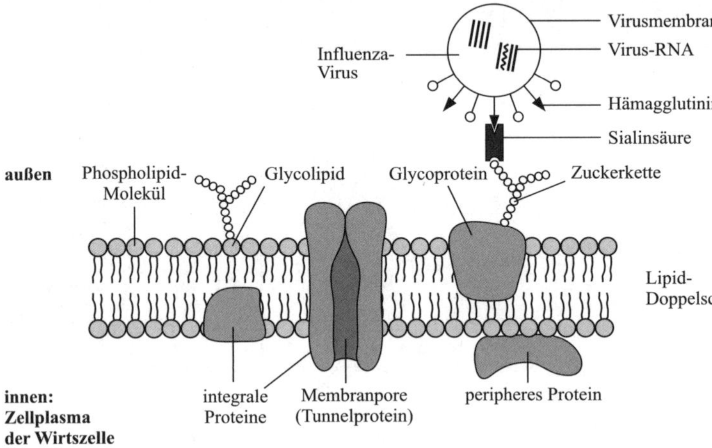

1.2 **Erklärung** der Wirtsspezifität der Influenza-A-Viren.
Die Schweinegrippe-Viren können sich in vielen Tierarten vermehren. Der „Schlüssel" zum Eindringen in eine Wirtszelle ist das Hämagglutinin. Die Influenza-A-Viren kommen deshalb in 16 Varianten bezüglich der Hämagglutinin-Oberflächenproteine vor. Nur der H-Subtypus, dessen Hämagglutinin spezifisch zum menschlichen Membranrezeptor (= Membranprotein mit Sialinsäure-Kohlenhydratkette) passt (z. B. H1N1), kann in Menschenzellen eindringen (Schlüssel-Schloss-Prinzip) und die Krankheit auslösen.

2 *Der Ablauf der Schweinegrippe-Virusvermehrung ist nicht als Lernstoff vorgeschrieben und wird hier bewusst vereinfacht dargestellt (siehe Legende zu Abb. 1). Wenn Sie* ***dieses*** *Beispiel einer Virusvermehrung zufällig im Unterricht genauer besprochen haben, dann werden Sie in diesem Schema Widersprüche zu Ihrem Vorwissen entdecken. Gehen Sie dennoch strikt vom vorgegebenen vereinfachten Schema aus und beschreiben Sie nur, was Sie dort sehen. Einige Details der Influenza-A-Vermehrung, die durch die Vereinfachung weggelassen wurden, sind:*

- *Das Influenza-A-Virus bringt seine RNA-Polymerase/Transkriptase selbst mit.*
- *Das Influenza-A-Virus besitzt sog. MinusRNA, d. h., die Translation in Proteine erfolgt immer erst von der komplementären PlusRNA aus.*
- *Das Influenza-A-Virus ist von einer Doppellipidmembran umgeben, die nach der Endozytose mit der Vesikelmembran verschmilzt und so den Vireninhalt freigibt.*
- *Bei der Ausknospung der Viren muss die Rezeptor-Bindung zwischen H-Oberflächenprotein und Wirtszellmembran (Sialinsäure) durch Neuraminidase erst enzymatisch gespalten werden.*

Beschreibung der Vermehrung der Influenzaviren in Wirtszellen:
- Anheftung des Virus an die Zellmembran (mit H-Oberflächenprotein)
- Einstülpung der Zellmembran und Bildung eines Vesikels (Endozytose)
- Freisetzung der Virus-RNA (durch Membranverschmelzung)
- Translation der Virus-RNA in **Oberflächenproteine** (H und N) und in Virus-**RNA-Polymerase** (an den Ribosomen im Zellplasma)
- Synthese vieler komplementärer Virus-RNA-Stränge durch RNA-Polymerase (Enzym zur Transkription von RNA). Durch nochmalige Transkription mithilfe der RNA-Polymerase entstehen daraus viele Kopien der mitgebrachten Original-RNA-Stränge.
- Die Oberflächenproteine (H und N) integrieren sich in die Zellmembran und die Viren-RNA bildet kompakte „Pakete“ (self assembly). Unter Mitnahme der Zellmembran (und der H/N-Proteine) schnüren sich viele neue Viren von der Wirtszelle ab (Ausknospung).

3 **Erläuterung** der Folgen für die aktive Grippeimmunisierung:
Replikationsfehler bewirken Genmutationen (z. B. durch Basenaustausch) $\Rightarrow$ Es entstehen Virusvarianten mit veränderten Oberflächenproteinen. Der Impfstoff für die Grippeschutzimpfung wurde aber gegen die ursprünglichen Oberflächenproteine entwickelt $\Rightarrow$ Die in der Immunantwort entstandenen spezifischen Antikörper und Gedächtniszellen sind nun höchstwahrscheinlich wirkungslos $\Rightarrow$ Es müssen ständig neue Impfstoffe entwickelt werden, um einen wirksamen Impfschutz zu erhalten.

4.1 **Ermittlung** einer möglichen Basenfolge:

Aminosäuresequenz:	… Glu	Arg	Lys	Arg	…
RNA-Basensequenz:	5' … GAA	AGA	AAG	AGA	… 3'
	GAG	AGG	AAA	AGG	
		CGX		CGX (X = A, G, C, U)	

Wie in Aufgabe 2 wird auch hier vereinfacht davon ausgegangen, dass die Virus-RNA eine Plus-RNA ist und direkt translatiert wird. Geht man von der tatsächlich vorliegenden Minus-RNA aus, dann wird vom Virus-RNA-Strang zuerst ein komplementärer Strang gebildet und erst dieser Strang wird in die vorgegebene Aminosäuresequenz translatiert. Die Basensequenz ist dann komplementär und antiparallel:

Aminosäuresequenz: … Glu Arg Lys Arg …
RNA-Basensequenz eines komplementären Plus-Strangs:
5' … GAA AGA AAG AGA … 3'
RNA-Basensequenz des Minus-Strangs:
3' … CUU UCU UUC UCU … 5'

(Die Varianten, die sich durch die Degeneration des genetischen Codes ergeben, wurden hier weggelassen.)

4.2 **Erklärung** der Folgen eines Basenaustauschs an **diesem** Beispiel:
Basenaustausch **ohne** Folgen für das H1-Protein: Der genetische Code ist degeneriert, d. h., fast alle Aminosäuren können durch mehrere Basentripletts codiert werden. Eine Mutation, die die dritte Base im Codon austauscht, spielt in vielen Fällen keine Rolle. Hier: Z. B. bleibt bei Arginin (CGX) der Austausch der dritten Base folgenlos ⇒ Es wird immer Arg codiert ⇒ Das H1-Protein bleibt unverändert.

Basenaustausch **mit** Folgen für das H1-Protein:
Der Austausch der ersten oder zweiten Base eines Tripletts bewirkt den Einbau einer anderen Aminosäure ⇒ neue Primärstruktur ⇒ verändertes H1-Protein. Hier: Wird z. B. beim zweiten Triplett AGA die erste Base durch G getauscht, dann wird die Aminosäure **Arg**inin durch **Gly**cin ersetzt.

Es wird nur nach der Ursache für eine „Veränderung" des Moleküls gefragt. Dies ist mit der Änderung der Primärstruktur beantwortet. Eine Erklärung der veränderten biologischen Wirkung des H1-Proteins durch eine veränderte Tertiärstruktur ist nicht verlangt.

5 *Die Abb. 2 erklärt nachträglich, weshalb der 7. RNA-Strang in Abb. 1 „spiralig" aussieht. Er stammt vom Schweinevirus und ist durch eine Mischinfektion in das Human-Influenza-A-Virus gelangt. Die (zufällige) Zuteilung der H- und N-Oberflächenproteine (N = weiß = Mensch/H = schwarz = Schwein) wird ebenfalls ersichtlich.*

Beschreibung der Vorgänge bei einer Mehrfachinfektion:
Die Lungenzellen des Schweins werden durch eine Mehrfachinfektion gleichzeitig von zwei Subtypen des Influenza-A-Virus befallen (Schweine- und Humanvirus). Bei der gemeinsamen RNA-Vermehrung in der gleichen Wirtszelle kommt es bei der Bildung neuer Viren zur Rekombination: RNA-Stränge von Humanviren und Schweineviren gelangen in ein Virus ⇒ neuer Virustyp mit verändertem Genom (hier: sieben RNA-Stränge vom Humanvirus und ein RNA-Strang vom Schweinevirus) ⇒ neue Kombination von H- und N-Oberflächenproteinen (aus H5N1 [= Vogelgrippe] wird z. B. H1N1 [Antigen-Shift]) ⇒ Hier: ein Virustyp mit H-Oberfläche vom Schwein und N-Oberfläche vom Menschen.

Erklärung der Gefahr von Pandemien:
a) Neue Oberflächenproteine ermöglichen den Wechsel der Wirtsart ⇒ Plötzlich kann z. B. ein Schweinevirus auch Menschen befallen.
b) Neue Oberflächenproteine könnten die Infektiosität erhöhen, d. h., die Viren können noch effektiver an Wirtszellen andocken.
c) Neue Oberflächenproteine könnten für das menschliche Immunsystem schlechter oder gar nicht erkennbar sein ⇒ fehlende Immunität der Bevölkerung.

Die Gefahr einer (weltweiten) Masseninfektion (= Pandemie) steigt.

6 *„Grundlegende Schritte" bedeutet, dass es genügt, stichwortartig die wichtigsten Verfahrensschritte aufzuzählen – ohne Erläuterung. Für die Technik der DNA-Gewinnung, der Transformation und der Selektion gibt es mehrere Varianten.*
Die Gewinnung und direkte Weiterverwendung von Sternanisgenen ist nicht möglich, da Sternanis ***eu****karyotische DNA besitzt. Fachsprachlich ebenfalls ungenau ist der Ausdruck „Gen für Shikimisäure", da in der Molekularbiologie Gene für Proteine/Enzyme codieren, nicht für Endprodukte. Im Fall der gentechnischen Insulinsynthese ist der Begriff „Insulin-Gen" nicht falsch, da Insulin als Polypeptid ein direktes Genprodukt ist.*

Beschreibung der **Plasmidtechnik** zur Herstellung von *E. coli*-Bakterien, die Shikimisäure produzieren:

- Isolierung der mRNA aus Sternanis, die für die Enzyme zur Synthese von Shikimisäure codiert und
- Synthese von cDNA durch reverse Transkription.
- Einfügen der cDNA in isolierte Plasmide durch Restriktionsenzyme und Ligasen.
- Einschleusen der rekombinanten Plasmide in die *E. coli*-Bakterienzellen (Transformation).
- Kultur der Bakterien und Selektion der Kolonien, die Shikimisäure herstellen können mit geeigneten Nachweisreagenzien oder mit Gensonde.

Profil-/Neigungsfach Biologie (Baden-Württemberg): Abituraufgaben 2012
Aufgabe I: Stoffwechsel, Enzymatik, Plasmidtechnik

BE

Der steigende Bedarf an verschiedenen Zuckern kann nicht allein aus Zuckerrüben und Zuckerrohr gedeckt werden. Deshalb wird in der Lebensmittelindustrie zunehmend Zucker aus Stärke hergestellt (Stärkeverzuckerung). Die wichtigsten Lieferanten für die Stärkeverzuckerung sind Mais, Weizen und Kartoffeln. Der aus diesen Pflanzen gewonnene Stärkebrei wird durch den Einsatz von α-Amylase in Maltodextrinsirup umgesetzt.
Der Maltodextrinsirup wird einerseits durch die katalytische Wirkung der β-Amylase in Maltosesirup umgewandelt, aus dem Maltose (Malzzucker) auskristallisiert. Maltosesirup kann auch durch Maltase in Glucosesirup umgewandelt werden. Andererseits kann aus Maltodextrinsirup durch das Enzym Glucoamylase Glucosesirup gewonnen werden, aus dem Glucose (Traubenzucker) auskristallisiert. Durch den Einsatz einer Glucose-Isomerase kann Glucosesirup in Fructosesirup umgewandelt werden, aus dem Fructose (Fruchtzucker) auskristallisiert.

1.1 Beschreiben Sie jeweils an einem Beispiel die Bedeutung von Stärke und von Glucose für Lebewesen. 2

1.2 Entwickeln Sie anhand des Textes ein Verlaufsschema (Größe mind. ½ Seite), das die Vorgänge von den Stärkelieferanten bis zur Gewinnung der verschiedenen Zucker zeigt. 2

1.3 Bei der im Vortext beschriebenen Stärkeverzuckerung spielen zwei Enzymeigenschaften eine Rolle. Erläutern Sie diese Enzymeigenschaften anhand der in Ihrem Schema dargestellten Vorgänge. 2

In einer Versuchsreihe (Tabelle 1) wurde die Aktivität der Maltase untersucht, die natürlicherweise im Dünndarm vorkommt. Hierbei wurden jeweils gleiche Mengen von Enzym und Substrat eingesetzt.

Nr.	Versuchsansatz enthält	Versuchsbedingungen		Enzymaktivität
1	Wasser, Maltose, Maltase	pH 8	37 °C	hoch
2	Wasser, Maltose, Maltase	pH 8	75 °C	keine
3	Wasser, Maltose, Maltase	pH 8	15 °C	gering
4	Wasser, Maltose, Maltase	pH 2	37 °C	keine
5	Wasser, Maltose, Maltase, Kupfer(II)-sulfat	pH 2	37 °C	keine
6	Wasser, Maltose	pH 8	37 °C	keine
7	Wasser, Maltose, Maltase	pH 5	37 °C	gering

Tab. 1: Versuchsreihe

2.1 Erklären Sie die beobachteten Enzymaktivitäten der einzelnen Versuchsansätze. 3

2.2 Formulieren Sie die Fragestellungen, die mithilfe dieser Versuchsreihe beantwortet werden können. 1

2.3 Begründen Sie, welcher der sieben Versuchsansätze dieser Versuchsreihe kein aussagekräftiges Ergebnis liefert. Machen Sie einen Verbesserungsvorschlag. 2

Abbildung 1 zeigt die Veränderung der Substratkonzentration in Versuchsansatz Nr. 1 in Abhängigkeit von der Zeit.

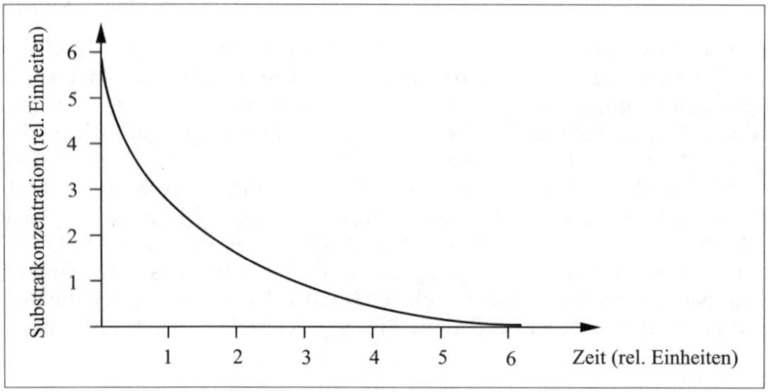

Abb. 1: Veränderung der Substratkonzentration

3.1 Beschreiben und erklären Sie den Kurvenverlauf von Abbildung 1. 2

3.2 Übertragen Sie die Abbildung 1 in Ihre Reinschrift. Tragen Sie in dieses Diagramm die zu erwartenden Kurvenverläufe für die Versuchsansätze Nr. 2 und Nr. 3 ein. Begründen Sie die jeweiligen Kurvenverläufe. 2

Heute werden fast alle in der Stärkeverzuckerung eingesetzten Enzyme mithilfe von gentechnisch veränderten Mikroorganismen gewonnen. So wird zum Beispiel α-Amylase von *Bacillus licheniformis* hergestellt.

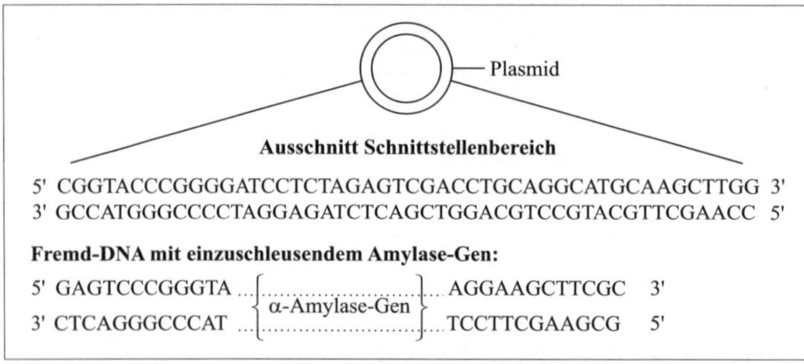

EcoR I
5' G↓AATT C 3'
3' C TTAA↑G 5'

Hind III
5' A↓AGCT T 3'
3' T TCGA↑A 5'

Xma I
5' C↓CCGG G 3'
3' G GGCC↑C 5'

Abb. 2 a: Plasmid mit gewünschtem Schnittstellenbereich und Fremd-DNA, die das α-Amylase-Gen enthält

Abb. 2 b: Restriktionsenzyme und ihre Schnittstellen

4.1 Nennen Sie die Funktion dieses Plasmids bei der Herstellung des transgenen Stamms von *Bacillus licheniformis*. 1

4.2 Begründen Sie, welche der in Abbildung 2 dargestellten Restriktionsenzyme sich für die Herstellung des modifizierten Plasmids eignen. 3

20

Lösungen

1.1 *Die Beschreibung der Bedeutung von Stärke/Glucose ist gleichbedeutend mit der Nennung ihrer Bedeutung.*

Bedeutung der Stärke *(mögliche Antworten)*:
- Energiespeicherung (in Pflanzen)
- osmotisch inaktive Speicherform der Glucose
- für den Menschen (und manche Tiere): wichtigste(r) Nahrungsbestandteil/Kohlenhydratquelle für den Energiestoffwechsel

Mögliche Beispiele:
- Kartoffelstärke als Speicherstoff für Tochterknollen (Überwinterung, Austrieb i. Frühjahr)
- „Mehl"stärke als Energiedepot für die Keimung der Getreidekörner
- tierische Stärke als Energie-Reservestoff in Leber und Muskulatur

Bedeutung der Glucose *(mögliche Antworten)*:
- Energielieferant (für die ATP-Synthese)
- kurzfristiger Energiespeicher (z. B. Blutzucker)
- Fotosyntheseprodukt als gespeicherte Sonnenenergie
- wichtiger Süßstoff in der menschlichen Nahrung

Mögliche Beispiele:
- Glucose als Ausgangsstoff der Zellatmung (unter ATP-Gewinnung)
- Glucose als Ausgangsstoff der alkoholischen Gärung (unter ATP-Gewinnung)

1.2 *Diese Aufgabe ist ganz einfach zu lösen, wenn Sie im Text alle Zwischenprodukte und alle Enzyme (Endung: -ase) mit unterschiedlichen Farben markieren. Die Zwischenprodukte müssen Sie nicht kennen.*

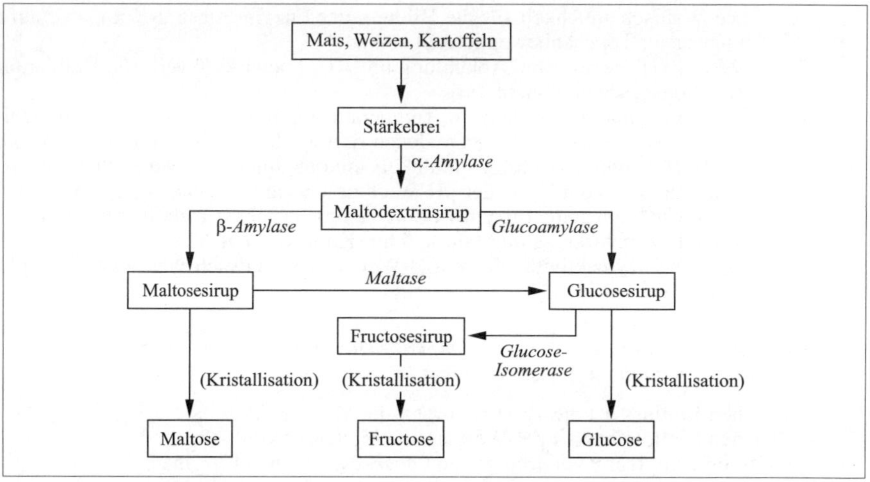

1.3 **Substratspezifität:** Jedes Enzym kann nur ein ganz bestimmtes Substrat umsetzen. (Schlüssel-Schloss-Prinzip: aktives Zentrum – Substratmolekül)
Erläuterung aus Schema: Maltase kann z. B. nur Maltosesirup (= Substrat) umsetzen, nicht Maltodextrinsirup.

Wirkungsspezifität = Reaktionsspezifität: Ein Enzym kann sein Substrat nur nach einem bestimmten Reaktionstyp umsetzen. Sollen also aus einem Stoff durch unterschiedliche chemische Reaktionstypen verschiedene Produkte entstehen, dann sind dazu jeweils eigenständige Enzyme notwendig.
Erläuterung aus Schema: Maltodextrinsirup kann durch β-Amylase nur in Maltosesirup umgewandelt werden. Will man aus dem gleichen Substrat Glucosesirup gewinnen, so wird ein anderes Enzym (Glucoamylase) benötigt.

Oder: **Katalytische Wirkung der Enzyme:** Enzyme als Biokatalysatoren initiieren oder beschleunigen durch Herabsetzung der Aktivierungsenergie chemische Reaktionen, sodass diese bereits bei niedrigeren Temperaturen genügend schnell ablaufen, d. h. genügend Produkt liefern.
Erläuterung aus Schema: Die Spaltung von Maltose (Malzzucker) in Glucose ist eine (freiwillige) exergonische Reaktion, die aber ohne Katalysator (Maltase) so stark gehemmt ist, dass (fast) keine Glucose entsteht.

2.1 Erklärung der Versuchsergebnisse:
Nr. 1: Hohe Enzymaktivität, da die Bedingungen dem Milieu im Dünndarm entsprechen ⇒ pH-Optimum und Temperatur-Optimum.
Nr. 2: Keine Enzymaktivität, da (trotz pH-Optimum) das Enzym Maltase bei 75 °C hitzedenaturiert ist. (Die hohe Temperatur führt zur Zerstörung der Tertiärstruktur des Enzymmoleküls, sodass keine Substratbindung am aktiven Zentrum mehr möglich und folglich keine katalytische Aktivität mehr messbar ist.)
Nr. 3: Geringe Enzymaktivität, da (trotz pH-Optimum) die Temperatur zu niedrig ist. Die Wahrscheinlichkeit für die Bildung der Enzym-Substrat-Komplexe aufgrund zu geringer Teilchenbeweglichkeit sinkt.
Oder: RGT-Regel: Eine Abkühlung um 10 °C bewirkt jeweils die Halbierung der Reaktionsgeschwindigkeit.
Nr. 4: Keine Enzymaktivität, da (trotz Temperatur-Optimum) der pH-Wert zu niedrig ist (stark sauer). Es folgt die Säuredenaturierung der Maltase. (H^+-Ionen verändern die Tertiärstruktur des Enzymmoleküls mit den unter Nr. 2 genannten Folgen.)
Nr. 5: Keine Enzymaktivität, da der pH-Wert zu niedrig ist (siehe Nr. 4) **und** bzw. **oder** da die Cu^{2+}-Ionen die Enzymwirkung hemmen (Schwermetallvergiftung).
Nr. 6: Keine Enzymwirkung, da Maltase fehlt (Kontrollversuch).
Nr. 7: Geringe Enzymaktivität, da der pH-Wert von 5 (schwach sauer) weit vom pH-Optimum entfernt ist.

2.2 *Beachten Sie den Plural „Fragestellung**en**". Die Antwort „Von welchen Faktoren ist die Enzymaktivität abhängig?" ist also nicht ausreichend.*

- Welchen Einfluss hat die Temperatur auf die Maltase-Aktivität?
- Welchen Einfluss hat der pH-Wert auf die Maltase-Aktivität?
- Läuft die Umsetzung von Maltose zu Glucose auch ohne Enzym ab?

***nicht**: Welchen Einfluss haben Kupferionen auf die Maltase-Aktivität?*

2.3 Ansatz Nr. 5 ist nicht aussagekräftig. Aus Ansatz Nr. 4 folgt, dass Maltase bei pH = 2 inaktiv ist. Wenn die Enzymaktivität durch die Säuredenaturierung bereits bei null liegt, kann die Wirkung der Kupferionen auf die Enzymaktivität nicht untersucht werden. (Bezogen auf Ansatz Nr. 1 wurden zudem zwei Versuchsbedingungen gleichzeitig verändert.)
Ein verbesserter Versuchsansatz entspräche Ansatz Nr. 1 (pH = 8,T = 37 °C), bei dem zusätzlich Kupfer(II)sulfat zugegeben wird.

3.1 *Beachten Sie die Operatoren: Die Kurve soll beschrieben **und** erklärt werden.*

Beschreibung: Die Substratkonzentration nimmt zu Beginn der Reaktion sehr schnell ab (exponentiell) und nähert sich zum Ende der Reaktion langsam (asymptotisch) der Nulllinie an.

Erklärung: Zu Beginn der Reaktion ist die Wahrscheinlichkeit der Bildung von Enzym-Substrat-Komplexen sehr groß, da die Konzentration der Substratmoleküle noch groß ist. Daraus resultiert eine hohe Reaktionsgeschwindigkeit und die Substratkonzentration nimmt schnell ab. Mit Fortschreiten der Reaktion nimmt die Wahrscheinlichkeit ständig ab, dass sich Substratmoleküle erfolgreich mit Enzymmolekülen zu Enzym-Substrat-Komplexen verbinden. Folglich wird die Reaktionsgeschwindigkeit, d. h. die Abnahme der Substratkonzentration pro Zeiteinheit, immer geringer.

3.2

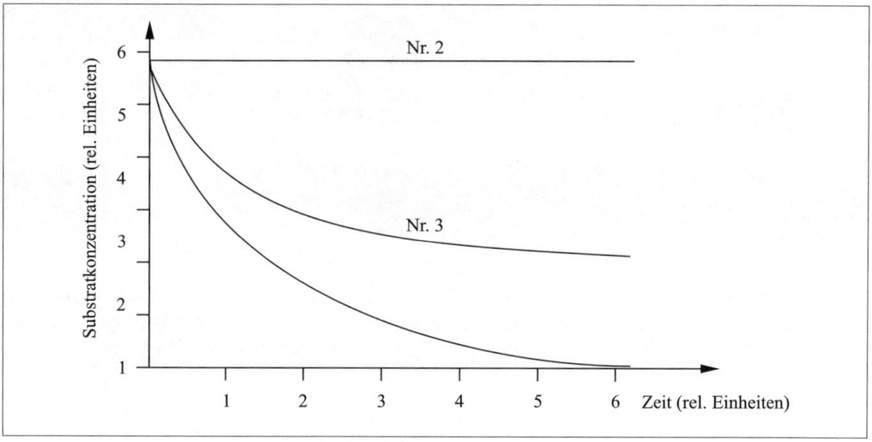

Begründung des Kurvenverlaufs zu Nr. 2:
Da die Maltase hitzedenaturiert ist, d. h. inaktiv ist, wird keine Maltose umgesetzt, sodass die Substratkonzentration unverändert bleibt. Es ist eine Parallele zur x-Achse bei ca. 5,8 rel. Einheiten einzuzeichnen.

Begründung des Kurvenverlaufs zu Nr. 3:
Das Enzym Maltase arbeitet mit viel geringerer Aktivität als in Ansatz Nr. 1, sodass die Maltose viel langsamer abgebaut wird. Die Kurve der Substratkonzentration sinkt folglich langsamer (und nähert sich viel später der Nulllinie.)

4 *Der unvermittelte Sprung von der Enzymatik in die Gentechnik ist beabsichtigt und erfordert ein vernetztes Wissen. In diesem Fall sollten Sie mithilfe der Abbildung sofort erkennen, dass die* ***Plasmidtechnik*** *verlangt wird. Im Gegensatz zu vielen einfacheren Schemata wird hier jedoch das Plasmid* ***zweimal*** *mit zwei verschiedenen Restriktionsenzymen geschnitten und der Zwischenabschnitt wird verworfen.*

4.1 Funktion des Plasmids: Genvektor, Informationsträger für die Einschleusung der fremden DNA in die Bakterienzelle (auch: „Transportvehikel für DNA", „Gentaxi", „Genfähre").

4.2 Für die Herstellung des modifizierten Plasmids eignen sich nur Xma I und Hind III. Begründung: Um das Amylase-Gen aus der Spender-DNA (= Fremd-DNA) auf der linken Seite herauszuschneiden, ist in dem dargestellten DNA-Abschnitt nur das Restriktionsenzym Xma I geeignet. Es schneidet vor einer 5' CCGG 3'-Sequenz. Auf der rechten Seite findet sich nur für Hind III eine passende Sequenz: 5' AGCT 3'.
Sowohl für Xma I als auch für Hind III findet man in dem Schnittstellenbereich des Plasmids passende Schnittsequenzen, sodass das Amylase-Gen mit „sticky ends" in das geöffnete Plasmid eingefügt werden kann.

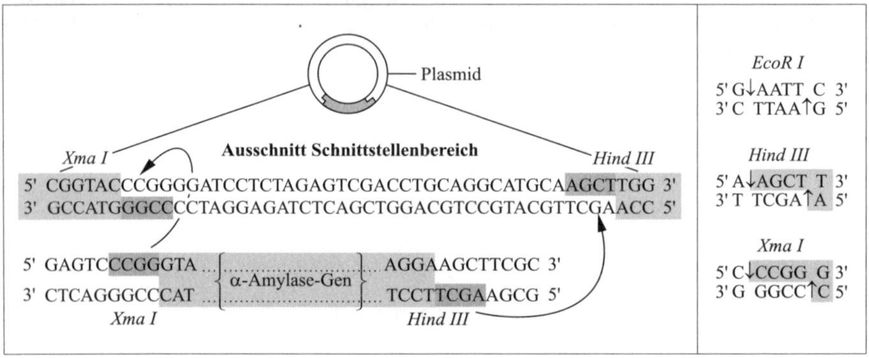

Für EcoR I gibt es weder im Plasmid noch in der Fremd-DNA eine passende DNA-Sequenz. Für die vereinfachte Methode mit nur einem Schneideenzym in der Fremd-DNA findet man jeweils nur eine Schnittstelle vor ***oder*** *hinter dem Amylase-Gen.*

BE

Multiple Sklerose (MS) ist eine chronisch-entzündliche Erkrankung des Zentralnervensystems, die meist im frühen Erwachsenenalter beginnt. Schätzungen zufolge leiden allein in Deutschland über 120 000 Menschen an MS. Ursache dieser Krankheit ist eine Zerstörung der Myelinscheiden von Nervenzellen in Gehirn und Rückenmark durch Zellen des Immunsystems. Multiple Sklerose gilt daher als Autoimmunkrankheit.

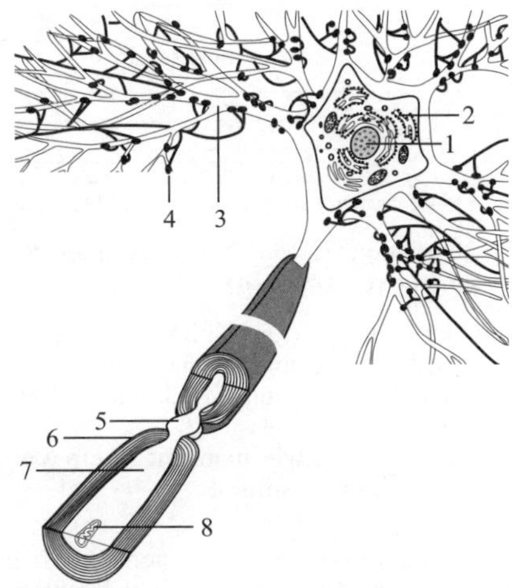

Abb. 1: Nervenzelle

1.1 Benennen Sie die mit den Ziffern 1 bis 8 gekennzeichneten Strukturen in Abbildung 1. 2

1.2 Beschreiben Sie die Vorgänge bei der Erregungsleitung in einem marklosen Axon. 2

Tabelle 1 zeigt die Geschwindigkeit der Erregungsleitung bei verschiedenen Tieren:

	Tier	**Nervenfasertyp**	**Durchmesser der Nervenfaser (µm)**	**Geschwindigkeit (m/s) bei 10° Celsius Umgebungstemperatur**
1	Qualle	nicht myelinisiert	9	0,5
2	Küchenschabe	nicht myelinisiert	50	7
3	Tintenfisch	nicht myelinisiert	650	25
4	Frosch	myelinisiert	19	42
5	Katze	myelinisiert	21	120

Tab. 1: Geschwindigkeit der Erregungsleitung am lebenden Tier

2 Erläutern Sie die Unterschiede in der Leitungsgeschwindigkeit
a) zwischen Neuronen von Qualle und Küchenschabe.
b) zwischen Neuronen von Frosch und Katze. 2

Abbildung 2b zeigt eine Versuchsanordnung zur Messung von Membranspannungen (Membranpotenzialen). Da Messungen am lebenden Tier sehr kompliziert sind, führt man diese meist an frei präparierten Axonen in physiologischer Kochsalzlösung durch.

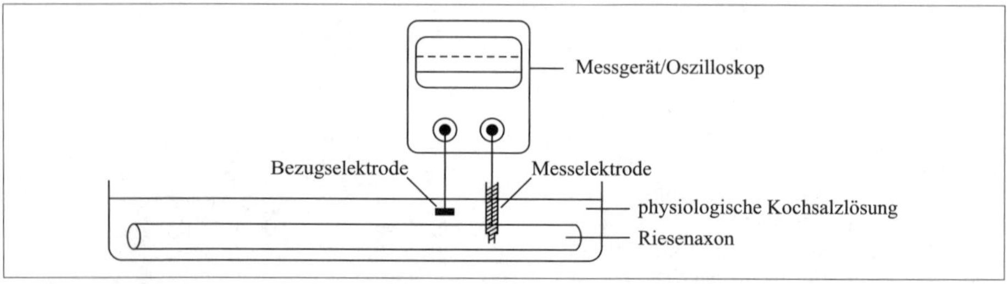

Abb. 2: Versuchsanordnung zur Messung von Membranspannungen

3.1 Begründen Sie die Notwendigkeit der Verwendung physiologischer Kochsalzlösung (zwei Angaben). 2

3.2 Übertragen Sie die Skizze der Versuchsanordnung (Abbildung 2) in Ihre Reinschrift (Größe mindestens ½ Seite). Ergänzen Sie Ihre Skizze so, dass mit Ihrer Versuchsanordnung die Geschwindigkeit der Erregungsleitung am Axon ermittelt werden kann.
Erläutern Sie, wie man mit Ihrem Versuchsaufbau die Geschwindigkeit der Erregungsleitung bestimmt. 3

Die Schädigung des Nervensystems bei Patienten mit Multipler Sklerose hat unterschiedliche Auswirkungen. Neben Entzündungsreaktionen zählen unter anderem geistige Verwirrung und Koordinationsstörungen zu den typischen Symptomen von MS.

4 Erklären Sie die Entstehung der Koordinationsstörungen unter Berücksichtigung der neurophysiologischen Veränderungen bei Multipler Sklerose. 2

Ein weiteres Symptom der Multiplen Sklerose ist eine Erkrankung von sensorischen Gesichtsnerven, die Nervensignale aus dem Bereich des Gesichts an das Gehirn übermitteln. Da Entzündungen dieser Nerven sehr schmerzhaft sind, bekommen viele MS-Patienten schmerzlindernde Medikamente, wie z. B. Carbamazepin und Pregabalin. Carbamazepin entfaltet seine Wirkung an den Axonen, während Pregabalin an der Synapse wirkt.

5 Geben Sie jeweils eine mögliche Erklärung für die schmerzlindernde Wirkung beider Medikamente. 2

Die Ursachen für den Angriff auf die Myelinscheiden im Zentralnervensystem sind noch nicht vollständig geklärt. Einige Wissenschaftler vermuten, dass eine Virusinfektion zu einer Autoimmunreaktion führt, in deren Verlauf das Immunsystem die Zellen der Myelinscheide angreift.

6.1 Beschreiben Sie die Vorgänge bei der zellulären Immunantwort nach einer Infektion durch Viren. 3

6.2 Erklären Sie, wie die Virusinfektion bewirken könnte, dass Zellen des Immunsystems körpereigene Zellen angreifen, obwohl diese keine Viren enthalten. 2

20

Lösungen

1.1 1 = Zellkern
2 = raues ER
3 = Dendrit
4 = Endknöpfchen bzw. Synapse
5 = Ranvierscher Schnürring
6 = Myelinhülle, -scheide bzw. Schwannsche Zelle
7 = Axon
8 = Mitochondrium

1.2 *Anmerkung zur Fachsprache: Die Begriffe „Reizleitung“ und „AP-Weiterleitung“ sind nicht korrekt. Ein Reiz ist nur der Auslöser einer Erregung – weitergeleitet wird aber nicht etwa Schall oder Licht. Auch ein AP wird nicht weitergeleitet – es entsteht und endet an einer bestimmten Membranstelle.*
Natürlicherweise beginnt die Erregungsleitung am Axonhügel, weil erst dort APs ausgelöst werden können. Sie können also ein vorher ablaufendes AP als Ausgangspunkt Ihrer Beschreibung nehmen, oder Sie „beginnen“ mit einer künstlichen Reizung, die an irgendeiner Stelle auf dem Axon ein AP auslöst und so die Erregungsleitung startet (siehe Aufgabe 3.2).

Durch (künstliche) Reizung wird an einer bestimmten Membranstelle des Axons ein Aktionspotenzial ausgelöst. Die Umpolung (Depolarisation) dieser Membranstelle (von –80 mV auf +30 mV innen gegenüber außen) erfolgt durch Öffnung spannungsgesteuerter Na^+-Kanäle. Na^+-Ionen strömen ins Axoninnere ein.
Zwischen der erregten, umgepolten Membranstelle und der unerregten Nachbarregion entsteht eine Ladungsdifferenz, die bewirkt, dass Ausgleichsströmchen fließen. Die benachbarte Membranstelle wird depolarisiert und ab Erreichung des Schwellenwerts wird auch dort ein (neues) AP ausgelöst usw.
Ein „Zurücklaufen“ der Erregung wird durch die Refraktärzeit verhindert.
Weil beim marklosen Axon jedes AP in der unmittelbaren Nachbarregion des vorangehenden ausgelöst wird, spricht man von „kontinuierlicher“ Erregungsleitung.

2 a) *Qualle und Küchenschabe gehören zu den Wirbellosen, die nicht-myelinisierte Axone besitzen und wechselwarm sind. Bei beiden Tieren liegt daher kontinuierliche Erregungsleitung und eine Körpertemperatur von 10 °C vor.*

Ursache der höheren Leitungsgeschwindigkeit bei der Küchenschabe ist der größere Axondurchmesser. Je größer der Axonquerschnitt, desto höher ist die Leitungsgeschwindigkeit (siehe Riesenaxon Nr. 3).
Begründung: Je größer der Durchmesser des Axons ist, desto geringer ist der elektrische Widerstand der Ausgleichsströmchen. Die Reichweite zur Auslösung eines neuen APs auf dem Axon ist folglich größer, sodass weniger APs auf einer bestimmten Axonstrecke ausgelöst werden müssen.

b) *Frosch und Katze sind Wirbeltiere mit Myelinscheiden und folglich saltatorischer Erregungsleitung (keine Angaben über Dicke/Qualität der Isolierung bzw. zu den Abständen zwischen den Schnürringen). Der Frosch als Amphibium ist wechselwarm, seine Körpertemperatur liegt bei ca. 10 °C. Die Katze ist gleichwarm, unabhängig von der Umgebungstemperatur liegt ihre Körpertemperatur bei ca. 37 °C. Der Frosch hat Nervenfasern von 19 μm Durchmesser, die Katze hat ca. 10 % dickere Axone von 21 μm. Für die fast dreifach höhere Leitungsgeschwindigkeit sind mehrere Ursachen denkbar. Verlangt ist nur die wichtigste, die Körpertemperatur.*

Ursache der höheren Leitungsgeschwindigkeit bei der Katze: Die Katze ist gleichwarm und besitzt deshalb eine höhere Körpertemperatur. Je höher die Körpertemperatur ist, desto höher ist die Leitungsgeschwindigkeit.

Begründung: Je höher die Temperatur ist, desto geringer ist der elektrische Widerstand der Ausgleichsströmchen, sodass die Depolarisation eine größere Reichweite hat. Mehrere Schnürringe können daher übersprungen werden oder die Abstände zwischen den Schnürringen können größer sein. Beides hat eine höhere Leitungsgeschwindigkeit zur Folge.
Oder: Je höher die Temperatur ist, desto größer ist die Teilchenbewegung (RGT-Regel). APs können schneller aufgebaut und die Erregung kann rascher weitergeleitet werden.
Oder (Alternativbegründung): Beim Frosch ist der Abstand der Schnürringe geringer, da z. B. die Myelinisierung schlechter ist oder weil die Axone dünner sind. Es müssen für die gleiche Axonstrecke mehr APs ausgelöst werden, die Leitungsgeschwindigkeit ist geringer.

3.1 Die physiologische Kochsalzlösung ist aus zwei Gründen notwendig:
a) Die frei präparierten lebenden Nervenzellen müssen in einer Umgebungslösung liegen, die den natürlichen Bedingungen im Körper entspricht. Die richtigen Ionenverhältnisse zur Erhaltung der Ruhespannung und der Erregbarkeit sind hierfür entscheidend. Im Außenmilieu des Axons müssen daher Na^+-Ionen und Cl^--Ionen vorliegen.
b) Die Axonmembran ist semipermeabel. Es kommt daher zu osmotischen Effekten, wenn die Umgebungslösung nicht isotonisch ist (z. B. Wasseraufnahme, wenn reines Wasser genutzt würde).

3.2

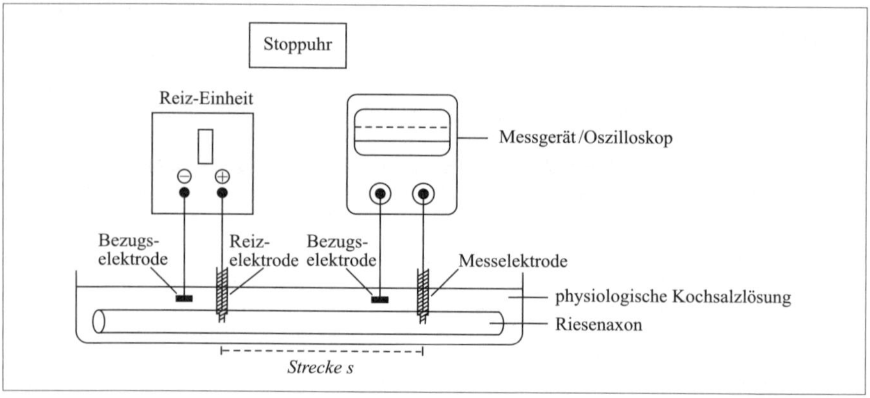

Statt einer elektrischen Reizeinheit könnte man auch eine mechanische Reizung z. B. mit einer Nadel oder eine chemische Reizung z. B. mit einem Säure-Tupfer einzeichnen.

Erläuterung der Geschwindigkeitsmessung:
- Abstandsmessung zwischen Reiz- und Messelektrode (s [m])
- Messung der Zeit, die zwischen Reiz und Reaktion auf dem Oszilloskop verstreicht (t [sec])
- Berechnung der Leitungsgeschwindigkeit (v = s/t)

4 *Aus dem Vortext ist zu entnehmen, dass bei MS die Myelinscheiden zerstört werden. Aus Ihren Vorkenntnissen zur Erregungsleitung sollten Sie auf zwei mögliche Folgen schließen können:*
- *Ohne Myelin wird die schnelle saltatorische Erregungsleitung zumindest teilweise auf die langsamere kontinuierliche Erregungsleitung umschalten müssen.*
- *Sollten Entzündungen und Vernarbungen mehrere Schnürringe unbrauchbar machen, dann müsste es auch zur Blockade der Erregungsleitung auf bestimmten Axonen kommen.*

Wenn Sie jetzt noch rekapitulieren, dass koordinierte Bewegungen, z. B. das Führen einer Kaffeetasse zum Mund, nur durch genaue zeitliche Abstimmung der motorischen Befehle an die Muskeln und sensorische Rückmeldungen ins Gehirn (Muskellänge, Gelenkstellung, Sehnenspannung etc.) möglich sind, dann können Sie die zwei Verrechnungspunkte mit einer ganz kurzen Antwort erhalten.

MS führt zur Zerstörung der Myelinscheiden, sodass die Erregungsleitung bestimmter Nervenbahnen verlangsamt oder unterbrochen wird. Es kommt zu unkoordinierten Bewegungen, da die zeitliche Abstimmung zwischen motorischen und sensorischen Nerveninformationen gestört ist.

5 **Carbamazepin-Wirkung am Axon:** Das Medikament muss verhindern, dass Schmerzreize APs auslösen oder dass die Erregung weitergeleitet wird. Mögliche Erklärungen *(nur eine ist verlangt)*:
- Die AP-Auslösung wird durch Blockade der Na^+-Kanäle verhindert. Es findet keine Depolarisation statt. Da kein AP generiert wird, kann die Erregung nicht weitergeleitet werden, das Schmerzempfinden bleibt aus.
- Die Weiterleitung der Erregung wird blockiert, z. B. durch starke Erhöhung des elektrischen Widerstandes der Ausgleichsströmchen.
- Die Öffnung von K^+-Kanälen führt zur Hyperpolarisation, sodass der Schwellenwert für die Depolarisation nicht erreicht wird.

Pregabalin-Wirkung an der Synapse: Das Medikament muss die Erregungsübertragung verhindern. Mögliche Erklärungen *(nur eine ist verlangt)*:
- Die Hemmung der Ca^{2+}-Kanäle verhindert den Calciumionen-Einstrom in das Endknöpfchen, sodass keine oder nur eine verringerte Transmitterausschüttung stattfindet. Die Depolarisierung der postsynaptischen Membran wird folglich herabgesetzt oder verhindert. Die Erregungsübertragung auf die postsynaptische Nervenzelle ist damit blockiert, kein Schmerzempfinden tritt auf.
- Die Hemmung der Vesikelentleerung vermindert oder verhindert die Transmitterausschüttung.
- Die Transmitterwirkung an der postsynaptischen Membran wird gehemmt, z. B. über die Blockade der rezeptorgesteuerten Na^+-Kanäle. Die Depolarisierung der postsynaptischen Membran ist verringert oder bleibt aus. Die Erregungsübertragung auf die postsynaptische Nervenzelle ist somit blockiert, wiederum ist das Schmerzempfinden unterdrückt.

6.1 Ablauf der zellulären Immunantwort auf eine Virusinfektion:
1 **Infektion:** Viren dringen in den Körper ein und befallen die Wirtszellen.
2 **Erkennungsphase:** Makrophagen phagozytieren freie Viren. Sie präsentieren virale Antigene (AG) auf ihrer Membranoberfläche (auf MHC II) und nehmen Zellkontakt mit T-Helferzellen (mit passenden Rezeptoren) auf, woraufhin die T-Helferzellen aktiviert werden. Ruhende T-Killerzellen (= zytotoxische T-Zellen) mit speziellen Rezeptoren erkennen virusinfizierte Körperzellen (die virale AG über MHC I-Proteine auf ihrer Oberfläche präsentieren) und werden nach Zellkontakt aktiviert.

3 **Differenzierungsphase:** Die aktivierten Helferzellen werden kloniert und (z. B. zu T-Gedächtniszellen) differenziert. Durch die Ausschüttung von Signalstoffen werden die aktivierten T-Killerzellen (zytotoxischen T-Zellen) kloniert und differenziert (z. B. zu T-Gedächtniszellen).
4 **Wirkungsphase:** Die T-Killerzellen (zytotoxischen T-Zellen) lagern sich an virusinfizierte Körperzellen an und zerstören sie durch Enzyme (Perforine), die Löcher in der Zellmembran verursachen. (Oder sie leiten den Zelltod (= Apoptose) ein).
(5 **Abschaltphase:** Makrophagen beseitigen die Zelltrümmer. T-Regulatorzellen (früher: Suppressorzellen) hemmen durch bestimmte Signalstoffe die T-Killerzellen (zytotoxischen T-Zellen).)

6.2 Mögliche Ursachen dafür, dass T-Killerzellen gesunde Körperzellen angreifen *(eine Hypothese ist verlangt)*:
- Bestimmte Körperzellen könnten Oberflächenmerkmale aufweisen, die Ähnlichkeit mit Virusantigenen haben, sodass T-Killerzellen, die in einer vorangegangenen Immunantwort speziell gegen diese Virus-AG aktiviert wurden, auch die ähnlichen gesunden Körperzellen angreifen könnten.

Eigentlich sorgt der Organismus dafür, dass im Thymus alle autoaggressiven T-Zell-Varianten eliminiert werden. In seltenen Fällen können Zellen dieser Selektion aber auch entgehen und sich gegen den eigenen Körper richten.

- Die Virusinfektion hinterlässt bestimmte Stoffe (z. B. Antikörper), die gesunde Körperzellen so markieren, dass sie für bestimmte T-Killerzellen wie infizierte Zellen wirken.
- Die Virusinfektion verändert die Rezeptoren bestimmter T-Killerzellen so, dass sie körpereigene gesunde Zellen angreifen.
- Viren befallen Thymuszellen und verhindern die Selektion bestimmter autoaggressiver T-Lymphozyten.

Profil-/Neigungsfach Biologie (Baden-Württemberg): Abituraufgaben 2012
Aufgabe III: Zytologie, Molekulargenetik, Evolution

BE

„Südafrika, Krüger-Nationalpark. Antilopen nähern sich einer Gruppe von Akazien. Die Tiere rupfen an den Blättern des Baumes und genießen den saftigen Geschmack. Nach einer Weile traben die Tiere zum nächsten Baum – doch der schmeckt bitter. Die Blätter des Nachbarn ebenso. Der ganze Wald ist plötzlich ungenießbar geworden. Hungrig ziehen die Antilopen weiter.
Eins zu null für die Akazien. Sie haben sich erfolgreich gegen die gefräßigen Tiere gewehrt. Doch was genau ist da passiert? Lange Zeit sahen Forscher in Pflanzen nicht viel mehr als lebende Roboter, einem sturen Wachstumsprogramm unterworfen. Doch allmählich nimmt die moderne Biologie Abschied vom Bild der Pflanze als passivem Organismus. Grünzeug kann sprechen! Das zeigt das Beispiel der Akazie. Pflanzen verständigen sich allerdings nicht mit Lauten, sondern chemisch, per „Ethylen“.
Wird eine Akazie angeknabbert, so stößt sie das geruchfreie Gas aus. Die Bäume in der Umgebung verstehen das Signal und erhöhen drastisch den Gerbstoffanteil (Tanninkonzentration) in ihren Blättern. Das Ergebnis: ein unangenehmer Geschmack und Verdauungsprobleme für die äsenden Tiere.“

Susanne Billig und Petra Geist „Die Intelligenz der Pflanzen“, www.dradio.de

Ethylen ist ein Pflanzenhormon. Es bindet an spezifische Rezeptorproteine in den Zellmembranen, ohne dabei selbst in die Zelle zu gelangen.

1.1 Erstellen Sie eine beschriftete Zeichnung, die schematisch einen Ausschnitt aus dieser speziellen Biomembran zeigt (Größe der Zeichnung mindestens ½ Seite). 2

1.2 Erläutern Sie, wie es durch Ethylen zu einer Erhöhung der Gerbstoffkonzentration kommen kann. 2

Abbildung 1 zeigt den molekularen Aufbau des Gerbstoffs Tannin und seine Wechselwirkung mit Proteinen.

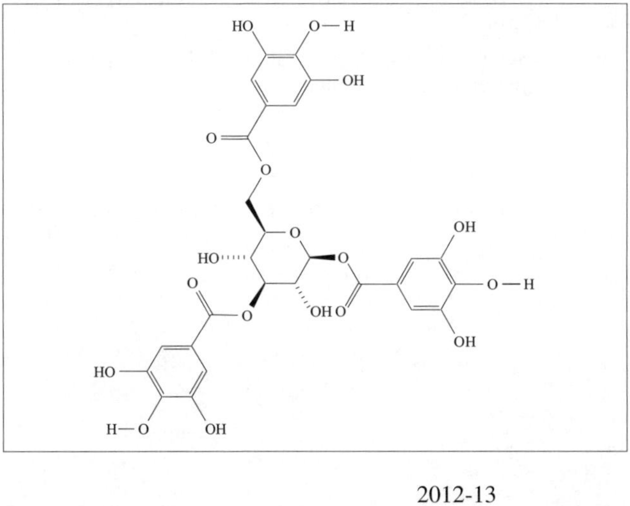

Abb. 1 a: Aufbau von Tannin

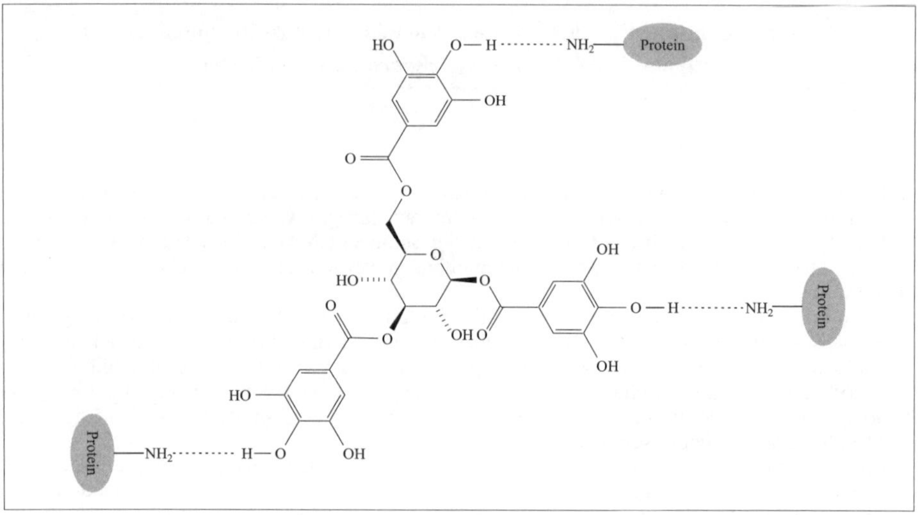

Abb. 1 b: Wechselwirkung mit Proteinen

1.3 Erläutern Sie unter Zuhilfenahme der Abbildung 1 die im Text beschriebene Wirkung von Tannin auf die Verdauung der Antilopen. 2

Ethylen wird von den Akazien aus Methionin über die zwei Zwischenstufen S-Adenosylmethionin und 1-Aminocyclopropan-1-Carboxylsäure (= ACC) gebildet.

2.1 Erläutern Sie das Prinzip einer Genwirkkette anhand des Synthesewegs von Ethylen. 2

2.2 Erläutern Sie die Ursache und mögliche Folgen für die Akazie, wenn die Umsetzung von ACC zu Ethylen nicht mehr möglich ist. 2

Je länger Antilopen an einer Akazie fressen, desto mehr provozieren sie die Abwehrreaktionen: Erhöhte Ethylenausschüttung und verstärkte Tanninproduktion sind die Folgen. Tannin ist in großen Mengen für Antilopen tödlich.

3 Erläutern Sie, durch welche Verhaltensweisen beim Fressen von Akazienblättern Antilopen Vergiftungen durch Tannin verhindern könnten (zwei Angaben). 2

Außer Akazien produzieren auch andere Pflanzen Giftstoffe gegen Pflanzenfresser. Diese Gifte sind für die produzierende Pflanze selbst unschädlich.

4 Beschreiben Sie zwei Möglichkeiten, wie sich Pflanzen auf zellulärer Ebene vor Selbstvergiftung schützen können. 2

Zahlreiche afrikanische und südamerikanische Akazienarten beherbergen Ameisen und werden deshalb als Ameisenakazien bezeichnet. Dies machen einige morphologische Besonderheiten deutlich. So befinden sich die Ameisenbauten in hohlen Dornen (Abbildung 2). Zahlreiche Blattnektarien sorgen zusammen mit Protein- und Fettkörpern an den Blattspitzen für die Ernährung der Insekten. Es handelt sich dabei um eine Symbiose zwischen den Bäumen und ihren Untermietern. Ameisen reagieren sehr empfindlich auf ungebetenen Besuch. Sofort sammeln sie sich an den Zweigen, die gerade beweidet werden und gehen zum Angriff über, um die Pflanzenfresser mit gezielten Bissen ins Gesicht in die Flucht zu schlagen.

Abb. 2: Hohler Blattdorn einer Ameisenakazie mit Ameisen
Foto: Pharaoh Han, URL: http://commons.wikimedia.org/wiki/File:Acacia_drepanolobium_and_Crematogaster_nigriceps_@_Ngorongoro_Aug2009.jpg, lizenziert unter der Creative Commons-Lizenz 3.0 Unported

5.1 Erläutern Sie mithilfe der Synthetischen Evolutionstheorie das Entstehen von Ameisenakazienarten. 4

5.2 Erklären Sie unter energetischen Gesichtspunkten, warum die Symbiose für die Ameisenakazie von Vorteil ist. 2

20

Lösungen

1.1

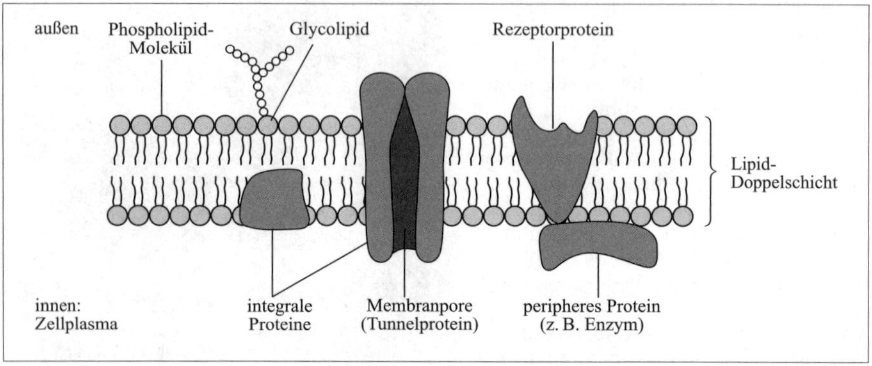

1.2 Da Ethylen als Signalstoff außerhalb der Zelle bleibt, muss die Erhöhung der Gerbstoffkonzentration im Zellinneren indirekt über Folgereaktionen gesteuert werden.
Mögliche molekulare Wirkungen des Ethylens *(nur eine ist verlangt)*:

- Signalweitergabe über das second-messenger-Prinzip: Die Bindung des Ethylens an den Rezeptor löst an der Innenseite der Membran z. B. die Aktivierung eines Enzyms aus. Daraufhin wird die Synthese eines (zweiten) Botenstoffs katalysiert, der wiederum bestimmte Gene aktiviert, die z. B. die Enzyme codieren, die die Synthese von Tannin aus chemischen Vorstufen katalysieren. Dadurch kommt es zur Erhöhung der Gerbstoffkonzentration.
- Der Rezeptor aktiviert direkt das Enzym, das die Synthese von Tannin aus einer Vorstufe katalysiert. Es kommt zur Erhöhung der Gerbstoffkonzentration.
- Tannin-Vorstufen liegen bereits fertig vor, sind aber in verschiedenen Kompartimenten z. B. Vesikeln gespeichert. Wenn das Ethylen an den Rezeptor bindet, werden z. B. rezeptorgesteuerte Ionenkanäle geöffnet, die wiederum über Enzymaktivierung eine Fusion der Vesikel bewirken. Die Tanninsynthese kann stattfinden und die Gerbstoffkonzentration erhöht werden.

1.3 Mögliche Wirkungen des Tannins auf die Verdauung der Antilopen:

- Das Tannin bindet (über Wasserstoffbrücken) an bestimmte Verdauungsenzyme im Dünndarm und blockiert deren Enzymfunktion, sodass Verdauungsprobleme auftreten.
- Das Tannin bindet (über Wasserstoffbrücken) bestimmte Nahrungsproteine und verhindert so deren Verdauung. Die unverdaute Nahrung im Dickdarm verursacht Verdauungsprobleme.
- Das Tannin bildet durch die Verbindung mit bestimmten Proteinen ein Verdauungsgift und löst so z. B. Darmkrämpfe aus.
- Das Tannin bindet an Membranproteine der Darmzellen und stört so z. B. die Nährstoffaufnahme.

2.1 *Nicht ausdrücklich verlangt ist die Definition der Genwirkkette:*
Abfolge von Reaktionsschritten in einer Stoffwechselkette, wobei jede Zwischenreaktion durch ein spezifisches Enzym gesteuert wird, das seinerseits von einem bestimmten Gen codiert wird.

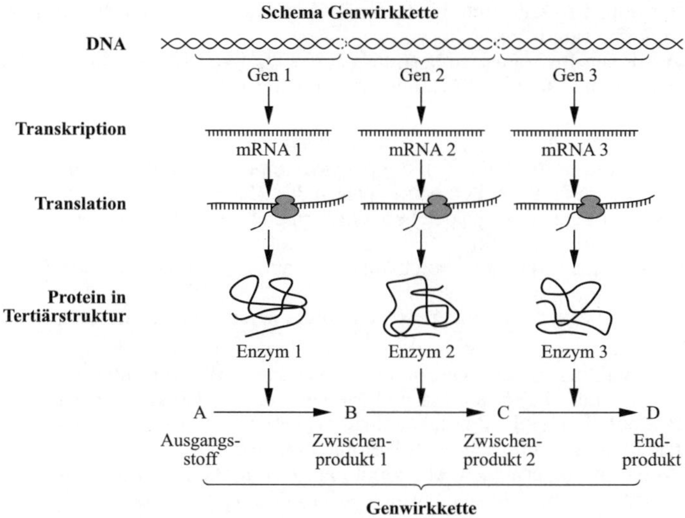

Schema der Genwirkkette zur Ethylen-Synthese:

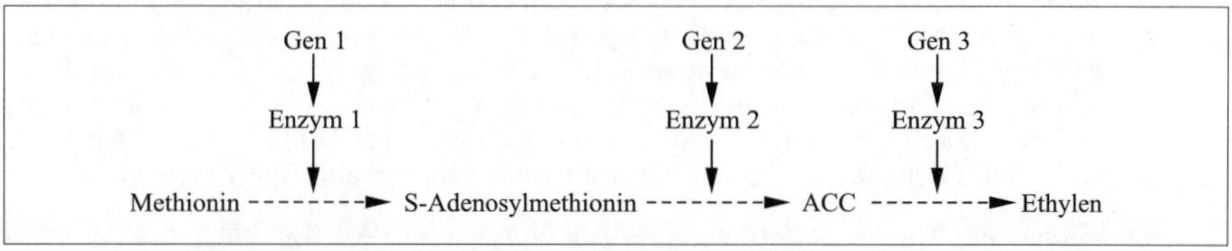

Erläuterung des Prinzips: Für die Herstellung des Ethylens sind drei Gene (Gen 1 bis Gen 2) verantwortlich, die jeweils für ein Enzym codieren (Enzym 1 bis Enzym 3), das die Synthese eines der Zwischenprodukte steuert. Nur wenn alle drei Zwischenreaktionen ablaufen, kann das Endprodukt hergestellt werden.

2.2 Ursache: Gen 3 ist mutiert, sodass die katalytische Wirkung von Enzym 3 blockiert ist. Ethylen kann folglich nicht hergestellt werden.

Folgen:
- Ausfall der Tanninproduktion führt zu mangelndem Schutz vor Pflanzenfressern (und langfristig evtl. durch Schwächung des Organismus zu dessen Absterben).
- Anhäufung von ACC (oder giftigen Folgeprodukten) löst möglicherweise Vergiftungserscheinungen aus.

3 Mögliche Verhaltensweisen *(nur zwei Angaben sind verlangt)*:
- Die Antilopen fressen häufiger, aber immer nur ganz kurz, d. h. nur wenige Blätter. Es kommt nur zu einer geringen Ethylenproduktion, die nicht ausreicht, um Nachbarbäume zu „warnen". Tannin wird nicht oder nur in geringfügigen Mengen produziert.
- Die Antilopen fressen sehr schnell und sind satt, bevor die Tanninkonzentration gefährlich hoch wird.
- Die Antilopen fressen nur bei Windstille und wechseln schnell auf entferntere Bäume. So kann sich das gasförmige Ethylen nicht so schnell ausbreiten.

- Die Antilopen fressen sich gegen den Wind voran, sodass das gasförmige Ethylen nur abgefressene Bäume erreicht.
- Die Antilopen fressen einen bestimmten Cocktail von Blättern anderer Baumarten und erreichen damit, dass die Wirkung des Gifts abgeschwächt oder aufgehoben wird.

4 Möglichkeiten des Schutzes *(nur zwei Angaben sind verlangt)*:
- Das Gift ist in bestimmten Zellkompartimenten (z. B. Vesikeln) verpackt und wird erst durch Verletzung der Zellen beim Fressen der Blätter freigesetzt.
- Das Gift wird gar nicht gespeichert, sondern erst bei Verletzung der Zellen aus ungiftigen Vorstufen hergestellt.
- Die Pflanze kann das Gift enzymatisch abbauen, wenn es z. B. aus den Vesikeln austritt.
- Die Pflanze besitzt z. B. andere Rezeptoren, die das eigene Gift nicht binden.

5.1 Die Entstehung der Ameisenakazien kann mit den Evolutionsfaktoren Mutation, Rekombination, (dynamische) Selektion und (geographische) Isolation erklärt werden: In einer Akazienpopulation gibt es zufallsgemäß Mutationen, z. B. bezüglich der Dornenform bzw. der Blattanatomie. Durch Rekombination (sexuelle Fortpflanzung) werden diese neuen Allele in immer neuen Allelkombinationen im Genpool der Population verteilt. In einer Population von Akazien, in der aufgrund einer besonders großen Zahl von Blatt fressenden Tieren ein besonders hoher Fraßdruck herrscht, haben Individuen mit dem neuen Merkmal einen Selektionsvorteil, da sie mehr Ameisen beherbergen können, die Blattfresser abwehren. Dadurch, dass sie mehr Samen bilden können, haben diese Akazien einen größeren Fortpflanzungserfolg. Infolgedessen setzen sich die neuen Gene mit der Zeit im Genpool der Akazienpopulation durch (bei anhaltend hohem Fraßdruck). Da sich diese Akazienpopulationen in geographisch isolierten Wäldchen entwickeln, zwischen denen kaum Genaustausch stattfindet, kommt es zur Bildung einer „Ameisen-Rasse" und schließlich zu einer neuen Art mit hohlen Dornen und Blattnektarien.

Es können auch noch andere Evolutionsfaktoren eine Rolle spielen, z. B. die zufällige Veränderung der Genfrequenz in sehr kleinen Populationen (Gendrift).
Vorsicht: Gefragt ist nach der Evolution der Ameisenakazien, nicht nach der Evolution der die Akazien bewohnenden Ameisen.

5.2 Ein energetischer Vorteil einer Ameisensymbiose ergibt sich, wenn der Energieaufwand zur Produktion hohler Dornen und für die Bereitstellung von Nahrung (Protein, Fett) geringer ist als der für die Neubildung abgefressener Blätter.

*Die Annahme, dass auch die Ameisenakazien **zusätzlich** das Ethylen-/Tannin-System als Abwehrvariante besitzen, ist naheliegend und wird durch den Vortext nicht widerlegt. Im Vorspann wird nur allgemein von „Akazien" gesprochen. In diesem Fall würde auch das Ethylen-/Tannin-System energetisch mit der Symbiose konkurrieren. Somit wären auch folgende Antworten denkbar:*

- Der Energieaufwand zur Synthese von Ethylen ist größer als der für die Ameisensymbiose.
- Der Energieaufwand zur Synthese von Tannin ist größer als der für die Ameisensymbiose.
- Die wehrhaften Ameisen schützen die Pflanzen effektiver als das Ethylen-/Tannin-System davor, überhaupt angefressen zu werden, sodass der Energieaufwand zur Regeneration/Neubildung von Blättern geringer ist.

Profil-/Neigungsfach Biologie (Baden-Württemberg): Abituraufgaben 2012
Aufgabe IV: Molekulargenetik

BE

Die Macht der stummen Mutationen

Über viele Jahrzehnte galt es als selbstverständlich, dass Mutationen, welche die in einem Gen codierte Aminosäuresequenz nicht verändern, keine Auswirkungen haben, also stumm sind. Neuere experimentelle Befunde ergaben jedoch, dass stumme Mutationen sehr wohl in die Funktion von Zellen eingreifen. Schon geringfügige Veränderungen der DNA können Auslöser für Erkrankungen wie beispielsweise Mukoviszidose sein.

Nach: Spektrum der Wissenschaft 09/2010

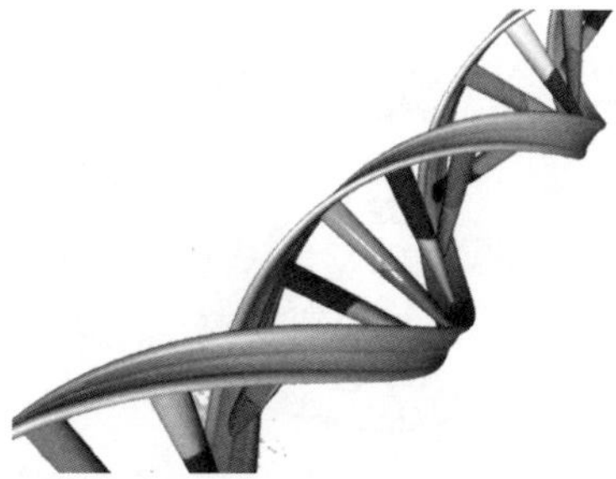

Abb. 1: DNA-Modell
http://commons.wikimedia.org/wiki/File:DNA_Double_Helix.png

Es zeigte sich, dass stumme Mutationen den Weg vom Gen zum Protein an unterschiedlichen Stellen entscheidend beeinflussen können. Stumme Mutationen können verschiedene Stadien der Proteinbiosynthese stören, von der Transkription des Gens bis zur Übersetzung der mRNA in eine Aminosäurekette.

1 Beschreiben Sie den Ablauf der Transkription. 3

Catechol-O-Methyltransferase (COMT) ist ein Enzym, das bei der Schmerzempfindung des Menschen eine wichtige Rolle spielt.
Die Abbildung 2 zeigt Ausschnitte der Basensequenzen verschiedener Varianten des COMT-Gens, die zu einer mittleren Schmerzempfindlichkeit (MSE), zu einer erhöhten Schmerzempfindlichkeit (HSE) bzw. zu einer geringeren Schmerzempfindlichkeit (GSE) führen. Die Abweichungen von MSE beruhen auf Mutationen im COMT-Gen.

GSE:	3' …TCC GAC TAG TGG […] CGA CCG CAC TTC… 5'
MSE:	3' …TCC GAG TAG TGG […] CGA CCG TAC TTC… 5'
HSE:	3' …TCC GAG TAG TGG […] CGA CCG CAC TTC… 5'

Abb. 2: Ausschnitte aus den Basensequenzen der COMT-Gene

2.1 Ermitteln Sie unter Verwendung der Code-Sonne (siehe Anlage) die Aminosäuresequenz der COMT-Variante für MSE.
Vergleichen Sie die Basensequenz der COMT-Variante für MSE mit den COMT-Varianten für GSE und HSE.
Nennen Sie die Unterschiede in den Basen- und Aminosäuresequenzen. 3

2.2 Erläutern Sie, wie sich die jeweiligen Mutationen auf die Funktionsfähigkeit des Enzyms auswirken können. 2

Bei der Proteinbiosynthese wandert die Messenger-RNA nicht, wie in den meisten Schulbüchern vereinfacht dargestellt, als linearer Einzelstrang vom Zellkern zu den Ribosomen, sondern als charakteristisch gefaltete Struktur (Abbildung 3 a).

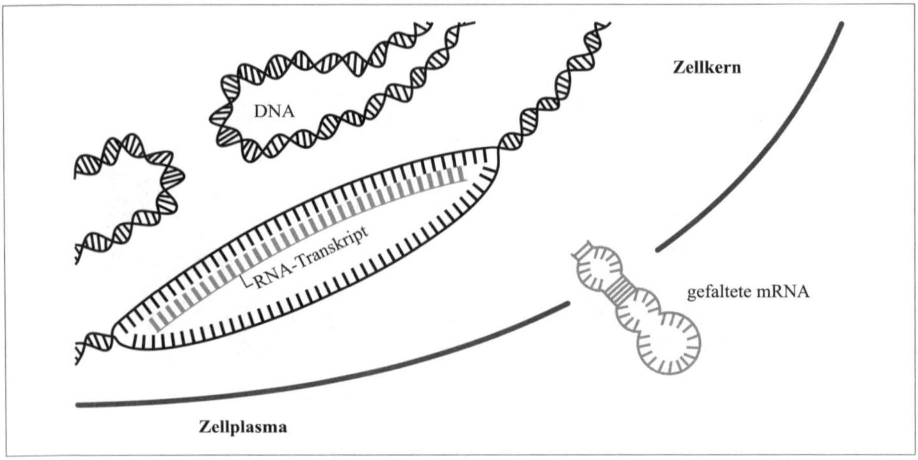

Abb. 3 a: Austritt gefalteter mRNA aus dem Zellkern

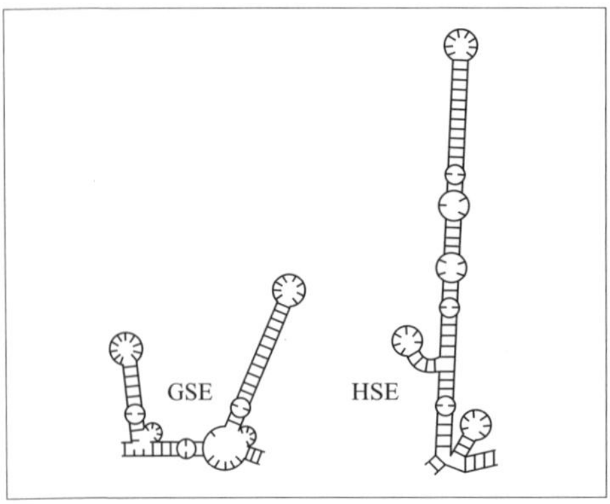

Abb. 3 b: Faltstrukturen von COMT-mRNAs

Abb. 3 a und 3 b verändert nach: Chamary, Jean V./Hurst, Laurence D. „Die Macht der stummen Mutationen." Spektrum der Wissenschaft, Heft 9 2010, S. 43 – 47

3 Erklären Sie, wie die Faltung der mRNA zustande kommt und wie sich stumme Mutationen auf die Faltung auswirken können. Gehen Sie dabei auch auf die unterschiedlichen Faltungen der COMT-mRNAs ein (Abbildung 3 b). 3

Wissenschaftler haben herausgefunden, dass die jeweilige mRNA-Struktur Einfluss auf die Translationsrate der COMT-mRNA hat, was zu einer unterschiedlichen Schmerzempfindlichkeit führt. Das Enzym COMT ist im Gehirn an der Beseitigung des Neurotransmitters Dopamin beteiligt. Solange Dopamin in größerer Menge vorhanden ist, werden nur wenige Endorphine gebildet. Endorphine sind Schmerzmittel, die der Körper bei Bedarf selbst herstellt.

4.1 Erläutern Sie den Zusammenhang zwischen den unterschiedlichen Translationsraten der GSE- und der HSE-Varianten von COMT und deren Auswirkung auf die Schmerzempfindlichkeit. 3

4.2 Erstellen Sie eine Hypothese, die erklärt, wie unterschiedliche mRNA-Faltungen die Translationsrate am Ribosom beeinflussen könnten. Berücksichtigen Sie dabei auch die in Abbildung 3 b gezeigten COMT-mRNAs. 2

Unterschiedliche tRNAs, welche für die gleiche Aminosäure codieren, kommen in der Zelle nicht in gleicher Menge vor. Je häufiger ein bestimmtes Codon auf der mRNA vorkommt, desto größer ist die Anzahl der zugehörigen tRNAs.

5.1 Erstellen Sie eine schematische Zeichnung eines tRNA-Moleküls, das als Transportmolekül für die Aminosäure Lysin (Lys) dient. Beschriften Sie Ihre Zeichnung (Größe mindestens ½ Seite). 2

5.2 Erläutern Sie die biologische Bedeutung der unterschiedlichen tRNA-Konzentrationen (zwei Angaben). 2

20

Anlage: Code-Sonne

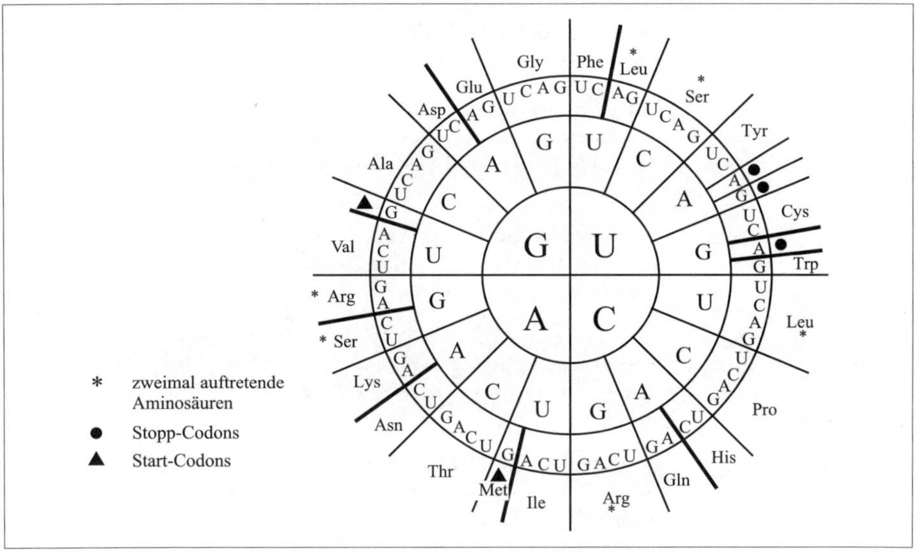

Lösungen

1 Transkription: Umschreibung der DNA-Basensequenz eines Gens in eine transportable mRNA-Kopie.
Ablauf:
- Die DNA wird an der abzulesenden Stelle (Gen) in Einzelstränge geöffnet (RNA-Polymerase).
- Freie RNA-Nukleotide lagern sich komplementär an den codogenen Strang an.
- Die RNA-Nukleotide werden vom Enzym RNA-Polymerase zu einem „Botenstrang“ = mRNA in 5'→3'-Richtung verknüpft (Startpunkt und Endpunkt für das Enzym sind bestimmte Basensequenzen, die man Promotor bzw. Terminator nennt).
- Die mRNA löst sich vom codogenen Strang und wandert ins Zellplasma zu den Ribosomen.

Die Vorgänge des Spleißens bei eukaryotischen Zellen werden nicht erwartet.

2.1 Basen- und Aminosäuresequenzen für MSE, GSE und HSE:

MSE:	
DNA:	3' ...TCC GA**G** TAG TGG [...] CGA CCG **T**AC TTC... 5'
mRNA:	5' ...AGG CU**C** AUC ACC [...] GCU GGC **A**UG AAG...3'
AS-Sequenz:	...Arg – **Leu** – Ile – Thr – [...] – Ala – Gly – **Met** – Lys ...
GSE:	
DNA:	3' ...TCC GA**C** TAG TGG [...] CGA CCG **C**AC TTC... 5'
mRNA:	5' ...AGG CU**G** AUC ACC [...] GCU GGC **G**UG AAG...3'
AS-Sequenz:	...Arg – **Leu** – Ile – Thr – [...] – Ala – Gly – **Val** – Lys ...
HSE:	
DNA:	3' ...TCC GA**G** TAG TGG [...] CGA CCG **C**AC TTC... 5'
mRNA:	5' ...AGG CU**C** AUC ACC [...] GCU GGC **G**UG AAG...3'
AS-Sequenz:	...Arg – **Leu** – Ile – Thr – [...] – Ala – Gly – **Val** – Lys ...

Unterschiede in der Basen- und Aminosäuresequenz

GSE: Basenaustausch am 2. Triplett in der 3. Base (C statt G)
⇒ keine Änderung (stumme Mutation)
Basenaustausch am 7. Triplett in der 1. Base (C statt T)
⇒ Austausch: Val statt Met
HSE: Basenaustausch am 7. Triplett in der 1. Base (C statt T)
⇒ Austausch: Val statt Met

2.2 Der Basenaustausch am 2. Triplett, führt wegen der Degeneration des genetischen Codes nicht zum Einbau einer anderen Aminosäure. Die Aminosäuresequenz im Protein bleibt folglich gleich und die Funktionsfähigkeit des Enzyms ändert sich nicht.
Der Basentausch in der 3. Base des 7. Tripletts von MSE und HSE bewirkt einen Aminosäureaustausch.
Mögliche Folgen für die Funktionsfähigkeit des Enzyms:
- Falls Met und Val chemisch sehr ähnlich sind, z. B. in ihrer Polarität, dann ist ihre Funktion nicht beeinträchtigt, da es zu keiner Änderung der Tertiärstruktur des Enzyms kommt.

- Die Funktion des Enzyms ist nicht/kaum beeinträchtigt, da durch die Mutation zwar die Tertiärstruktur verändert ist, jedoch nicht im Bereich des aktiven Zentrums.
- Die Funktionsfähigkeit des Enzyms ist blockiert, da die Tertiärstruktur im Bereich des aktiven Zentrums stark verändert wird.

3 *Die Faltstrukturen in Abb. 3b stellen offensichtlich nur Ausschnitte aus mRNA-Molekülen dar, da sonst* ***zwei*** *(unterschiedlich lange) Einzelstränge vorlägen, z. B. bei GSE der obere gefaltete Strang und der untere kurze Strang. Außerdem müsste es sich um den jeweils* ***gleichen*** *Ausschnitt der RNA handeln, um einen sinnvollen Vergleich vornehmen zu können.*

Der mRNA-Einzelstrang enthält Abschnitte, die zu einem anderen Abschnitt komplementär sind. Durch Faltenbildung lagern sich diese Regionen komplementär (und antiparallel) aneinander (H-Brücken) und bilden (wie tRNAs) kleeblattähnliche Raumstrukturen. Abschnitte, die nicht komplementär sind, bilden Schleifen.
Bei einer stummen Mutation wird zwar die gleiche Aminosäure codiert, d. h., die mRNA behält zwar die gleiche genetische Information, verändert aber ihre Raumstruktur.
Grund: Es kann passieren, dass sich die mRNA-Abschnitte durch den Basenaustausch anders falten, da z. B. alte Abschnitte nicht mehr komplementär sind und deshalb neue Schleifen entstehen oder sich neue komplementäre Abschnitte bilden.
Der Ausschnitt aus der mRNA der HSE-Mutante zeigt deutlich mehr komplementäre Abschnitte als bei der GSE-Form (bei vergleichbarer Nukleotidzahl).

4.1 **H**ohe **S**chmerz**e**mpfindlichkeit = HSE:
Die Translationsrate an den Ribosomen ist **gering**, sodass die Konzentration des Enzyms COMT ebenfalls gering ist. Infolgedessen wird der Transmitter Dopamin nur langsam abgebaut und das schmerzlindernde Endorphin kaum gebildet. Durch die geringe Schmerzhemmung werden Schmerzen stärker empfunden.

Geringe **S**chmerz**e**mpfindlichkeit = GSE:
Die **hohe** Translationsrate bewirkt eine hohe Konzentration des Enzyms COMT. Der Transmitter Dopamin wird schnell abgebaut und das schmerzlindernde Endorphin gebildet. Durch die starke Schmerzhemmung werden Schmerzen schwächer wahrgenommen.

4.2 Je mehr komplementäre Abschnitte im mRNA-Molekül vorliegen, desto stabiler ist ihre Raumstruktur. Dies hat zur Folge, dass sie sich vor/bei der „Einfädelung" ins Ribosom schwerer entfalten lässt und die Translation dadurch verzögert wird. Die Synthese des Proteins (z. B. des Enzyms COMT) wird verlangsamt, sodass es zur hohen Schmerzempfindlichkeit kommt.
Beweis: Die HSE-Form ist stärker gefaltet (Abb. 3b)
Oder: Je stärker die mRNA gefaltet ist, desto schlechter kann sie in Ribosomen einfädeln, desto seltener liegt sie in Ribosomenkomplexen vor. „Freie" mRNA wird aber außerhalb der Ribosomen sehr schnell abgebaut. Je stärker also die Faltung der mRNA ist, desto schneller wird sie von der Zelle wieder zerstört und desto geringer ist die Translationsrate. Die Synthese des Proteins (z. B. des Enzyms COMT) wird verlangsamt, sodass eine hohe Schmerzempfindlichkeit resultiert.

5.1

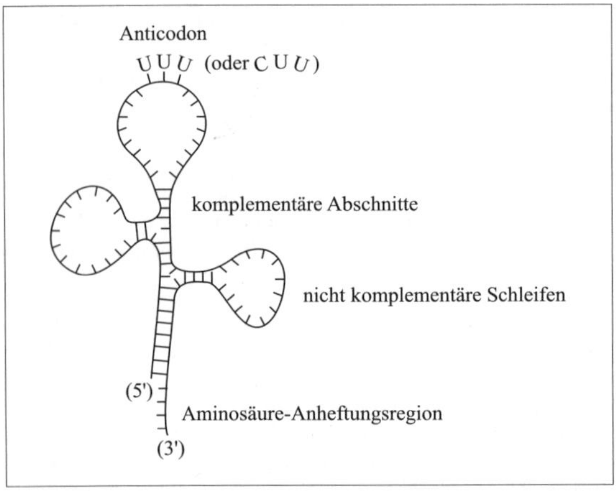

5.2 Bedeutung der unterschiedlichen tRNA-Konzentrationen:

- Wenn ein bestimmtes Codon in der mRNA häufig vorkommt, muss eine bestimmte Aminosäure häufiger zum Ribosom transportiert werden. Die passende tRNA wird folglich häufiger benötigt. Liegt sie höher konzentriert vor, wird die Translation beschleunigt und das Protein/ Enzym steht schneller zur Verfügung. Daraus resultiert ein **effektiverer Stoffwechsel**.
- Wenn auf der mRNA ein bestimmtes Codon selten/nicht vorhanden ist, wird die passende tRNA kaum/nicht benötigt. Die geringe Konzentration dieser tRNA-Variante spart Stoffwechselenergie und führt zu **Materialeinsparung** für den Syntheseaufwand.